U0156005

建纬律师文库

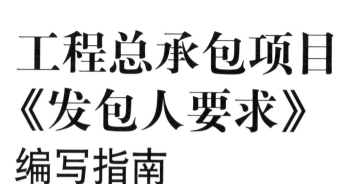

工程总承包项目
《发包人要求》
编写指南

朱树英　主编

鲁静（特邀）　韩如波　副主编

上海市建纬律师事务所　编

法律出版社
LAW PRESS·CHINA
———— 北京 ————

图书在版编目（CIP）数据

工程总承包项目《发包人要求》编写指南／朱树英主编；上海市建纬律师事务所编. －－北京：法律出版社，2022

ISBN 978 － 7 － 5197 － 6253 － 7

Ⅰ．①工… Ⅱ．①朱… ②上… Ⅲ．①建筑工程－承包工程－文件－编制－指南 Ⅳ．①TU723 － 62

中国版本图书馆 CIP 数据核字（2021）第 248364 号

工程总承包项目《发包人要求》编写指南 GONGCHENG ZONGCHENGBAO XIANGMU 《FABAOREN YAOQIU》BIANXIE ZHINAN	朱树英 主编 上海市建纬律师事务所 编	策划编辑 邢艳萍 责任编辑 邢艳萍 张 颖 装帧设计 李 瞻

出版发行 法律出版社	开本 710 毫米×1000 毫米 1/16
编辑统筹 法律应用出版分社	印张 24　　字数 420 千
责任校对 朱海波	版本 2022 年 1 月第 1 版
责任印制 吕亚莉	印次 2022 年 1 月第 1 次印刷
经　销 新华书店	印刷 三河市龙大印装有限公司

地址:北京市丰台区莲花池西里 7 号(100073)

网址:www.lawpress.com.cn

投稿邮箱:info@lawpress.com.cn

举报盗版邮箱:jbwq@lawpress.com.cn

销售电话:010 - 83938349

客服电话:010 - 83938350

咨询电话:010 - 63939796

书号:ISBN 978 - 7 - 5197 - 6253 - 7　　　　　　定价:89.00 元

凡购买本社图书,如有印装错误,我社负责退换。电话:010 - 83938349

高度重视工程总承包项目落地的合规操作

（序一）

《发包人要求》是我国已初步建立的工程总承包法规制度的核心和灵魂,是洞察任何投资主体和任何建设项目工程总承包合同双方权利和义务的眼睛,对其无论如何重视都不为过。披露并解读设立《发包人要求》制度的立法本意,帮助工程总承包市场和承、发包企业深刻理解《发包人要求》对于项目落地合规操作的指导意义,尤显重要。

我国工程总承包法规制度的初步建立,是指 2020 年 3 月 1 日国家住建部、发改委共同颁布的《房屋建筑和市政基础设施项目工程总承包管理办法》(以下简称《管理办法》)正式施行;2021 年 1 月 1 日,住建部和市场监管总局共同颁布的2020 版《建设项目工程总承包合同(示范文本)》(以下简称《总承包合同示范文本》)配套施行,标志着我国工程总承包法规制度建设已由国家主管部门牵头初步建立,"十四五"期间我国建筑业的转型升级已经具备法律依据基础。《管理办法》第九条明确"推荐使用"《总承包合同示范文本》,标志着住建部和国家工商管理总局颁布的 2011 版和原国家发改委等九部委颁布的 2012 版《建设项目工程总承包合同(示范文本)》已为 2020 版工程总承包合同文本替代并轨使用。换言之,在制度背书和实践意义上,《总承包合同示范文本》已具备适用于任何投资主体和任何建设项目的条件。

这里所说的"项目落地的合规操作"含义有二:其一,对于国内越来越多适用工程总承包模式的新建建设项目的合规操作,应当高度重视关乎合同目的和当事人权利义务的《发包人要求》的规范制定,对此,发包人应当高度重视,总承包人同样应当给予重点关注。《管理办法》第九条明确规定,建设单位在以工程总承包模式招标工程项目时,招标文件应包括发包人要求,并对发包人要求应包括的项目建设的目标、范围、设计和其他技术标准等主要内容予以明确。对此,《总承包合同示范文本》配套在专用条件中将《发包人要求》列为必需的附件一。我国工程总承包法规制度初步建立后,适用工程总承包模式发包工程项目,规范编写《发包人要求》成为发包人在招标时明确工程目的和权责界面的当务之急;同时成为发包人委托的招标代理单位、全过程咨询机构以及专业律师提升总承包项目咨询服务能力和效果的当务之急。

其二,我国在工程总承包法规制度建立之前已经发包有数量不少的工程总承包项目,合同文本中并无《发包人要求》的专门附件。对于已经发生争议的以及大量蕴蓄着矛盾和争议发生可能性的项目,当事人面对项目的争议和矛盾,往往难以在法律和合同中找到衡量孰是孰非的依据,一旦发生诉讼或仲裁纠纷案件,面对当事人的各执一词,审理案件的法官或仲裁员同样难以准确判断。司法实践中更严重的问题,涉及工程总承包合同承包范围内的工程设计和设备采购的数量、质量、价款等争议,往往属于专门性、技术性的争议,依法必须通过司法鉴定程序才能作处理,而目前我国尚缺乏相关的司法鉴定单位或机构,导致司法实践中工程总承包纠纷案件的审理期限往往长达 3 年至 5 年,甚至 6 年至 8 年。解决已实际履行项目合规操作这一难题,当事人应当在尚未出现矛盾和争议的合同履行过程中,按照我国工程总承包法规制度的要求,创造条件,及时完善、补充签订本项目的《发包人要求》。

为大力呼吁并提请市场高度重视工程总承包合同专用条款附件的《发包人要求》,也为引领市场的实务操作和《发包人要求》的规范编写,作为住建部建筑市场监管司法律顾问,以及起草、制定《管理办法》和《总承包合同示范文本》的住建部《完善工程组织实施方式研究》课题负责单位,在该课题顺利结题后,针对市场需求,我们建纬研究中心在 2021 年年初立项,集中建纬总、分所专业律师组建了《发包人要求》编写指南专题课题组,并合作山东建筑大学、中国工程咨询协会、中国土木工程学会建筑市场与招标投标研究分会等单位和机构,经过多次研讨和论证,顺利完成了课题研究任务。在此基础上,我们编写完成了本书——《工程总承包项目〈发包人要求〉编写指南》(以下简称《编写指南》)。

我们在课题研究和起草《编写指南》过程中,得到许多建设单位和工程总承包企业的大力支持,特别是近年正在崛起的工程总承包企业中亿丰建设集团股份有限公司,积极参与我们的课题研究,主动向我们提供了一个正在履行的设计、采购、施工和运营一体化工程总承包项目案例,本案中经过承、发包双方的共同努力,补充完善并正式签订了项目合同的《发包人要求》,为从根本上规避项目潜在争议、降低双方诉累准备了法律依据。这个主动按照国家工程总承包法规制度完善的项目《发包人要求》文本,成为本书的"样板房"。更能起到"样板"作用的是,该项目可切实预防并妥善解决可能出现的争议和纠纷,并实现了项目可能出现纠纷时的不诉讼、不仲裁、不鉴定目标,这个《发包人要求》的"样板房",还根据《总承包合同示范文本》第20.3款"争议评审"关于当事人应对争议评审专家所作决定效力作特别约定的要求,由承发包双方签订补充协议,明确设定专家裁决委员会即国际通行 DAB 争端解决机制,并就项目争议评审裁决模式签署了相应的管理办法。这个成功经验值得广大建设单位和工程总承包企业高度重视和广为借鉴。

"春江水暖鸭先知。"希望我们这个课题研究的成果和这本有关工程总承包的新书,有助于我国工程总承包法规制度的顺利实施,有助于切实规范我国的工程总承包市场操作。

朱树英

2021 年 10 月 2 日于上海

打开准确编写《发包人要求》的钥匙

（序二）

  《发包人要求》是《建设项目工程总承包合同（示范文本）》（GF－2020－0216）的重要组成部分，是专用条款后的第一个附件，与专用条款具备同等效力。示范文本的《发包人要求》列出功能要求、工程范围、工艺安排或要求、时间要求、技术要求、竣工试验、竣工验收、竣工后试验、文件要求、工程项目管理规定、其他要求十一项内容体例，考虑到不同性质项目的《发包人要求》会有其特性和差异，即便性质相同的项目发包人基于投资目的等差异性对具体的《发包人要求》也会有不同，所以《建设项目工程总承包合同示范文本》的附件《发包人要求》并没有给出如何针对特定项目编写具体的《发包人要求》。基于工程总承包模式在我国尚处于培育和推广阶段，市场主体普遍对《发包人要求》给予了特别关注，但均不了解如何具体编写。由此，上报国家住房和城乡建设部建筑市场监管司后建纬研究中心组建了《发包人要求》编写指南课题组，在专业律师、技术专家的共同努力下，结合多次、多角度的调研和论证，在《建设项目工程总承包合同示范文本》附件《发包人要求》的十一项要求基础上，以房建和市政项目为主要参考，编写了本书。

  本书对《发包人要求》从条文扩充、编写说明、注意事项三个方面进行了展开，在每节《发包人要求》后增加了相应争议解决的司法案例。条文扩充，是基于每个条款所针对的《发包人要求》事项阐明应当约定的具体内容；编写说明，对扩充后的条文如何按照具体项目情况和建设需求进行编写作出说明；注意事项，重在强调编写及使用过程中应重点关注的事项及相应的风险管理。每节《发包人要求》后面采取"以案说法"方式，结合司法审判实务，对具体《发包人要求》的风险管理及法律责任进行实案分析。全书最后以中亿丰建设集团股份有限公司承建的"未来建筑研发中心"EPC 项目为载体,就《发包人要求》的十一项内容编写了详细示例和适应国际惯例争议解决路径的争议评审方案,供读者参考。

考虑到项目性质、发包人投资需求等差异,及《发包人要求》与合同专用条款、通用条款等合同文件的衔接和可能产生冲突的处理,《发包人要求》对于合同价格调整、合同目的实现等影响重大,建议工程总承包项目市场主体在编写发包人要求及使用本书时应具体项目具体分析,并咨询技术和法律专家,以便更好地编写特定项目的《发包人要求》,减少签约、履约及项目管理过程中的争议和纠纷,顺利推动项目建设和合同的履行。

本书旨在打开准确编写《发包人要求》的钥匙,指导市场主体如何科学合理地编写《发包人要求》,引导当事人恰当履行合同权利义务,减少《发包人要求》及其变更导致的履约风险和争议,以促进工程总承包市场的不断完善和健康发展。

基于《发包人要求》在国内尚缺乏充足的案例可供参考,《发包人要求》对工程项目技术要求较高,特定项目的《发包人要求》差异化明显,加之经验能力所限,本书难免存在不足之处,敬请读者批评指正。

建纬研究中心《发包人要求》编写指南课题组
2021 年 10 月 6 日于上海

目　　录

第一章 《发包人要求》编写指南的立项

　　随着工程总承包模式近年在国内的推广,尤其是国家住建部、发改委联合印发《房屋建筑和市政基础设施项目工程总承包管理办法》及国家住建部、市场监管总局联合发布了《建设项目工程总承包合同(示范文本)》(GF－2020－0216)〔以下简称《示范文本》(2020)〕,在规范性法律文件和新版合同示范文本的基础上,工程总承包模式及其优势特征越来越受到建设市场主体的关注,不仅房建、市政领域,铁路、水利、电力、新能源、新基建等众多基础设施领域,工程总承包模式都得到了明显发展。随之而来市场主体开始关注该模式下的风险管理,尤其是相对于传统施工组织实施方式而言,立法文件和新版合同均引用了 FIDIC 的 Employer's Requirement(雇主要求),并以《发包人要求》体现在规范性法律文件和合同文本中,但因为工程总承包模式在国内尚处于培育和推广阶段,作为招标主体的建设单位乃至为招标人提供咨询服务的招标代理单位和有关项目咨询服务机构,均对针对特定项目如何编写《发包人要求》感到困惑,在这个背景下,建纬研究中心依托建纬律师事务所在为客户提供工程总承包法律服务期间所积累的丰富经验,在报告行业主管部门后,正式立项《发包人要求》编写指南课题。

第一节 《发包人要求》编写指南的立项背景

　　建筑业是国民经济的支柱产业,为贯彻落实中共中央 国务院《关于进一步加强城市规划建设管理工作的若干意见》,进一步深化建筑业"放管服"改革,加快产业升级,促进建筑业持续健康发展,为新型城镇化提供支撑,2017 年 2 月国务院办公厅印发了《关于促进建筑业持续健康发展的意见》,借鉴国际工程施工组织实施方式,提出"加快推行工程总承包",并强调"加快完善工程总承包相关的招标投标、施工许可、竣工验收等制度规定。按照总承包负总责的原则,落实工程总承包单位在工程质量安全、进度控制、成本管理等方面的责任"。

在此基础上,2020 年 3 月 1 日《房屋建筑和市政基础设施项目工程总承包管理办法》(以下简称《工程总承包管理办法》)实施,对工程总承包模式进行规范,并借鉴 FIDIC 的 Employer's Requirement(雇主要求),在《工程总承包管理办法》第九条规定招标人编制的招标文件应当包括"(四)发包人要求,列明项目的目标、范围、设计和其他技术标准,包括对项目的内容、范围、规模、标准、功能、质量、安全、节约能源、生态环境保护、工期、验收等的明确要求,"并明确"推荐使用由住房和城乡建设部会同有关部门制定的工程总承包合同示范文本"。

在前述国家政策和立法文件的基础上,国家住建部、市场监管总局联合修订《示范文本》(2020),并于 2021 年 1 月 1 日起正式实施,相对于传统的施工总承包模式,新版合同示范文本进一步强调《发包人要求》在工程总承包模式下招标投标、签约履约、竣工验收结算、争议解决等阶段的重要性。并将《发包人要求》作为专用条款后的第一个附件,与专用条款具备同等效力,明确《发包人要求》包括功能要求、工程范围、工艺安排或要求、时间要求、技术要求、竣工试验、竣工验收、竣工后试验、文件要求、工程项目管理规定及其他要求等十一个方面。但新版合同示范文本制定目的和意义在于为建设领域各行业实施工程总承包模式时使用,更好维护发承包各方的权利义务,尚难以针对特定行业、特定项目编写有针对性的《发包人要求》。

上海市建纬律师事务所工程总承包业务部成立于 2018 年 1 月 2 日,在国内建筑业施工组织实施方式改革期间积极发挥建纬品牌和专业优势,服务于国家和地方有关主管部门、行业的立法、规范性文件、合同示范文本的制定和编制工作,参与了《工程总承包管理办法》、《示范文本》(2020)的制定和修订工作,并为各地有关工程总承包规范性管理文件、计量计价、招标投标等制度提供相应建议。同时,成立 3 年来,在为中国铁路设计集团、黄河勘测规划设计研究院、中国电建集团华东院、上海市政设计研究总院、上海建工、北京建工、绿地建设集团、振华重工等众多大型设计院、工程公司、施工单位及政府投资项目的项目法人单位提供工程总承包法律服务同时,注意到市场主体无论是发承包双方还是参与其中全过程的咨询单位、招标代理单位等咨询机构,均特别关注如何编写《发包人要求》,明确项目建设的各项技术要求,以便承包人更好理解《发包人要求》提高投标报价竞争力,双方签约履约过程中权利义务更加清晰,发包人投资目的得以顺利实现。

鉴于市场主体对于《发包人要求》如何编写,需要注意哪些事项的迫切需要和高度关注,且建纬律师事务所作为国内建筑领域专业律师事务所和住建部市场司的法律顾问单位,先后受国家住房和城乡建设部建筑市场监管司委托,承担《工程总承包管理办法》、《示范文本》(2020)的制定和修订课题,两课题均由朱树英主任担任课题组组长。基于市场的需求,我们前期进行了工程总承包项目《发包人要求》编写指南的调研报告,正值工程总承包业务部成立3周年之际,提请建纬研究中心和朱树英主任立项启动《示范文本》(2020)附件《发包人要求》编写指南的课题工作,集合建纬专业律师力量,并邀请外部技术专家协助,为国内工程总承包模式健康发展、更好维护市场主体各方权利义务、减少履约过程中争议、完善项目管理过程中争议评审机制,作出进一步的积极努力!

第二节 《发包人要求》编写指南的立项调研

一、境内有关工程总承包合同示范文本及相关法规政策对于工程总承包项目《发包人要求》的规定

1.《发包人要求》表述的由来

《发包人要求》源于境外有关工程合同文本中的表述,例如,FIDIC 银皮书1999 版中,英文名称为 Employer's Requirement(注:本报告中基于 FIDIC 合同的规定,同时使用雇主要求的表述)。实践中,根据所在文件的不同,通常被称为《发包人要求》或设计任务书等。而在"发包人要求"一词没有正式提出之前,常见的"工程量清单""建设规模表""建设标准表"等,则被理解为属于《发包人要求》的范畴。例如,《建设项目工程总承包合同示范文本(试行)》(GF－2011－0216)中,列为合同组成文件的"标准、规范及有关技术文件"。

根据现有的有关工程总承包合同示范文本及相关法规政策的表述理解,"发

包人要求"是指在建设项目工程发承包关系中,除了法律、规范、标准等的强制性规定之外,发包人对承包人和建设项目提出的全部契约性要求。因工程总承包管理的特点和需要,将发包人的各类要求"打包"到一起,更便于各方特别是承包人的理解执行。

根据我们有限的检索,可发现我国最早使用《发包人要求》的合同示范文本是《中华人民共和国标准设计施工总承包招标文件(2012 年版)》(以下简称九部委2012 版)。在该招标文件中,《发包人要求》被定义为:"指构成合同文件组成部分的名为发包人要求的文件,包括招标项目的目的、范围、设计与其他技术标准和要求,以及合同双方当事人约定对其所作的修改或补充。"其中,第五章对《发包人要求》进行了目前为止最详尽的表述。

依据九部委2012 版的规定,名为《发包人要求》的文件,应尽可能清晰准确,对于可以进行定量评估的工作,《发包人要求》不仅应明确规定其产能、功能、用途、质量、环境、安全,并且要规定偏离的范围和计算方法,以及检验、试验、试运行的具体要求。对于承包人负责提供的有关设备和服务、对发包人人员进行培训和提供一些消耗品等,在《发包人要求》中应一并明确规定。

2.《发包人要求》在总承包合同示范文本中的规定

九部委2012 版之后的各种招标文件及合同示范文本中,有关《发包人要求》的表述基本都是参照于此。例如:

(1)《示范文本》(2020)仅在"工程范围—发包人提供的现场条件"项下增加了一条"施工道路",部分地方、行业性规范文件中略有个别语句修改,其余没有根本性改动。

(2)《杭州市房屋建筑和市政基础设施项目工程总承包招标文件示范文本(资格后审)》(2019 年版)在"十一、其他要求"中增加了第(七)项"标化工地要求"、第(八)项"优质工程要求",另外增加了第十二条"投标报价其他要求"。

(3)《重庆市房屋建筑和市政基础设施项目工程总承包标准招标文件》(全流程电子招标 2020 年版)增加了第六条"专业设备材料采购要求和技术标准"。

存在较大差异的是《广西壮族自治区房屋建筑和市政基础设施工程总承包招标文件范本(2020 版)》,在该招标文件后附的《发包人要求》附件中,除"项目概况"、"时间要求"和"技术要求"这三项内容以外,着重规定了"发包人提供的资料"。而在九部委 2012 版中,"发包人提供的资料"与《发包人要求》是两个相互独立的文件。

3. 相关法规政策文件对于《发包人要求》的规定

我国目前有关工程总承包的专项法规政策文件为国家住建部和发改委于 2019 年 12 月 23 日颁布的《工程总承包管理办法》,在该办法中《发包人要求》被规定为:"列明项目的目标、范围、设计和其他技术标准,包括对项目的内容、范围、规模、标准、功能、质量、安全、节约能源、生态环境保护、工期、验收等的明确要求。"

之后,各行业与各地方的有关法规政策文件中也均基本沿用了此等表述。《辽宁省房屋建筑和市政基础设施项目工程总承包管理实施细则》(辽住建〔2020〕65 号)和《四川省房屋建筑和市政基础设施项目工程总承包管理办法》增加了"主要和关键设备的性能指标和规格等要求"的表述。《运输机场专业工程总承包管理办法(试行)》增加了"涉及不停航施工、机场新技术应用的工程应当明确相关要求"等与其自身专业性相关的具体要求。

4. 小结

基于工程总承包项目发包阶段的特性,在该时间节点,往往并无详尽的施工图可作为发包依据,因此《发包人要求》就构成了发包人体现建设目的、承包人投标报价、双方合同权利义务分配、竣工验收乃至争议解决的重要依据,在工程总承包项目中显得尤为重要。但是实践中,基于发包阶段、资金性质、行业属性、使用功能、建设目的等方面的不同,以及缺乏大量的工程总承包项目经验,当前阶段真实工程总承包项目样本中的《发包人要求》内容千差万异,情况较为复杂。因对《发包人要求》表述的理解差异而产生的履约争议也往往矛盾最为突出。所以,对《发包人要求》进行明确的行业规范并形成编写指引,是工程总承包模式未来得以良性发展的有力保障。

二、境外有关工程总承包合同示范文本以及相关法规对于《发包人要求》的规定

基于我们有限的检索能力,本调研报告以国际咨询工程师联合会制定的 FIDIC 银皮书 1999 版和 2017 版、美国建筑师学会制定的 AIA 合同文件 A141 – 2014 以

及我国台湾地区的"统包实施办法"作为分析依据。

1. FIDIC 银皮书

（1）1999 版

FIDIC 银皮书 1999 版在专用条件编写指南中规定,雇主要求中应规定竣工工程在功能方面的特定要求,包括质量和范围的详细要求,还可以包括要求承包商供应的物品如消耗品等。可能包括下列全部或者部分条款中提出的事项:

"1.8　承包商文件的份数

"1.13　雇主取得的许可

"2.1　基础、结构、生产设备分阶段的占用权或进入的方法

"4.1　要求达到的工程预期目的

"4.6　在现场的其他承包商（和其他人员）

"4.7　放线的基准点、线和标高

"4.18　环境约束

"4.19　现场可供的电、水、燃气和其他服务

"4.20　雇主设备和免费供应的材料

"5.1　雇主应负责的要求内容、数据和资料

"5.2　要求送审的承包商文件

"5.4　技术标准和建筑法规

"5.5　对雇主人员的操作培训

"5.6　竣工图和工程的其他记录

"5.7　操作和维修手册

"6.6　为员工提供的设施

"7.2　样品

"7.3　现场检验要求

"7.4　制造和（或）施工期间的试验

"9.1　竣工试验

"9.4　未通过竣工试验的损害赔偿费

"12.1　竣工后试验

"12.4　未通过竣工后试验的损害赔偿费"

（2）2017版

相比1999版，FIDIC银皮书2017版就雇主要求在专用条件编写指南中的规定，略做了些许调整，仅涉及具体条款而未就具体条款的具体内容进行明确。此外，还特别指出：如果在雇主要求中未涉及，则承包商可就该等事项免责：

"1.8 Care and Supply of Documents 文件的照管和提供

"1.12 Compliance with Laws 遵守法律

"2.1 Right of Access to the Site 现场进入权

"2.5 Site Data and Items of Reference 现场数据与参考项目

"2.6 Employer – Supplied Materials and Employer's Equipment 雇主提供的材料和雇主的设备

"4.1 Contractor's General Obligations 承包商的一般义务

"4.5 Nominated Subcontractors 指定分包商

"4.6 Co – operation 合作

"4.8 Health and Safety Obligations 健康与安全责任

"4.9 Quality Management and Compliance Verification Systems 质量管理与合规审核体系

"4.16 Transport of Goods 物品运输

"4.18 Protection of the Environment 环境保护

"4.19 Temporary Utilities 临时设施

"4.20 Progress Reports 进度报告

"5.1 General Design Obligations 设计义务一般要求

"5.2 Contractor's Documents 承包商文件

"5.4 Technical Standards and Regulations 技术标准和法规

"5.5 Training 培训

"5.6 As – Built Records 竣工文件

"5.7 Operation and Maintenance Manuals 操作和维修手册

"6.1 Engagement of Staff and Labour 员工的雇用

"6.6 Facilities for Staff and Labour 为员工提供设施

"6.7 Health and Safety of Personnel 人员健康和安全

"6.12　Key Personnel 关键人员

"7.3　Inspection 检验

"7.4　Testing by the Contractor 承包商进行的试验

"7.8　Royalties 特许费

"8.3　Programme 进度计划

"9.1　Contractor's Obligations 承包商的义务

"10.2　Taking Over of Parts of the Works 部分工程的接收

"11.11　Clearance of Site 现场清理

"12.1　Procedure for Tests after Completion 竣工后试验"

2. AIA 合同文件 A141 – 2014

在美国建筑师协会 A141 – 2014 文件中,雇主需提供一整套雇主标准(Owner's Criteria)给到承包商,以确立工程项目的雇主要求(Owner's Requirements)。具体包括:

(1)雇主的项目计划

应提出具体的项目,界定相关的项目文件资料,以及规定将以何种方式来就此项目进行开发建设。

(2)雇主的设计要求以及相关的文件

应在合同中直接罗列或以附件的形式提出,相关的文件应包括雇主的设计要求,以及任何与工程有关的性能规格要求。

(3)工程概况

应包括工程的规模、位置、设备型号,以及其他相关信息,如岩土报告、现场、边界和地形调查、交通和公共设施资讯、公共和私人公用事业和服务的可用性、工程现场的法律属性等。

(4)雇主期待的项目可持续性目标

应确定业主的项目可持续目标,如可持续性认证、对环境的好处、改善建筑居住者的健康和福祉或提高能源效率。

(5)雇主对于工程所欲实现的激励计划

应包括雇主所欲实现的激励计划的具体要求,以及承包商提交有关申请的截止日期。

（6）雇主的项目预算

应包括整体预算以及具体的明细支出预算。

（7）雇主有关设计与建造的里程碑日期

应包括设计阶段的里程碑日期、承包商建议提交的日期、分阶段完成的日期、实际竣工日期，以及其他的里程碑日期。

（8）雇主要求承包商自行雇用的建筑师、咨询师和建造师

应列出该等人员的名称、法律地位、地址与其他的相关信息。

（9）其他基于双方协议的雇主标准

该等标准应包括带有特色的工程具体要求，如历史保护的要求。

除此以外，美国建筑师协会 A141－2014 文件同时要求雇主要求中的内容，应当符合法律、法规、规范或政府当局合法指令的规定。如果存在冲突的，承包商有义务通知雇主。与此同时，如果雇主标准发生变化的，发承包双方应按照合同变更进行调整。

3. 我国台湾地区"统包实施办法"中涉及发包人要求的相关规定

工程总承包模式在我国台湾地区被称为"统包"，"含细部设计及施工，并得包含基本设计、测试、训练、一定期间之维修或营运等事项"。类似《工程总承包管理办法》的规定，我国台湾地区"统包实施办法"第六条规定，招标文件中应载明下列事项：

"（1）统包工作之范围；

"（2）统包工作完成后所应达到之功能、效益、标准、品质或特性；

"（3）设计、施工、安装、供应、测试、训练、维修或营运等所应遵循或符合之规定、设计准则及时程；

"（4）主要材料或设备之特殊规范；

"（5）甄选厂商之评审标准；

"（6）投标厂商于投标文件须提出之设计、图说、主要工作项目之时程、数量、价格或计划内容等。"

而在我国台湾地区配套"统包实施办法"所制定的"统包工程采购契约范本"中未曾见到有关的《发包人要求》规定。

4. 小结

《发包人要求》在境外的工程总承包合同示范文本中具体的名称表述不一，境

内所谓的《发包人要求》主要还是对应于 FIDIC 合同的规定。而无论是 FIDIC 还是 AIA，均是原则性地指出了相关的规定要求，一般均涉及工程在功能、质量与范围方面的特殊要求。基于 FIDIC 在专用条件编写指南中的建议，发给投标人的招标文件将包括合同条件和雇主要求。而对于招标文件来讲，FIDIC 建议应当由具有适当资质、熟悉要建工程技术情况的工程师编写，并请有适当资质的律师进行审核。这也进一步反映了《发包人要求》的技术内涵。

三、我国工程总承包项目有关《发包人要求》的真实案例样本分析

本调研报告在撰写的过程中，期待通过真实案例的样本搜集与分析，探究在真实项目中到底应当如何来设置好《发包人要求》的相关内容。本调研报告收集了十六个真实案例，展现了不同发包人对不同类型工程总承包项目差异化的《发包人要求》。总体来讲，《发包人要求》尚未有统一的格式和强制的标准要求，往往因具体项目的具体情况，而有不同的风险控制考虑。

这十六个真实案例中包括了七个房建项目、三个水利项目、两个市政项目、四个能源项目。在所有发包人要求中，基本按照以下顺序及内容进行规定：

1. 功能要求：工程的目的、工程规模、产能性能保证指标；

2. 工程范围：概述、包括的工作、工作界区、现场条件、技术条件；

3. 工艺安排或要求：电气系统、消防系统、土建工程、施工组织等要求；

4. 时间要求：开始时间、完成时间、进度计划等；

5. 技术要求：设计标准和规范；

6. 竣工试验：项目验收、缺陷责任期；

7. 竣工验收：验收交付管理；

8. 竣工后试验；

9. 文件要求；

10. 工程项目管理规定；

11. 其他要求：对承包人的主要人员资格要求，对项目业主人员的操作培训以及分包。

根据具体工程类型的不同，各项目皆采取进一步细化的方式，在《发包人要求》文件中详细规定了项目的具体操作要求。

例如,在垃圾焚烧发电工程中,《发包人要求》对主要设备及工艺技术要求作了更为详尽的规定,主要体现在对总体技术要求、垃圾接收、储存及输送系统、垃圾焚烧系统、烟气净化系统、残渣处理系统、自动控制系统、电气系统等的安排上。

在能源项目中,《发包人要求》对技术标准分类别进行了较为详细的规定,包括:

1. 设计阶段和设计任务;

2. 设计标准和规范;

3. 技术标准和要求;

4. 质量标准;

5. 设计、施工和设备监造、试验;

6. 供货及工程范围及交付进度和要求;

7. 发包人提供的其他条件,如发包人或其委托的第三人提供的设计、工艺包、用于试验检验的工器具等,以及据此对承包人提出的予以配套的要求。

某光伏电站 EPC 项目还列明了《发包人要求》的详细附件清单范本,包括:

1. 性能保证表;

2. 工作界区图;

3. 发包人需求任务书;

4. 发包人已完成的设计文件;

5. 承包人文件要求;

6. 承包人人员资格要求及审查规定;

7. 承包人设计文件审查规定;

8. 承包人采购审查与批准规定;

9. 材料、工程设备和工程试验规定;

10. 竣工试验规定;

11. 竣工验收规定;

12. 竣工后试验规定;

13. 工程项目管理规定。

而有关的文件要求,也作了较为详细的约定,包括:

1. 设计文件,及其相关审批、核准、备案要求;

2. 沟通计划;

3. 风险管理计划;

4. 竣工文件和工程的其他记录;

5. 操作和维修手册;

6. 其他承包人文件;

7. 满足技术要求的各种关键原材料的测试报告和认证证书,BOM 表;

8. 满足电站地点气候条件的特定的招标技术;

9. 满足安装、运输条件、长期使用的承诺书和第三方报告或承保证明;

10. 电站的设计文件,可研报告,施工单位资质,电站布局图等;

11. 各种原材料和零部件的规格书和技术参数,用户手册,包括组件的温度系数信息;

12. 安装方式及其载荷设计文件;

13. 其他有助于了解发电量、日常维护、绝缘、接地防雷、防火设计等要求的文件;

14. 其他有助于了解项目及关键零部件的文件资料。

此举对承包人提交对应文件起到了直接的指引作用。在项目管理上,某光伏电站 EPC 项目还对工程项目管理的质量、进度(里程碑进度计划)、支付、HSE(健康、安全与环境管理体系)、沟通及变更等也制定了详细规范。

四、实践中《发包人要求》的编写应重点关注的两个问题

1. 工程总承包项目《发包人要求》的广度

结合前述,以《示范文本》(2020)为参照,实践中关于《发包人要求》从详尽规范以及能够有效约束发承包双方权利义务的角度来讲,通常应包括以下这十二个方面。

(1)功能要求

通常此部分应包括工程目的、工程规模、项目建设用途条件、性能保证指标(性能保证表)、产能保证指标等内容。

(2)工程范围

通常此部分包括概述、所需进行的工作、工作界区(各个专项工程的界面划分、承包商的工作范围、承包商向业主提供的文件）、发包人提供的现场条件、发包人提供的技术文件等。

（3）工艺安排或要求

通常此部分包括系统方案，具体系统可能根据不同项目的情况包括电气系统、消防系统、土建工程、施工组织、工程管理、环境保护与水土保持、劳动安全与工业卫生、节能降耗等。

（4）时间要求

通常此部分包括开始工作时间、完成时间、进度计划、竣工时间、缺陷责任期、工程进度管理要求等各类事件要求内容。

（5）技术要求

通常此部分包括设计阶段和设计任务、设计标准和规范、技术标准和要求、质量标准、设计施工和设备监造及试验、样品、供货及工程范围及交付进度和要求，除此之外，还包括发包人提供的其他条件，如发包人或其委托的第三人提供的诸如设计、工艺包、用于试验检验的工器具等，以及据此对承包人提出的予以配套的要求。

（6）竣工试验

根据项目的情况分阶段安排不同的试验，包括竣工试验所需人、材、机等人力资源与设备物资的条件要求，以及试验运行与产出的性能、产能等指标规范。

（7）竣工验收

在不同项目中，通常会根据验收工作范围予以具体拟定，包括验收参与的人员、程序，符合验收要求的各项规范、标准。

（8）竣工后试验

同样需基于不同项目，就竣工后是否需安排进行试验，以及试验的程序与相关技术标准、规则等进行明确。

（9）文件要求

通常此部分包括设计文件及其相关审批核准备案要求、沟通计划、风险管理计划、竣工文件和工程的其他记录、操作和维修手册、其他承包人文件等。

（10）工程项目管理规定

在之前各部分内容的基础上，补充包括质量、进度的管理规定，如里程碑进度计划、支付、HSE（健康、安全与环境管理体系）、沟通和变更等。

（11）其他要求

通常包括对承包人的主要人员资格要求、相关审批核准和备案手续的办理、对项目业主人员的操作培训、缺陷责任期的服务要求、报价要求等内容。

（12）附件

在上述各部分《发包人要求》的内容基础上，补充细化附件，如性能保证表、工作界区图、发包人需求任务书、发包人已提供的文件、承包人文件要求、承包人人员资格要求及审查规定、承包人设计文件审查规定、承包人采购审查与批准规定、材料和工程设备和工程试验规定、竣工试验规定、竣工验收规定、竣工后试验规定、工程项目管理规定等。

此外，需要注意的是，尽管《示范文本》（2020）给出了较为详尽的《发包人要求》基础大纲。但是实践中，每个项目的发包情况不同、发包人需求不同或者使用单位需求不同，都会作出不同的约定，要按照或参照上述大纲及各示范文本的内容，根据拟实施工程总承包项目的总体要求和工程设计、采购、施工、试运行等承包的具体内容进行补充和完善。

例如，在工程设计上，《发包人要求》可以包括总则、产品方案、主要工艺方案及流程，本项目包括的设计主项、设计总原则，各专业设计要求（含方便环保监测的要求），各主项设计要求，设计文件内容、深度与过程控制要求，截止时间和里程碑计划，工程设计执行的技术标准等。

再如，在建设项目采购（工程物资采购与分包）确定上，《发包人要求》可以包括总则，采购方案，技术水平要求，业绩要求，技术与商务考察，技术谈判与技术附件签订，长、短名单确定，监造或监理，试验、检验与验收，关键设备的截止时间和里程碑计划，应执行的技术标准等。

2. 工程总承包项目《发包人要求》的深度

在 FIDIC 合同体系中，Employer's Requirement 这一特定名词最早见于桔皮书（设计施工交钥匙合同条件），是随着工程承包由传统模式施工总承包向工程总承包模式的演变而产生的一类合同组成文件。我国当前的各工程总承包合同示范文本对于《发包人要求》的定位，也基本沿用这一定义。我们认为，《发包人要求》在本质上旨在没有详细设计的情况下，将发包人的意图及其对工程的具体要求传达给承包人，因此对于《发包人要求》的内容进行详细的约定，有利于合同履行、避

免纠纷争议。至于具体规定内容需要达到什么样的深度,我们认为可以从以下几个方面进行讨论:

(1)《发包人要求》的内容对于法律法规规定的积极响应

根据《工程总承包管理办法》第六条、第九条的规定,我们认为如果要顺利推进工程总承包项目,在《发包人要求》内容中对于建设内容、技术方案、标准要求等方面应当是明确的,尽量要有针对性及充分性,使项目工程总承包方模式的推进有可操作性和可验证性。

(2)《发包人要求》的内容在合同组成文件中的准确定位

《发包人要求》具有什么样的合同地位,取决于具体合同条款的解释。根据《示范文本》(2020)通用合同条件第1.5款"合同文件的优先顺序"的规定可以看出,《发包人要求》与专用合同条件属于同一类合同文件,体现了发包人的个性化要求,解释顺序上是高于通用合同条件,但是低于中标通知书和投标文件。而在FIDIC银皮书和黄皮书中,合同解释的优先顺序上,雇主要求要高于承包商建议书或投标文件。

对此我们认为,工程总承包项目不同于传统施工总承包模式,项目的设计深度是方案,具有初步性,发包人对设计的控制力度较弱,那么当《发包人要求》与承包商投标文件有差异的时候,也应保证发包人的意图能够在承包人的最终设计中得到体现。

《发包人要求》在工程总承包合同中的作用在一定程度上相当于传统模式中的图纸和规范。虽然《发包人要求》的深度一般不能达到传统模式下的图纸和规范,但是其内涵和外延可能更广泛。实践中,当出现《发包人要求》与承包人"投标文件"有冲突的时候,如"投标文件"的承诺事项高于《发包人要求》,则"投标文件"优先于《发包人要求》通常无碍;但若"投标文件"的承诺事项低于《发包人要求》,此时仍以"投标文件"作为解释优先,则可能会产生纠纷。

当然,《示范文本》(2020)在起草时系针对一般情形而言,以招标项目来讲,根据《工程总承包管理办法》第九条的规定,招标文件应包括《发包人要求》,而根据《招标投标法》第二十七条的规定,承包人投标时应对于包括《发包人要求》在内的招标文件提出的实质性要求和条件作出响应。此时,承包人为争取自身中标,而在投标文件中作出了高于《发包人要求》的承诺,则基于文件解释顺序的规定,应以"投标文件"为准。

就此,还需发承包双方在具体制定有关的工程总承包项目合同文本时,通过专用合同条件的约定,加以具体问题的具体分析。

(3)《发包人要求》的内容基于不同项目情形的有效细化

《发包人要求》由发包人根据项目具体特点和实际需要编制,理论上发包人对其所关注的一切事项都可以体现在《发包人要求》当中,如对承包人文件、设计人员资格、竣工图纸、运营培训和运营维护手册等的要求。《发包人要求》的具体内容和格式并没有统一的标准和要求,工程总承包本身通常不局限于某一特定的风险划分模式,因此发包人的参与深度会有不同,《发包人要求》的内容也就会不同。通常,《发包人要求》的内容因具体项目而异,因采用的合同文本有别,且很大程度上取决于咨询工程师的经验、能力以及其对项目的认识。

另外,如果《发包人要求》过于粗略、概括,则意味着双方当事人对于合同目的的理解存在更大的偏差可能,换言之,可能导致承包人所建设的工程根本不符合发包人的预期。这种结果是极其严重的,意味着合同的根本目的无法实现,对于发承包人双方而言都是一个重大损失。因此对《发包人要求》文件的要求必须是明确具体的,应当达到合同双方当事人对于合同目的有基本一致的认识,且双方当事人对于《发包人要求》文件应当建立交底制度。

总体上看,关于《发包人要求》内容的细化程度应当注意:

①《发包人要求》应尽可能清晰准确。

对于可以进行定量评估的工作,《发包人要求》不仅应明确规定其产能、功能、用途、质量、环境、安全,并且要规定偏离的范围和计算方法,以及检验、试验、试运行的具体要求。对于承包人负责提供的有关设备和服务、对发包人人员进行培训和提供一些消耗品等,在《发包人要求》中应一并明确规定。

②承包人应认真阅读、复核《发包人要求》以及其提供的基础资料,发现错误的,应及时书面通知发包人。

虽然《工程总承包管理办法》第十五条以及《示范文本》(2020)通用合同条件第1.12款与第2.3款均将《发包人要求》或其提供的基础资料中的错误所产生的风险均分配给了发包人,但是,这也不代表承包人不负有任何协助义务。建设工程合同作为特殊的承揽合同,需要发承包双方的通力协助,任何一方均不得随意免除自身的协助义务。我国《民法典》第五百零九条第二款规定："当事人应当遵循诚信原则,根据合同的性质、目的和交易习惯履行通知、协助、保密等义务。"

《示范文本》(2020)通用合同条件第1.12款同时规定了,承包人应尽早认真阅读、复核《发包人要求》以及其提供的基础资料,发现错误的,应及时书面通知发包人补正。显然,《发包人要求》内容的细化深化应有相应的程序机制加以保障。

③《发包人要求》应与其他合同文件及标准规范相衔接。

发包人在确定有关要求时,国家有关法律法规规章、国家强制性标准和项目所在地的地方标准、规章已经明确要求的,原则上不再重复,而发包人对于工程的技术标准、功能要求高于或严于现行国家、行业或地方标准的,则应当在《发包人要求》中予以明确。

(4)《发包人要求》的内容基于具体项目实践的灵活调整

工程总承包合同签署后,《发包人要求》的内容也可能不是一成不变的。《示范文本》(2020)通用合同条件第1.1.1.6目关于《发包人要求》的定义,就规定《发包人要求》还包括了合同双方当事人约定对其所作的修改或补充。故应根据合同履行过程中的实际情况对《发包人要求》进行修改或补充。

例如,《示范文本》(2020)通用合同条件第5.2.3项规定:"……对于政府有关部门或第三方审查单位的审查意见,不需要修改《发包人要求》的,承包人需按该审查意见修改承包人的设计文件;需要修改《发包人要求》的,承包人应按第13.2款[承包人的合理化建议]的约定执行。上述情形还应适用第5.1款[承包人的设计义务]和第13条[变更与调整]的有关约定……"

综上所述,《发包人要求》作为一类合同组成文件,贯穿项目招投标(如有)和实施阶段,串联具体的管理和技术要求与合同条件,使构成合同的文件成为一个有机的整体,因此在工程总承包项目中具有最为核心的作用。《发包人要求》的表述应当清晰无争议,应注重能实现项目愿景及目标的差异化、特殊性要求。

五、总结

对于工程总承包项目来讲,《发包人要求》可在宽泛与具体两重含义上加以理解。宽泛来讲,对于工程总承包项目的建设,发包人的唯一要求就是在支付对价以后,取得一个符合其预期目的的合格工程。而具体来讲,《发包人要求》则是承包人进行工程建设的主要依据来源。发包人必须就其对项目的需求予以十分清晰的阐释与定义,较为精准地表达清楚自身所欲实现的工程产品最终目的,有关项目的范围、规模、标准、功能等,不应存在权利义务边界模糊的解释空间。否则,《发包人要求》表述不清,就会引发后续的工期、质量与费用、验收甚至合同目的实现的争议。

目前,我国工程总承包模式借助建筑业改革的东风,发展较为迅速,各地工程总承包项目多有落地。在缺乏市场及自身有益经验可借鉴的情况下,通过对境内外有关合同范本和相关法规政策的梳理,以及对于真实案例的样本分析研究,形成相对深入的学习与认知,将有助于《发包人要求》编写指南的构思和编写,并进一步有利于我国工程总承包项目的良性与有序化发展。

第二章 《发包人要求》编写指南

《发包人要求》应尽可能清晰准确,对于可以进行定量评估的工作,《发包人要求》不仅应明确规定其产能、功能、用途、质量、环境、安全,还应规定偏离的范围和计算方法,以及检验、试验、试运行的具体要求。对于承包人负责提供的有关设备和服务,对发包人人员进行培训和提供一些消耗品等,在《发包人要求》中应一并明确规定。实践中一些在建设工程总承包项目基于发包人招标时前期设计深度和技术要求不够明确等限制,对于《发包人要求》并未在招标或签约时予以具体明确,这类项目建议市场主体即发承包双方在履约过程中及时完善《发包人要求》,比如,本书第三章的苏州"未来建筑研发中心"项目,发承包双方就是在履约过程中根据项目实际需要,及时以签署补充协议的方式明确了《发包人要求》和争议评审机制。

《发包人要求》通常包括但不限于以下内容:

第一节 功 能 要 求

(一)工程目的

条文扩充

(一)工程目的

本工程的目的在于:

1.建设目标:_____;

2. 性能：＿＿＿＿＿＿＿＿＿＿＿＿＿＿＿＿；

3. 产能：＿＿＿＿＿＿＿＿＿＿＿＿＿＿＿＿；

4. 社会经济效益：＿＿＿＿＿＿＿＿＿＿＿；

5. 其他：＿＿＿＿＿＿＿＿＿＿＿＿＿＿＿＿。

编写说明

工程目的又称为建设目的，其编写重点在于明确工程项目的建设目标、能够达到的性能和产能、拟实现的社会经济效益等。工程目的明确了进行工程项目建设的出发点之所在，是《发包人要求》提纲挈领之所在，应在本条款中进行详细明确的规定，并与《发包人要求》后续的"性能保证指标""产能保证指标"相呼应并一致。基于工程项目类型的不同，在进行"工程目的"条款编制时应根据各自的特点进行侧重，以保障房项目为例，可以侧重于建设目标和社会经济效益；以工业项目为例，可以侧重于性能和产能。

注意事项

1. 工程目的是否符合国家和地方法规、规划和产业政策等要求

（1）政府投资项目

《政府投资条例》第十一条第一款规定："投资主管部门或者其他有关部门应当根据国民经济和社会发展规划、相关领域专项规划、产业政策等，从下列方面对政府投资项目进行审查，作出是否批准的决定：（一）项目建议书提出的项目建设的必要性；（二）可行性研究报告分析的项目的技术经济可行性、社会效益以及项目资金等主要建设条件的落实情况……"

（2）企业投资项目

《企业投资项目核准和备案管理条例》第九条第一款规定："核准机关应当从下列方面对项目进行审查：（一）是否危害经济安全、社会安全、生态安全等国家安全；（二）是否符合相关发展建设规划、技术标准和产业政策；（三）是否合理开发并有效利用资源；（四）是否对重大公共利益产生不利影响。"第十五条规定："备

案机关发现已备案项目属于产业政策禁止投资建设或者实行核准管理的,应当及时告知企业予以纠正或者依法办理核准手续,并通知有关部门。"

发包人在编制工程目的同时应熟悉和了解国家和地方的相关规定及强制性标准等,以免无法通过相应许可和审批手续。

2.政府投资项目工程目的能否符合后评价的相关要求

《中央政府投资项目后评价管理办法》第二条第一款规定:"本办法所称项目后评价,是指在项目竣工验收并投入使用或运营一定时间后,运用规范、科学、系统的评价方法与指标,将项目建成后所达到的实际效果与项目的可行性研究报告、初步设计(含概算)文件及其审批文件的主要内容进行对比分析,找出差距及原因,总结经验教训、提出相应对策建议,并反馈到项目参与各方,形成良性项目决策机制。"

工程目的主要是阐述工程项目建设在功能和社会经济方面所要达成的目标,发包人应提高前期成果及文件真实性、准确性、完整性,减少后续的超概算、重大变更等风险。

(二)工程规模

条文扩充

(二)工程规模

1.总投资:_____。

2.总建筑面积:_____。

3.总用地面积:_____。

4.项目用地规划:_____。

5.其他工程规模指标:_____。

编写说明

工程规模既是经济指标,也是技术指标,一般而言需包括总投资、总建筑面积、总用地面积等主要指标。由于工程项目的种类繁多,具体到某一项目而言,除了前述的总投资、总建筑面积等普遍性的指标外,还可以再增加发包人比较关注的指标,如用地规划指标,也可以根据具体的工程类型等情况详细约定工程规模的其他指标。

以建筑工程为例,还可以包括各分项建筑面积(分为地上部分和地下部分建筑面积)、建筑基底总面积、绿地总面积、容积率、建筑密度、绿地率、停车泊位数(分室内、室外和地上、地下),以及主要建筑或核心建筑的层数、层高和总高度等项指标;根据不同的建筑功能,可以表述能反映工程规模的主要技术经济指标,如住宅的套型、套数及每套的建筑面积、使用面积;如旅馆建筑中的客房数和床位数;医院建筑中的门诊人次和病床数等指标。

注意事项

1. 工程规模直接关系到招投标程序的实施和工程总承包单位资质的确定

(1)是否必须履行招投标程序。《工程总承包管理办法》第八条第二款规定:"工程总承包项目范围内的设计、采购或者施工中,有任一项属于依法必须进行招标的项目范围且达到国家规定规模标准的,应当采用招标的方式选择工程总承包单位。"国家发展改革委办公厅《关于进一步做好〈必须招标的工程项目规定〉和〈必须招标的基础设施和公用事业项目范围规定〉实施工作的通知》(发改办法规〔2020〕770号)第一条第(五)项规定:"(五)关于总承包招标的规模标准。对于16号令第二条至第四条规定范围内的项目,发包人依法对工程以及与工程建设有关的货物、服务全部或者部分实行总承包发包的,总承包中施工、货物、服务等各部分的估算价中,只要有一项达到16号令第五条规定相应标准,即施工部分估算价达到400万元以上,或者货物部分达到200万元以上,或者服务部分达到100万元以上,则整个总承包发包应当招标。"

(2)确定工程总承包单位的资质。《工程总承包管理办法》第十条第一款规定:"工程总承包单位应当同时具有与工程规模相适应的工程设计资质和施工资质,或者由具有相应资质的设计单位和施工单位组成联合体。工程总承包单位应当具有相应的项目管理体系和项目管理能力、财务和风险承担能力,以及与发包工程相类似的设计、施工或者工程总承包业绩。"

2. 工程规模当中的总投资是关键的经济指标

总投资除了确定工程项目的投资金额,还与工程项目的实施过程密切相关,具体包括:

(1)是否需要经过专门的评估、评议等程序。《政府投资条例》第十一条第三款规定:"对经济社会发展、社会公众利益有重大影响或者投资规模较大的政府投资项目,投资主管部门或者其他有关部门应当在中介服务机构评估、公众参与、专家评议、风险评估的基础上作出是否批准的决定。"

(2)是否可以简化审批过程。《政府投资条例》第十三条第一款规定:"对下列政府投资项目,可以按照国家有关规定简化需要报批的文件和审批程序……(三)建设内容单一、投资规模较小、技术方案简单的项目……"

(3)是否必须实行监理。《建设工程监理范围和规模标准规定》第二条规定:"下列建设工程必须实行监理……(二)大中型公用事业工程……(五)国家规定必须实行监理的其他工程。"第四条规定:"大中型公用事业工程,是指项目总投资额在 3000 万元以上的下列工程项目……"第七条规定:"国家规定必须实行监理的其他工程是指:(一)项目总投资额在 3000 万元以上关系社会公共利益、公众安全的下列基础设施项目……"

3. 工程规模特征描述中的总投资还可以根据工程项目实际情况进行细化,进一步明确是可研估算总投资、概算总投资还是其他类型的总投资

考虑到"总投资"一词在不同背景下计算标准、范围有所不同,在工程规模描述中应注意其适用语境,否则可能出现合同各处关于"总投资"数据的矛盾和理解分歧。

4. 除总投资外,包括总建筑面积在内的其他指标也可用于划分工程规模的大小

以总建筑面积为例,《建设工程监理范围和规模标准规定》第五条第一款规定:"成片开发建设的住宅小区工程,建筑面积在 5 万平方米以上的住宅建设工程必须实行监理;5 万平方米以下的住宅建设工程,可以实行监理,具体范围和规模标准,由省、自治区、直辖市人民政府建设行政主管部门规定。"此外,原建设部《注册建造师执业工程规模标准》并未以总投资而是主要以其他更偏向于技术性的指标作为划分工程规模大小的依据:就工业、民用与公共建筑工程而言,采用的规模指标包括了建筑物层数、建筑物高度、单跨跨度、单体建筑面积;就钢结构建筑物

或构筑物工程（包括轻钢结构工程）而言，采用的规模指标包括了钢结构跨度、总重量、单体建筑面积。

5.建设规模发生变化的应依法履行审批核准或备案手续

（1）政府投资项目

《政府投资条例》第二十一条规定："政府投资项目应当按照投资主管部门或者其他有关部门批准的建设地点、建设规模和建设内容实施；拟变更建设地点或者拟对建设规模、建设内容等作较大变更的，应当按照规定的程序报原审批部门审批。"

（2）企业投资项目

《企业投资项目核准和备案管理条例》第十八条第一款规定："实行核准管理的项目，企业未依照本条例规定办理核准手续开工建设……由核准机关责令停止建设或者责令停产，对企业处项目总投资额1‰以上5‰以下的罚款；对直接负责的主管人员和其他直接责任人员处2万元以上5万元以下的罚款，属于国家工作人员的，依法给予处分。"第十九条规定："实行备案管理的项目，企业未依照本条例规定将项目信息或者已备案项目的信息变更情况告知备案机关，或者向备案机关提供虚假信息的，由备案机关责令限期改正；逾期不改正的，处2万元以上5万元以下的罚款。"

（三）性能保证指标

条文扩充

（三）性能保证指标（性能保证表）

性能保证指标包括：

1.总指标（可附表）

2.总平面指标（可附表）

3.建筑指标（可附表）

4.结构指标（可附表）

5.建筑电气指标（可附表）

6.给水排水指标（可附表）

7. 供暖通风与空气调节指标(可附表)

8. 热能动力指标(可附表)

9. 智能建筑指标

10. 绿色性能、建筑节能指标

11. 装饰装修指标(可附表)

12. 室外工程指标(可附表)

13. 其他指标(可附表)

编写说明

1. 性能保证指标一般包括总指标、总平面指标、建筑指标、结构指标、建筑电气指标、给水排水指标、供暖通风与空气调节指标、热能动力指标等,可根据工程项目实际情况进行具体设置。对于建筑工程而言,具体的性能指标编写应涵盖以下内容:建筑总面积、建筑占地面积、建筑层数、总高、建筑防火类别、耐火等级、设计使用年限、地震基本烈度、主要结构选型、人防类别和防护等级、地下室防水等级、屋面防水等级以及建筑构造及装修(包括墙体、地面、楼面、屋面、天窗、门、窗、顶棚、内墙面、外墙面等)。

2. 发包人对项目的性能指标要求可区分预期要求和最低保障要求,且最低保障要求应不低于国家强制性标准。

注意事项

1. 在工程总承包项目实施过程中,各项性能指标可能会根据实际情况的变化而发生调整,应在实际调整过程中对《发包人要求》"性能保证指标(性能保证表)"进行相应的调整,以避免后续因为有关性能表述的文件发生变化或者前后不一致引发争议。除非双方在专用合同条件中有另有约定,因发包人的"性能保证指标(性能保证表)"变更的,需要履行合同的变更程序并调整合同价款。

2. 各项性能指标应符合国家有关安全质量的各项规定,且不得低于国家强制性标准(如有)。《建筑法》第三条即规定:"建筑活动应当确保建筑工程质量和安全,符合国家的建筑工程安全标准。"

3.其他指标中可包括绿色性能指标。绿色原则是《民法典》确定的一项重要原则,绿色发展理念符合社会科学文明发展的先进理念,《绿色建筑评价标准》也是建筑业领域逐步推广的标准,绿色性能指标可以作为其他指标当中的重要内容之一。

(四)产能保证指标

条文扩充

(四)产能保证指标

本工程总承包项目的产能保证指标包括(可附表):_____

_____。

编写说明

1.产能是指在计划期内,企业参与生产的全部固定资产,在既定的组织技术条件下,所能生产的产品数量,或者能够处理的原材料数量。产能是反映企业所拥有的加工能力的一个技术参数,也可以反映企业的生产规模。产能保证指标是工业建筑总承包项目的重要指标之一,由于工业种类繁多,产能保证指标也包括了各种计量的单位形式,比如电力行业的万千瓦、煤炭行业的吨、铁合金行业的千伏安、电解铝行业的千安等,因此需根据工业项目的实际情况进行详细的约定。

2.发包人如对产能要求有区分最低要求和预期要求的,应在此处进行注明。

注意事项

1.产能保证指标是否符合国家和地方法规、规划和产业政策等要求

(1)政府投资项目

《政府投资条例》第十一条第一款规定:"投资主管部门或者其他有关部门应当根据国民经济和社会发展规划、相关领域专项规划、产业政策等,从下列方面对政府投资项目进行审查,作出是否批准的决定:(一)项目建议书提出的项目建设

的必要性;(二)可行性研究报告分析的项目的技术经济可行性、社会效益以及项目资金等主要建设条件的落实情况……"

（2）企业投资项目

《企业投资项目核准和备案管理条例》第九条第一款规定:"核准机关应当从下列方面对项目进行审查:(一)是否危害经济安全、社会安全、生态安全等国家安全;(二)是否符合相关发展建设规划、技术标准和产业政策;(三)是否合理开发并有效利用资源;(四)是否对重大公共利益产生不利影响。"第十五条规定:"备案机关发现已备案项目属于产业政策禁止投资建设或者实行核准管理的,应当及时告知企业予以纠正或者依法办理核准手续,并通知有关部门。"

2. 产能保证指标能否符合后评价的相关要求

《中央政府投资项目后评价管理办法》第二条第一款规定:"本办法所称项目后评价,是指在项目竣工验收并投入使用或运营一定时间后,运用规范、科学、系统的评价方法与指标,将项目建成后所达到的实际效果与项目的可行性研究报告、初步设计(含概算)文件及其审批文件的主要内容进行对比分析,找出差距及原因,总结经验教训、提出相应对策建议,并反馈到项目参与各方,形成良性项目决策机制。"

3. 产能保证指标应与建设规模、性能保证指标匹配

对于基础设施项目,产能保证指标的实现不仅需要依托组织技术条件,还有赖于对应匹配建设规模、性能保证指标的硬件基础。不同指标之间存在内部技术联系,各指标之间的一致性或匹配性是指标设置是否科学合理的重要评价维度,也关系到指标能否实现,对此应予以关注。

【相关案例】

【案例一】广东德嘉电力环保科技有限公司与山西漳电蒲州热电有限公司建设工程合同纠纷案

【基本信息】

审理法院:山西省运城市中级人民法院

案号:(2020)晋 08 民终 1157 号

【裁判观点】

广东德嘉电力环保科技有限公司(以下简称德嘉电力环保公司)与山西漳电蒲州热电有限公司(以下简称漳电蒲州热电公司)签订的合同属于交钥匙总承包合同,德嘉电力环保公司的主履行义务是按照合同约定设计承建涉案环保项目,并配合漳电蒲州热电公司完成设备的调试,达到废水深度处理水量达到 $20m^3/h$ 的合同目的。德嘉电力环保公司认为将土建安装工程交付就应视为涉案工程符合出具最终验收证书达到付款条件,系对合同法律关系的错误理解,该公司的上诉理由不能成立。

【案情摘要】

2014 年 9 月 15 日,原告德嘉电力环保公司(原名称:佛山市德嘉电力环保科技开发有限公司)与被告漳电蒲州热电公司签订了一份《山西永济上大压小热电联产工程(脱硫废水深度处理系统 EPC)合同》,合同约定:"由德嘉电力环保公司承包蒲州热电公司发包的山西永济'上大压小'热电联产工程(脱硫废水深度处理系统 EPC)……验收试验由业主方负责,承包方参加……在合同设备通过 168 小时可靠性运行试验后,业主方应签署由承包方会签的本合同设备初步验收证书……技术指标为:达到合同约定的工程脱硫废水深度处理水量为每小时 $20m^3$ ……"

2016 年 7 月 22 日,案涉脱硫废水深度处理安装工程竣工。

2018 年 10 月,双方进行了 168 小时设备运行调试。德嘉电力环保公司出具的山西永济"上大压小"热电联产工程(脱硫废水深度处理系统)调试报告概述部分载明,整套脱硫废水深度处理系统设计进水量 $20m^3$,但由于电厂提供蒸汽压力和流量不足等原因,为保持系统能够稳定运行,本次调试进水量降低至约 $50m^3/d$,其中软化系统满足设计间歇性运行,蒸发系统在低进水量中连续稳定运行。第十一章调试中出现问题及解决方法部分载明,存在问题,最终水温过高,对后续二级反渗透系统有明显影响。一效结晶蒸发主体负压过大,二效加热效果降低,导致整个蒸发系统原液蒸发速度降低,析出结晶时间偏长,NVC 主体压力不能保持长期稳定。

【争议焦点】

本案脱硫废水深度处理系统工程是否竣工及验收合格,被告方应否向原告支付剩余工程款、违约金、保证金?

原告方德嘉电力环保公司认为:双方虽未就讼争工程签署移交确认书,但讼争工程已以 2016 年 7 月 22 日竣工、验收合格并按照建筑工程档案管理规范以及火电项目建设工程档案管理规范的要求,向被告移交讼争工程档案,且讼争工程于 2017 年 3 月取得中国电力建设企业协会颁发的科技进步三等奖,故应认为讼争工程已经验收合格,原告已将讼争工程交付被告,被告应向原告履行支付剩余工程款之义务。

被告方漳电蒲州热电公司认为:原告方说的讼争工程竣工只是设备土建安装的竣工验收文件,不是全部的工程,设备没有移交,设备现在还不能正常运转,验收合格后才能移交。设备安装后分单体调试和整体调试,原告 2018 年 10 月对案涉脱硫废水深度处理系统工程运行 168 小时后,设备不能正常运行,未达到合同目的,故不应支付原告款项。

【法院观点】

一审法院认为:依据原、被告合同约定,原告对其承建的脱硫废水深度处理系统工程有义务保证其达到合同约定的条件,保障整个工程运行良好,废水深度处理水量达到 20m³/h。庭审中,原告提供的竣工报告为安装工程竣工报告,根据合同工程范围的约定,安装工程仅为合同约定工程内容的一部分,不能仅以安装工程的竣工就认定整个案涉工程竣工且已验收合格。另根据合同约定,原告亦未能提供证据证实其承建的工程废水深度处理水量达到 20m³/h,且其所提供证据亦无法证实案涉工程已整体调试运行、性能测试合格,并经被告或第三方监理单位验收合格,以证实自己已全面履行合同义务,故原告诉讼要求被告支付剩余工程款、违约金及返还保证金之请求,于法无据,不予支持。

二审法院认为:德嘉电力环保公司的主履行义务是按照合同约定设计承建涉案环保项目,并配合漳电蒲州热电公司完成设备的调试,达到废水深度处理水量达到 20m³/h 的合同目的。德嘉电力环保公司完成环保项目的土建和设备安装后,在漳电蒲州热电公司蒸汽压力没有达到设计值的情况下降低调试条件,按照合同约定配合漳电蒲州热电公司进行了 168 小时设备运行调试,出具了调试报告并载明整个系统存在的问题。德嘉电力环保公司针对 2018 年调试报告中存在的系统问题未做处理,在漳电蒲州热电公司发函要求其公司整改系统存在的问题时,没有采取更换、重做、修复设备等方式继续履行合同,没有配合漳电蒲州热电公司再次按照合同约定重新进行 168 小时设备调试,至今德嘉电力环保公司未提供证据证实其承建的环保项目符合合同约定,故构成违约。德嘉电力环保公司与漳电蒲州热电公司签订的合同属于交钥匙总承包合同,合同包括多重法律关系,应适用《合同法》(已废止)总则及相关的法律规定,德嘉电力环保公司认为将土建安装工程交付就应视为涉案工程符合最终验收的付款条件,系对合同法律关系的错误理解,该公司的上诉理由不能成立。

【案例评析】

工程总承包模式下,发包人最终接收的不应该仅仅是工程验收合格的建筑物,而应该是达到功能/产能/性能需要、符合发包人发包工程预期目的(Fit for Purpose)的项目,发包人将此类要求在工程总承包合同中进一步细化约定体现为《发包人要求》,这亦是承包人的承包范围与合同义务。

本案 EPC 合同中约定了承包商的承包范围包括了设备的供应和性能验收,并对性能验收的程序、稳定运行的时间、处理水量等验收标准有着明确约定,此类要求应构成发包人对于承包商交付最终工程成果的"功能要求";案涉工程实施期间,双方进行了 168 小时设备运行调试,但未能符合合同约定的处理水量,德嘉电力环保公司也未能举证证明其满足了废水深度处理水量达到 $20\text{m}^3/\text{h}$ 的性能要求。

结合以上情况,德嘉电力环保公司仅仅将土建安装工程交付,就认为涉案工程符合出具最终验收证书的条件的主张有违工程总承包合同的约定,未能达到发包人关于"功能要求"的预期目的,也不符合 EPC/交钥匙总承包模式下业主"转动钥匙"即可运行的操作惯例。

【案例二】宁波锦华铝业有限公司与宁波市态宝环保科技有限公司承揽合同纠纷案

【基本信息】

二审法院:浙江省宁波市中级人民法院

二审案号:(2013)浙甬商终字第 1069 号

【裁判观点】

宁波锦华铝业有限公司(以下简称锦华铝业)与宁波市态宝环保科技有限公

司(以下简称态宝环保)签订的合同书合法有效,双方当事人均应按约履行各自的义务。现浙江省质量检测科学研究院的鉴定报告显示涉案粉尘废气处理工程未达到预想的除尘效果,不能满足《设计文件》的设计性能要求,建议进行全面重新设计,以满足实际生产处理要求。鉴定报告显示态宝环保就涉案工程的设计存在各种缺陷,致使锦华铝业无法通过该工程达到降低粉尘浓度的合同目的,其行为已经构成根本违约,锦华铝业有权解除合同书,并要求态宝环保返还工程款。

【案情摘要】

原告锦华铝业因工厂搬迁所需,委托被告态宝环保设计并施工粉尘废气工程。双方订立《粉尘废气处理工程委托设计施工合同书》约定:"由态宝环保对锦华铝业粉尘废气处理工程进行设计、制造、安装、调试,工程规模为处理量45,000m³/h。态宝环保应根据锦华铝业认可的粉尘废气量与浓度,按照国家相应规范,选用先进的工艺、高质量的设备,做到运行费用低,设备运行后,能达到系统正常运行;在合同规定时间内按质按量完成设计制造、安装调试工作,在调试期间,负责培训操作人员,并提供操作规程及技术指导,直至通过验收;设备的保质保修期限为设备进场安装调试完毕后能正常运行之日起一年。"态宝环保完成了设备的安装、调试。慈溪市环境保护监测站出具慈环监(2011)气字第094号监测报告的结论为:本次监测时锦华铝业的15吨再生式熔铝炉有组织的烟尘浓度符合标准。

但工程在安装调试过程中,一直出现大量烟气聚集在熔铸炉门的缝隙间等问题,烟气一直处于室内无法发散,无法作业,并且布袋除尘器也无法正常运行,无除尘效果。为此,锦华铝业多次催促态宝环保整改,但态宝环保并未对设备做针对性的整改。锦华铝业诉至法院要求解除合同,并返还工程款。同时申请法院对粉尘废气处理工程进行质量鉴定。

一审审理过程中,法院依法委托了浙江省质量检测科学研究院对粉尘废气处理工程进行质量鉴定。浙江省质量检测科学研究院出具"浙质检鉴定(2013)质鉴字第001号"质量鉴定报告,并对工程重新设计费用的估算向法院出具回函。质量鉴定报告载明:现场踏勘时,布袋除尘装置顶部防雨棚除架子外棚体已不存在,同时顶部盖板密封不严,内部风管有脱落现象;布袋除尘器、管道、火花收集器等设备外边存在严重的锈迹;现场试验时,当一台15吨熔炼炉炉门打开,操作工人往炉内投料后,有部分烟尘通过烟尘收集罩吸走,但烟尘吸走速度较慢,有部分从炉门两边向外溢出的烟尘无法吸走,整个车间被烟尘笼罩;现有 2 台 15 吨熔炼炉,每个熔炼炉的炉口设置炉口吸烟罩,规格为 4000mm×5000mm×2000mm,若按照《除尘工程设计手册》提供的低悬矩形罩的排风量计算公式,单台炉的排风量计算结果为 104,623.80m³/h,若按照一般冷过程最小速度控制法计算,控制点最小控制速度按 0.5～1m/s 计算,每个炉口吸烟罩的排风量计算结果为 36,000～72,000m³/h;处理烟气量 45,000m³/h 过小,就造成吸烟罩口风速低,不能有效控制罩口烟气外逸;设计文件中,各需要控制的产烟点排风量没有明确说明,使实际运行中无法有效调控;设计文件中没有体现并联管路压力平衡计算设计,使控制烟点需风量难以满足设计要求;设计文件中只列出布袋除尘器、火花收集器的阻力损失,没有列出治理工程系统总阻力损失,无法判断所选风机的阻力损失是否满足设计要求;通风机选择不符合规范要求,考量系统漏风,所选的通风机风量应是设计风量的 1.1～1.15 倍,应为 49,500～51,750m³/h,设计中实际选择的离心机风量只有 45,000m³/h,即使系统正常运行,此风量也无法满足控制点的需风量要求;吸烟罩设置不合理,无法有效控制全部烟气流,罩沿与炉门相隔 250mm 左右,而且吸烟罩长度不够,每次开启炉门,将有大量烟气逸出;布袋除尘器的顶部防雨棚只剩下架子,无防雨设施,不符合有关技术标准,且布袋除尘器无产品标识铭牌,雨水引起布袋黏结堵塞,增加阻力损失,除尘器内部腐蚀严重,已基本失去使用价值;火花收集器的排灰口存在设计缺陷,导致排灰时风路短路;布袋除尘装置上安装的清灰风管有部分脱落;系统未安装防爆阀等,未张贴安全警示标示,存在安全隐患等。鉴定结论为该工程未达到预想的除尘效果,不能满足设计文件的设计性能要求,建议进行全面重新设计,以满足实际生产处理要求。

【争议焦点】

锦华铝业认为:态宝环保设计、制造、安装、调试的粉尘废气处理工程存在缺陷无法运行,未达到合同约定的使用条件,应返还已经支付的工程款 750,000 元并自行拆除取回相关设备材料。

态宝环保认为:锦华铝业与态宝环保签订的合同书、补充合同中明确约定涉案工程质量的合格检验标准以环保机构的监测结果为准。现环境监测站出具的监测报告确认锦华铝业的 15 吨再生产式熔铝炉有组织排放的烟尘浓度符合标准,应视为已经验收合格。锦华铝业提供了设备的主要技术要求和相关的数据,应当对相应的后果承担责任,锦华铝业提出设备运行中存在部分烟气难以迅速完全散发等问题,这不是设备的质量缺陷,锦华铝业明确提出了熔炼炉总烟气量要控制在 45,000m³/h 的要求,态宝环保理应按照客户要求进行设计,所以态宝环保无须承担责任。同时,态宝环保认为,浙江省质量检测科学研究院出具的鉴定报告应不予采信。

【法院观点】

一审法院认为:双方的承揽合同关系合法有效,双方均应当按照约定全面履行自己的义务。态宝环保作为承揽人应交付符合合同约定的工作成果。由于态宝环保交付的粉尘废气处理工程存在设计及质量问题,致使合同目的无法实现,锦华铝业有权解除合同,态宝环保应返还锦华铝业已支付的工程款,锦华铝业应返还粉尘废气处理工程相关设备材料。因双方对布袋除尘器的堵塞损害均存在过错,且锦华铝业已使用布袋除尘器一年多,故锦华铝业应支付相应的费用,法院予以酌定并扣除后,由态宝环保返还锦华铝业工程款。

二审法院认为:锦华铝业与态宝环保签订的合同书合法有效,双方当事人均应按约履行各自的义务。虽然态宝环保将涉案粉尘废气处理工程安装调试完成后,慈溪市环境保护监测站对锦华铝业熔铝炉有组织排放的烟尘浓度进行监测,并出具监测报告,认为该烟尘浓度符合标准。但因监测报告仅对涉案工程在特定时间、特定操作条件下处理烟尘量后的烟尘浓度进行的一次监测情况记录,尚无法真实全面反映涉案工程整体运行状况,且合同书中仅约定态宝环保安装调试好涉案工程后,锦华铝业应在约定期间内安排环保部门对烟尘浓度进行监测,并未将监测报告结论作为涉案工程合格与否的评价标准,故该监测报告尚不足以证实涉案粉尘废气处理工程质量合格的事实。现浙江省质量检测科学研究院的鉴定报告显示涉案粉尘废气处理工程未达到预想的除尘效果,不能满足态宝环保制作的《设计文件》的设计性能要求,建议进行全面重新设计,以满足实际生产处理要求。而态宝环保又未能提供充足反驳证据推翻鉴定报告的证明力,故原审法院采信该鉴定报告并无不当。质量鉴定报告可以证实态宝环保交付的粉尘废气处理工程质量不符合合同书及《设计文件》约定的事实。即使烟尘处理量 45,000m³/h 这个数据系锦华铝业提供,态宝环保也应以此数据为依据对涉案工程进行设计,使涉案工程达到能够处理上述烟尘量的标准,但鉴定报告显示态宝环保就涉案工程的设计存在各种缺陷,致使锦华铝业无法通过该工程达到降低粉尘浓度的合同目的,态宝环保的行为已经构成根本违约,锦华铝业有权解除合同书,并要求态宝环保返还工程款。原审法院酌定的锦华铝业应承担的布袋除尘器费用也无不妥。原审法院事实认定清楚,适用法律正确,程序合法,判决得当。二审法院判决:驳回上诉,维持原判。

【案例评析】

发包人对项目的性能指标要求可区分预期要求和最低保障要求,且最低保障要求应不低于国家强制性标准。这里的"预期要求"和"最低保障要求"可以理解为对应的《民法典》第五百六十三条和第六百一十条规定的"实现合同目的"。发包人订立工程总承包合同的目的是以有偿形式取得具备正常使用价值的建设项目。该案中,锦华铝业作为发包人,要求的粉尘处理量为 $45,000m^3/h$,承包人态宝环保依据该要求进行了设计和施工,但是最终的粉尘处理结果却未达到要求。通过质量鉴定,我们可知,该工程未达到预想的除尘效果,不能满足设计文件的设计性能要求。究其原因,系承包人态宝环保将"处理量 $45,000m^3/h$"作为理论性能要求进行了设计和施工,而非需要达到的实际性能,正如鉴定报告所述"通风机选择不符合规范要求,考量系统漏风,所选的通风机风量应是设计风量的 $1.1-1.15$ 倍,应为 $49,500-51,750m^3/h$,设计中实际选择的离心机风量只有 $45,000m^3/h$,即使系统正常运行,此风量也无法满足控制点的需风量要求"。实际上,承包人的履行结果实现不了发包人对建设项目使用价值的预期目标。

第二节 工 程 范 围

(一)概述

条文扩充

(一)概述

工程范围包括:＿＿＿＿＿＿＿＿＿＿＿＿＿＿＿。

编写说明

1.应指出工程总承包项目所涵盖的范围:设计、采购、施工、竣工验收、竣工后试验(如有)等阶段。

2.应根据工程总承包项目实际情况明确是否包含了以下各类工作:土建,线路、管道、设备安装及装饰装修工程。也可以视项目情况具体到是否包括采暖、卫生、燃气、电气、通风与空调、电梯、通信、消防等专业工程的安装以及室外线路、管道、道路、围墙、绿化等工程。

注意事项

《发包人要求》第二条完全围绕工程范围展开,第(一)款"概述"部分应简明扼要,并与第(二)款"包括的工作"、第(三)款"工作界区"、第(四)款"发包人提供的现场条件"、第(五)款"发包人提供的技术文件"相对应,形成一个整体。具体需关注:

1.工程范围不符合当下主管机关推行的工程总承包模式的风险

《工程总承包管理办法》第三条规定:"本办法所称工程总承包,是指承包单位按照与建设单位签订的合同,对工程设计、采购、施工或者设计、施工等阶段实行总承包",因此工程总承包的范围应至少包含工程设计与施工工作,如工程范围为设计—采购(EP)或采购—施工(PC)的,将不符合《工程总承包管理办法》规定的工程总承包模式。

2.工程范围与项目审批或备案、核准的范围、招标范围及合同约定的承包范围不一致的风险

(1)政府投资项目

《政府投资条例》第十六条规定:"政府投资年度计划应当明确项目名称、建设内容及规模、建设工期、项目总投资、年度投资额及资金来源等事项。"第二十一条规定:"政府投资项目应当按照投资主管部门或者其他有关部门批准的建设地点、建设规模和建设内容实施……"

（2）企业投资项目

《企业投资项目核准和备案管理条例》第六条规定："企业办理项目核准手续，应当向核准机关提交项目申请书；由国务院核准的项目，向国务院投资主管部门提交项目申请书。项目申请书应当包括下列内容……（二）项目情况，包括项目名称、建设地点、建设规模、建设内容等……"第十三条规定："实行备案管理的项目，企业应当在开工建设前通过在线平台将下列信息告知备案机关……（二）项目名称、建设地点、建设规模、建设内容……"

3. 工程范围变更不符合国家法规相关程序的风险

（1）政府投资项目

《政府投资条例》第二十一条规定："……拟变更建设地点或者拟对建设规模、建设内容等作较大变更的，应当按照规定的程序报原审批部门审批。"

（2）企业投资项目

《企业投资项目核准和备案管理条例》第十一条规定："企业拟变更已核准项目的建设地点，或者拟对建设规模、建设内容等作较大变更的，应当向核准机关提出变更申请。核准机关应当自受理申请之日起 20 个工作日内，作出是否同意变更的书面决定。"第十四条规定："已备案项目信息发生较大变更的，企业应当及时告知备案机关。"

4. 工程范围变更后未按合同要求履行发承包双方间相应手续的风险

对此，《示范文本》（2020）通用合同条件第 13 条"变更与调整"等条款有详细规定，发承包双方在采用该示范文本后可遵照履行，并可以视实际情况在专用合同条件及附件中进行有针对性的约定。

（二）包括的工作

条文扩充

（二）包括的工作

1. 永久工程的设计、采购、施工范围（可附表）

2. 临时工程的设计与施工范围（可附表）

3. 竣工验收工作范围（可附表）

4.技术服务工作范围(可附表)

5.培训工作范围(可附表)

6.保修工作范围(可附表)

编写说明

对永久工程、临时工程、竣工验收、技术服务、培训、保修等事项的工作范围，编写时应注意按照发承包双方约定的定义开展：

1.对于永久工程，《示范文本》(2020)通用合同条件第 1.1.3.3 目将永久工程定义为："永久工程：是指按合同约定建造并移交给发包人的工程，包括工程设备。"并且在通用合同条件第 1.1.3.6 目对工程设备也有明确的定义："工程设备：指构成永久工程的机电设备、仪器装置、运载工具及其他类似的设备和装置，包括其配件及备品、备件、易损易耗件等。"

2.对于临时工程，《示范文本》(2020)通用合同条件第 1.1.3.4 目定义为："临时工程，是指为完成合同约定的永久工程所修建的各类临时性工程，不包括施工设备。"对照永久工程的定义，可以发现工程设备属于永久工程，而施工设备不属于临时工程。

3.对于竣工验收，《示范文本》(2020)通用合同条件第 1.1.4.11 目定义为："竣工验收：是指承包人完成了合同约定的各项内容后，发包人按合同要求进行的验收。"该定义较为宽泛，以此难以确定竣工验收的工作范围，因此发承包双方对竣工验收工作范围的细化还须根据《示范文本》(2020)通用合同条件第 10 条"验收和工程接收"等条款确定。

4.对于技术服务，《示范文本》(2020)并未进行明确的定义，且在各条款中也并未直接出现过"技术服务"的表述。但在通用合同条件和专用合同条件第 1.14 款"建筑信息模型技术的应用"明确提到了"建筑信息模型技术的应用"，可以理解为对于"建筑信息模型技术"的开发、使用、存储、传输、交付等事项可以列入技术服务的范围，其他新技术的应用也可以参照进行约定。

5.对于培训服务，《示范文本》(2020)通用合同条件第 5.3 款［培训］提到了承包人对发包人的雇员或发包人指定的人员(通常为承担工程运营的人员)进行的培训、培训的时长、培训人员以及培训所涉及的操作、维修等内容,培训需要用到的设施、成本等,可以在《发包人要求》中提出。

6. 对于保修工作,《示范文本》(2020)通用合同条件和专用合同条件第 11 条"缺陷责任与保修"、附件 3"工程质量保修书"均有对应的约定,而且也设置了双方可自行约定的条款,本项"保修工作范围"应与之对应。

注意事项

工程范围包括的工作,在具体编写时需关注到:

1. 本条共有六项需要明确的范围,无论是永久工程和临时工程,还是竣工验收、技术服务、培训、保修,在《示范文本》(2020)当中均有相应的内容,《发包人要求》在编制时可以参照有关内容进行明确。

2. 对比永久工程包括采购工作的范围,临时工程则没有明确提及采购,但这并不代表临时工程当中没有采购事项,而是该事项包含于设计和施工工作当中进行描述。

3. 工程项目实施过程中根据实际情况的变化,该项"包括的工作"可能产生变更,因此建议在明确此项时应充分考虑到合同条款关于"变更"和"索赔"的约定,避免产生争议。

4. 结合前期咨询、设计工作成果进行完善,但不排除部分项目可能因为工程前期咨询工作深度不足,对实现发包目的的全部工作难以完全预估,从而导致该项"包括的工作"的描述无法包含实际可能需要实施的工作。

(三)工作界区

条文扩充

(三)工作界区

发包人和总承包人的工作界区:＿＿＿＿＿＿＿＿＿＿＿。

总承包人和其他承包人的工作界区:＿＿＿＿＿＿＿＿＿＿＿。

其他工作界区:＿＿＿＿＿＿＿＿＿＿＿＿＿＿＿＿＿＿＿。

编写说明

《发包人要求》作为发包人和总承包人工程总承包合同的附件,该条编制的重点在于发包人和承包人的工作界区、总承包人和其他承包人的工作界区。如果发承包双方认为有必要,也可以对其他工作界区(包括总承包人联合体之间、总承包人和分包人之间)进行相应的约定。

注意事项

1. 发承包双方之间的工作界区划分需关注:其一,发承包双方的工作界区划分首先取决于工程总承包项目的发包阶段及承包范围,发包阶段之前的工作属于发包人的工作范围,发包阶段之后、纳入工程总承包范围之内的属于总承包人的工作内容,可以参考前述第(一)项、第(二)项编制要点进行表述;其二,需要关注到法律法规规定的某些行政审批手续办理的责任主体,例如,《建筑法》第七条规定了建设单位申领施工许可证的责任,第四十二条规定了建设单位办理临时占地审批、临时停水、停电、中断道路交通的审批以及爆破作业的申请审批手续等;《建设工程质量管理条例》第十六条规定了组织竣工验收的义务。虽然在工程总承包项目中可能存在发包人要求总承包人协助办理相关工作的情况,但并不改变建设单位为法定的义务主体的根本。相关法律法规可作为区分发包人和总承包人工作界区的重要依据。

2. 在实际的工程总承包项目中,除了总承包人,发包人基于各种考虑可能选定了其他承包人,和总承包人共同配合完成工程项目,也即俗称的"平行发包"或"独立承包"。如果发包人和总承包人在签订合同时已经明确了平行发包或独立承包,就需要在《发包人要求》中明确约定总承包人和其他承包人间的工作界区,以划定责任和风险的承担。

3. 虽然工程总承包强调总包负总责,但有时发包人基于项目实际情况和法律规定,需要先行完成相应勘察和部分设计工作,发包人也可能会根据需要自行采购部分设备或将部分工程平行发包等,这时应对工作界区进行明确区分,尤其是可能涉及工作界区的衔接及先后顺序或交叉的,如果约定不清将导致届时责任无法划分。

(四)发包人提供的现场条件

条文扩充

(四)发包人提供的现场条件

1.施工用电。发包人应在承包人进场前将施工用电接至约定的节点位置,并保证其需要。施工用电的类别为:_____,取费单价为:_____,发包人按实际计量结果收费。发包人如无法提供施工用电,相关费用由承包人纳入报价并承担相关责任。

2.施工用水。发包人应在承包人进场前将施工用水接至约定的节点位置,并保证其需要。施工用水的类别为:_____,取费单价为:_____,发包人按实际计量结果收费。发包人如无法提供施工用水,相关费用由承包人纳入报价并承担相关责任。

3.施工排水。发包人应当报批取得临时施工排水许可,承包人应当遵守国家和地方的规定,按排水许可设置完善的排水系统,保持现场始终处于良好的排水状态,防止降雨径流对现场的冲刷。

4.施工道路。发包人负责取得因工程实施所需修建施工道路的权利并承担相关手续费用和建设费用,承包人应协助发包人办理修建施工道路的手续。承包人负责修建、维修、养护和管理施工所需的临时道路和交通设施,包括维修、养护和管理发包人提供的道路和交通设施。

5.其他现场条件。临时用地:_____;场地平整:_____;通信:_____;热力:_____;燃气:_____;地内地下管线和地下设施相关资料:_____;_____其他_____。

编写说明

施工用电、施工用水、施工排水、施工道路四项当中,除了施工排水,其余三项均在《示范文本》(2020)通用合同条件或专用合同条件中有较为详细的约定。对于施工用电和施工用水,《示范文本》(2020)通用合同条件第7.9款[临时性公用设施]及对应专用合同条件有约定;对于施工道路,《示范文本》(2020)通用合同条件第7.1款[交通运输]及对应专用合同条件有约定。因此,在编写《发包人要求》相关事项时应与《示范文本》(2020)中的条款保持一致。

考虑到现实情况当中承包人对于发包人提供的现场条件或者在行政管理部门划拨或者出让土地时已经达到了"三通一平"、"五通一平"或者"七通一平"的条件,除《示范文本》(2020)附件1《发包人要求》已经明确的"施工用电""施工用水""施工排水""施工道路",还可以就其他现场条件,如场地平整、通信、热力、燃气、工程范围内地上物是否全部拆除、施工现场上方空中区域(如高压线等)是否有障碍、施工出入口是否具备等进行补充编制。

注意事项

1. 发包人对于施工用电、施工用水、施工排水、施工道路等现场条件可以根据工程项目的实际情况和管理需求进行更为详细的要求。

以施工用电为例,《建筑法》第三十九条第一款规定:"建筑施工企业应当在施工现场采取维护安全、防范危险、预防火灾等措施;有条件的,应当对施工现场实行封闭管理。"由此可以进行如下要求:承包人应当根据临时用电规范和施工要求编制施工临时用电方案;临时用电方案及其变更必须履行"编制、审核、批准"程序;施工临时用电方案应当由电气工程技术人员组织编制,经企业技术负责人批准后实施,经编制、审核、批准部门和使用单位共同验收合格后方可投入使用。

2. 施工用电、施工用水、施工排水、施工道路等现场条件是工程总承包项目实施特别是施工阶段的必要条件,如果条件不成就,则后续很有可能引发工期延误和费用增加,造成发承包双方的争议,为避免此类情况的发生,在《发包人要求》中应根据法律法规和行业管理规范对相关手续的办理和具体工作实施中双方的权责划分进一步厘清与明确。

（五）发包人提供的技术文件

条文扩充

（五）发包人提供的技术文件

除另有批准外,承包人的工作需要遵照发包人的下列技术文件：

1. 发包人需求任务书。

2. 发包人已完成的设计文件。

3. 发包人已完成的其他技术文件。

编写说明

该条文扩充中的技术文件包括三部分,发包人需求任务书、已完成的设计文件以及已完成的其他技术文件。其中发包人需求任务书、已完成的设计文件是《示范文本》(2020)附件1《发包人要求》中原本就有的项,而已完成的其他技术文件则需根据项目实际情况进行约定。发包人需求任务书可以包括项目名称、建设地点、总投资、项目定位、项目控制条件、项目用地和规划条件、设计原则、设计要求、设计标准、技术规格书、技术经济指标、限额设计、成果要求、节约能源、环境保护、可持续发展及其他要求。对于设计要求、设计标准,发包人应根据实际情况以单位工程、分部工程或分项工程为单位,详细阐述设计要求和设计标准,实现《发包人要求》发挥价格竞争平台的作用,避免投标人之间设计口径的严重不统一。发包人已完成的设计文件可以包括可行性研究报告、方案设计文件或者初步设计文件等设计文件。已完成的其他技术文件可以是包括勘察资料在内的其他技术文件。

注意事项

1. 《建筑法》第四十条规定："建设单位应当向建筑施工企业提供与施工现场相关的地下管线资料,建筑施工企业应当采取措施加以保护。"《工程总承包管理办法》第九条规定："建设单位应当根据招标项目的特点和需要编制工程总承包项目招标文件,主要包括以下内容……(五)建设单位提供的资料和条件,包括发包前完成的水文地质、工程地质、地形等勘察资料,以及可行性研究报告、方案设计文件或者初步设计文件等……"由此,发包人可根据工程项目的实际需要,在提供设计文件同时提供发包前已完成的水文地质、工程地质、地形等勘察资料,即其他技术文件。

2.《工程总承包管理办法》第十五条第二款规定:"建设单位承担的风险主要包括……(四)因建设单位原因产生的工程费用和工期的变化……"而承包人应遵守发包人需求任务书和发包人已完成的设计文件要求,如果产生风险,正可以归结为建设单位的原因,因此发包人对此类风险应予以充分认识,而承包人也应对发包人需求任务书和发包人已完成的设计文件进行阅读和复核,《示范文本》(2020)通用合同条件第1.12款[《发包人要求》和基础资料中的错误]即约定:"承包人应尽早认真阅读、复核《发包人要求》以及其提供的基础资料,发现错误的,应及时书面通知发包人补正。发包人作相应修改的,按照第13条[变更与调整]的约定处理。《发包人要求》或其提供的基础资料中的错误导致承包人增加费用和(或)工期延误的,发包人应承担由此增加的费用和(或)工期延误,并向承包人支付合理利润。"

【相关案例】

【案例】河北京电电力建设有限公司与新疆西域恒通电力设计有限公司建设工程合同纠纷案

【基本信息】

审理法院:新疆生产建设兵团第十三师中级人民法院

案号:(2020)兵12民终59号

【裁判观点】

上诉人河北京电电力建设有限公司(以下简称京电公司)与被诉人新疆西域恒通电力设计有限公司(以下简称西域公司)的EPC总承包合同是否应该包含调度自动化工程?从合同条款内容来看,承包人西域公司组织的初步方案、施工图设计等均应由京电公司审查通过,调度自动化工程应该包含在总承包合同内,而西域公司提交设计施工图纸缺失调度自动化工程,京电公司应在审查时提出并要求西域公司增加该项工程的设计,但上诉人京电公司并没有提出增加设计的建议或要求,西域公司按设计的图纸施工的工程符合双方合同约定。京电公司以并不详知西域公司的设计内容、双方合同确定的工程内容包含调度自动化工程的辩解理由不予采信。

【案情摘要】

2015 年 11 月 13 日,京电公司与西域公司签订了一份《哈密天宏二期光伏 35kV 输变电工程 EPC 总承包合同》,约定由京电公司将哈密天宏二期光伏 35kV 输变电工程以 EPC 工程总包方式发包给西域公司施工,包括项目可研、采购、施工,合同总价 1,399,000 元。2015 年 12 月,京电公司与新疆中兴信通科技开发有限公司签订《哈密天宏二期光伏 35kV 汇集站调度自动化 PC 工程承包合同》,京电公司为此合同支付施工费用 400,000 元。该工程于 2016 年 1 月 8 日并网发电,通过试运行并办理了整体工程移交手续。后因工程款项结算争议,诉至法院。

一审法院审理过程中,西域公司的承包范围为核心争议焦点,即《哈密天宏二期光伏 35kV 汇集站调度自动化 PC 工程承包合同》的工作内容是否包含在京电公司与西域公司签订的《哈密天宏二期光伏 35kV 输变电工程 EPC 总承包合同》中。

为此,西域公司向一审法院提交了鉴定申请,请求法院委托专业鉴定机构对下列事项进行鉴定:(1)对天宏二期光伏 35kV 输变电工程中是否存在站内通信设备予以鉴定;(2)站内通信设备与调度自动化设备是否为相同设备。京电公司向一审法院提交了鉴定申请,请求法院委托专业鉴定机构对下列事项进行鉴定:保定京电电力建设有限公司与新疆中兴信通科技开发有限公司签订的《哈密天宏二期光伏 35kV 汇集站调度自动化 PC 工程承包合同》的工作内容是否包含在保定京电电力建设有限公司(现已更名为河北京电电力建设有限公司)与西域公司签订的《哈密天宏二期光伏 35kV 输变电工程 EPC 总承包合同》中。

依据双方的申请,一审法院委托上海华碧检测技术有限公司进行鉴定。2019 年 7 月 11 日,上海华碧检测技术有限公司作出沪华碧字(2019)质检字第 78 号天宏二期光伏 35kV 输变电工程通信设备产品质量鉴定报告,鉴定意见为:(1)天宏二期光伏 35kV 输变电工程中存在站内通信设备;(2)站内通信设备与调度自动化设备不是相同设备;(3)京电公司与新疆中兴信通科技开发有限公司签订的《哈密天宏二期光伏 35kV 汇集站调度自动化 PC 工程承包合同》的工作内容不应该包括在京电公司与西域公司签订的《哈密天宏二期光伏 35kV 输变电工程 EPC 总承包合同》中。

【争议焦点】

上诉人认为:上诉人京电公司与西域公司签订的合同明确约定工程范围具体包含但不限于哈密天宏二期光伏 35kV 输电线路工程(以下简称线路工程),哈密天宏二期光伏 35kV 输电通信设备工程(以下简称通信工程)所有建筑、安装施工以及质保期内的所有服务,即本合同从项目可研、设计、业主要求或合同隐含要求、有效运行所需的所有工作、质保期内的所有服务,均由承包人即西域公司负责,西域公司承担交钥匙总承包责任。从被上诉人设计图纸、竣工图纸来看,调度自动化设备是输变电工程必不可少的工程设备,设备采购明确属于被上诉人的工作范围。上海华碧检测技术有限公司作出的沪华碧字(2019)质检字第 78 号天宏二期光伏 35kV 输变电工程通信设备产品质量报告严重缩小范围,混淆概念,不能作为判决依据。

被上诉人认为:2015 年 11 月 13 日双方签订天宏二期总承包合同的固定总价为 139.9 万元,合同仅仅约定了电缆、光缆的线路工程和站内通信设备的安装与调试工程,并不包括京电公司主张的调度自动化设备的内容;合同总价构成和付款方式约定:合同价款 139.9 万元包括"哈密天虹二期光伏 35kV 输电通信设备工程(二期)"和"哈密天宏二期光伏 35kV 输电线路工程"两部分,不包括京电公司主张的调度自动化设备。本案《哈密天宏二期光伏 35kV 输变电工程 EPC 总承包合同》约定的总包范围仅仅是"电缆、光缆的线路工程"和"通信工程",并不包括"调度自动化设备",而且合同价款中也没有包括"调度自动化设备"。

鉴定机构的鉴定报告认定"调度自动化工程的设备材料采购及工程施工安装调试不应该包含在《哈密天宏二期光伏 35kV 输变电工程 EPC 总承包合同》的站内通信设备的安装与调试中",该鉴定报告程序合法,应予认定。

【法院观点】

1. 上诉人京电公司与被诉人西域公司的《哈密天宏二期光伏 35kV 输变电工程 EPC 总承包合同》是否应该包含调度自动化工程。本案中,上诉人京电公司与被上诉人西域公司签订的《哈密天宏二期光伏 35kV 输变电工程 EPC 总承包合同》,工程范围包括哈密天宏二期光伏 35kV 输电线路工程、输电通信设备工程的 EPC,合同总价构成中亦明确输电通信设备工程(二期)合同价格为 69 万元、输电线路工程合同价为 70.9 万元,合同总价为 139.9 万元,双方合同没有明确约定调度自动化工程包括在本案合同内;上诉人京电公司认为调度自动化设备是输变电工程必不可少的工程设备、上述签订的合同 EPC 工程应该包含调度自动化,但未提交证据证明;上诉人京电公司(发包人)与被上诉人西域公司(承包人)签订的《哈密天宏二期光伏 35kV 输变电工程 EPC 总承包合同》约定,所有的施工设计由承包人即西域公司负责;西域公司在开工施工前,向京电公司提交总体施工组织设计,京电公司提出合理建议和要求,由承包人西域公司自费修改完善。从上述合同条款内容来看,承包人西域公司组织的初步方案、施工图设计等均应由京电公司审查通过,如果调度自动化工程应该包含在总承包合同内,而西域公司提交的设计施工图纸缺失调度自动化工程,京电公司应在审查时提出并要求西域公司增加该项工程的设计,但京电公司并没有提出增加设计的建议或要求,西域公司按设计的图纸施工的工程符合双方合同约定。京电公司有关并不详知西域公司的设计内容、双方合同确定的工程内容包含调度自动化工程的辩解理由,本院不予采信。

2. 一审鉴定机构作出的鉴定意见能否作为认定本案事实的依据。上诉人京电公司与被上诉人西域公司在一审中均提出鉴定申请,上诉人京电公司的申请事项为:其公司与中兴公司签订的调度自动化工程合同的工作内容是否包含在京电公司与西域公司签订的总承包合同中;被上诉西域公司申请事项之一是:站内通信设备与调度自动化设备是否为相同的设备。一审鉴定机构对通信设工程、调度自动化工程的分析及二者的关联性分析说明:依据 GB 50797－2012《光伏发电站设计规范》、GB/T 19964－2012《光伏发电站接入电力系统技术规定》中的标准,通信设备与调度自动化是不同定义、配置和技术标准,二者不是同一类设备。鉴定意见明确认定:站内通信设备与调度自动化设备是不同设备、京电公司与新疆中兴信通科技开发有限公司签订的调度自动化工程工作内容不应该包含在京电公司与西域公司签订的总承包合同。针对上诉人京电公司的质询,鉴定机构主要答复意见认为:本案双方合同约定 EPC 总承包合同是输变电工程的 EPC;依据

EPC 的定义、双方合同的约定及国家相关技术标准,作出如上鉴定结论。鉴定意见根据双方申请事项所依据的技术标准、原理进行了分析论证,对鉴定过程做了详细说明,作出了明确的鉴定意见,一审法院以此鉴定意见作为认定本案事实的依据,符合法律规定。上诉人京电公司认为鉴定意见严重缩小范围,混淆概念,不能作为判决依据的上诉理由,本院不予采信。

【案例评析】

《发包人要求》是工程总承包合同文件的重要组成部分,是发承包双方权利义务关系的落脚点,工程范围则是《发包人要求》核心的内容之一。虽然工程总承包项目自身的特点千差万别,各项目的发包阶段、计价方式选择灵活多变,会导致工程范围的描述重点和深度有所不同,但依照规定及对承发包双方权益保护的需要,都应该对工程范围作出明确的规定。

《发包人要求》中的"工程范围"究竟应该如何编写以满足相关规定及实践的需要,行业实践经验不足。不少投资规模较大的工程总承包,就工程范围的描述仅寥寥几个段落。就工程范围的描述,存在两个亟须解决的问题:

1. 对于工程范围的描述,远达不到"明确"的程度。以永久工程范围的描述为例,部分合同仅从单体楼的幢数、层数、面积、结构形式作简单描述,而对装饰装修工程、给排水、供配电系统、智能化弱电、消防、暖通、节能等专业工程,以及与主体建筑相配套的附属设施和构筑物工程,未做清晰呈现,甚至用简单的"兜底式"条款(如"包括但不限于")予以描述。这样无疑为合同履行过程中的争议埋下了伏笔。

2. 对于工程范围的描述,主要着重于永久工程范围的描述,而对于临时工程、竣工验收、技术服务、培训、保修工作等范围的描述容易被忽略。

本案例就是典型的因工程范围描述不清导致的一个讼争案件。就工程范围发生争议后,应当如何解决这个争议? 结合本案例,存在以下几点借鉴意义:

1. 结合发包人提供的资料,探究争议双方就承包范围的真实意思表示

《示范文本》(2020)专用合同条件附件1《发包人要求》明确列明,发包人应当向承包人提供前期已经完成的设计文件。按照《工程总承包管理办法》第九条第(五)项的要求,发包人在发包工程总承包项目时,亦应当向承包人提供已经完成的设计文件。根据不同的项目发包阶段,这些设计文件可以包括可行性研究报

告、方案设计文件或者初步设计文件等设计文件。这些文件在深度上是依次递进的关系，也应当可以互相说明、有机统一，发包人正是在这些设计文件的基础上确定工程范围的，故通过对这些文件的综合解读，可以研判项目发包时的工程范围。

2. 结合发包人提供的项目清单及承包人提供的价格清单，探究争议双方就承包范围的真实意思表示

依照《示范文本》(2020)的定义，工程总承包"项目清单"是指发包人提供的项目相关费用的名称和相应数量等内容的项目明细清单，但并非合同的组成部分。"价格清单"是承包人按发包人提供的项目清单规定的格式和要求自主报价的结果，为合同的组成部分。项目清单和价格清单列出的数量，虽然不视为要求承包人实施工程的实际或准确的工程量，但项目清单一般由具有编制能力的发包人或受其委托、具有相应能力的咨询人编制，清单上所列的项目费用名称及数量，应与工程范围遥相呼应而不应发生大的偏离。故项目清单、价格清单的综合解读，有利于研判讼争项目真正的承包范围。

3. 通过承包人文件、发包人对承包人文件的审核意见等综合分析，探究争议双方就承包范围的真实意思表示

承包人文件是指由承包人根据合同约定提交的所有图纸、手册、模型、计算书、软件、函件、洽商性文件和其他技术性文件。承包人在合同履行过程中，无疑需要向发包人报送设计图纸、施工组织设计、施工进度计划等文件，这些承包人文件亦有助于对承包范围的确定。如设计图纸，虽然按照合同的约定，发包人对设计图纸的审查，并不减轻承包人的任何责任，但图纸审查人员一般均为行业专家，如承包人在设计图纸中发生了错、漏、碰、缺，应在图纸审查报告中有所体现。本案例中，上诉人没有在图纸审查时提出并要求西域公司增加该项工程的设计，正基于此，二审法院判断调度自动化工程不应包含在总承包合同承包范围内。

4. 通过司法鉴定，借用专业机构的专业能力，探究争议双方就承包范围的真实意思表示

司法鉴定是在诉讼活动中鉴定人运用科学技术或者专门知识对诉讼涉及的专门性问题进行鉴别和判断并提供鉴定意见的活动。如就讼争项目的工程范围发生争议的，亦应当可以通过司法鉴定来寻求专业机构的意见。

第三节 工艺安排或要求(如有)

条文扩充

三、工艺安排或要求

(一)工艺方案

(二)流程安排

(三)质量要求

(四)产能要求

(五)技术要求(包括控制要求、可操作性、可控制性、先进性等方面)

(六)安全生产要求

(七)环保要求

(八)经济性和合理性要求

(九)工艺试验要求

(十)其他要求

编写说明

工艺安排或要求可以包括工艺方案、流程安排、质量要求、产量要求、技术要求、安全生产要求、环保要求、经济性和合理性要求、工艺试验要求等方面的内容。《示范文本》(2020)在通用合同条件第 1.10 款[知识产权]、第 4.9 款[工程质量管理]、第 6.4.2 项[质量检查]中提及对"施工工艺"的知识产权及质量检查方面的要求,并进一步在第 6.5.4 项[现场工艺试验]中规定了承包人按照合同约定及发包人提出的要求进行现场工艺试验和大型现场工艺试验的义务。考虑到现实中发包人即使对工艺有安排或要求,差异性也较大,较难直接在广泛适用性的《示范文本》(2020)中进行详细约定。但同时,基于实践中发包人对工艺安排或要求这一需求的客观存在,故于《发包人要求》中单列一项,以便阐明。发包人可根据工程项目的实际需要提出工艺方面的安排或者要求,并在此处进行注明。

注意事项

1. 发包人对于工艺方面有既定安排和要求的,应当在《发包人要求》中列明。

2. 发包人在工程总承包合同履行过程中,在《发包人要求》以外提出新的工艺安排或者要求,引起费用或工期变化的,需要履行合同的变更程序并调整合同价款及工期。

3. 我国对严重危及生产安全的工艺、设备实行淘汰制度,具体目录由国务院应急管理部门会同国务院有关部门制定并公布。《安全生产法》(2021 年修正)第三十八条第三款规定:"生产经营单位不得使用应当淘汰的危及生产安全的工艺、设备。"因此,无论是发包人还是承包人,在进行工艺安排时,应当严格遵守国家法律规定,不得使用淘汰工艺,否则生产经营单位将按照《安全生产法》(2021 年修正)第九十九条的规定承担相应的行政处罚及刑事责任。

4. 若要求采用新工艺、新技术的,应严格按照《安全生产法》(2021 年修正)第二十九条的规定执行,即"生产经营单位采用新工艺、新技术、新材料或者使用新设备,必须了解、掌握其安全技术特性,采取有效的安全防护措施,并对从业人员进行专门的安全生产教育和培训",严格管控相应的安全生产风险。

5. 发包人、承包人均应当关注施工工艺的知识产权要求,避免侵犯对方或者第三人的专利权或其他知识产权,引发相应的争议及风险。

【相关案例】

【案例】南京圣诺热管有限公司与上海宝钢节能环保技术有限公司建设工程合同纠纷案

【基本信息】

二审法院:湖北省黄石市中级人民法院

二审案号:(2019)鄂 02 民终 1870 号

【裁判观点】

涉案余热回收工程项目实际产汽量达不到设计值是双方当事人争议的根源,根据当事人签订的总承包合同及技术附件可知,产汽量一方面取决于可利用的热源本身热量大小,另一方面受制于余热回收效能的高低。当事人认可的事实表明,余热锅炉在设计工艺、仪电设备、建筑结构等方面均符合性能要求,不存在工程本身导致产汽量不足的因素,产汽量不达预期的根本原因在于热源条件不足,而形式上则直接表现为余热锅炉入口烟温偏离设计值。圣诺热管公司系以宝钢节能公司提供的原始参数作为承诺余热锅炉中压产汽量不小于 9 吨/炉钢的前提条件,而在上海宝钢节能环保技术有限公司(以下简称宝钢节能公司)负有提供原始数据的合同义务,且对设计方案内容享有合同约定的审查权利的情形下,一审判决对宝钢节能公司以工程设计问题为由,拒付工程余款的抗辩主张不予支持,并无不当,本院予以维持。

【案情摘要】

2014 年 5 月 8 日,宝钢节能公司与南京圣诺热管有限公司(以下简称圣诺热管公司)签订了一份《合作协议》,约定:若宝钢节能公司中标大冶特殊钢股份有限公司(以下简称大冶特钢)7#、8#电炉烟气余热利用项目,宝钢节能公司将该项目以 EPC 总承包形式委托给圣诺热管公司承建。圣诺热管公司于 2014 年 6 月 27 日向宝钢节能公司出具承诺书一份,载明:"关于大冶特钢 7#、8#电炉配套余热锅炉产汽量问题,我公司承诺在电炉及余热锅炉正常运行情况下:a. 电炉满负荷生产,出钢量≥70 吨/炉钢;b. 铁水热装比≥60%;c. 单台电炉平均每天炼钢炉数≥24炉;d. 电炉活动滑套及卸灰阀密封恢复完成,沉降室密封完好(业主方完成此工作)。每台余热锅炉中压产汽量≥9 吨/炉钢。"

大冶特钢与宝钢节能公司于 2014 年 8 月 25 日签订一份《7#、8#电炉烟气余热回收利用项目节能服务合同》,该合同经大冶特钢、宝钢节能公司协商同意按"合同能源管理"模式就大冶特钢 7#、8#70T 电炉烟气系统进行专项技术节能改造,根据节能效果支付相应的节能费用。结算价格:蒸汽单价按 115 元/吨结算(含税 6%),运营期限为 5 年或者达到合同总金额 6950 万元(含税 6%),这两个条件满足任何一个合同自动终止。后大冶特钢(甲方)与宝钢节能公司(乙方)于 2017 年 11 月 24 日签订了一份《7#、8#电炉烟气余热回收利用项目节能服务合同变更协议》:现因甲方生产工艺变化和乙方产汽量偏低的实际情况,将原合同第3.1款"结算价格:蒸汽单价按115元/吨结算(含税6%)"变更为"结算价格:蒸汽单价按112元/吨结算(含税6%)"。

2014年8月27日,圣诺热管公司与宝钢节能公司签订《7#、8#70T电炉烟气余热回收项目合同技术附件》,该附件包括若干附件,其中发包方(宝钢节能公司)向承包方(圣诺热管公司)提供的工艺要求和基本条件:附件1第1.2.1.3目余热锅炉参数规定,额定烟气流量为120,000Nm³/h,铁水比为60%;额定烟气温度为800℃进口烟温,额定蒸发量t/炉钢≥9。附件9第9.1.2.1目约定,考核分功能考核和验收考核;第9.2.2项约定,在准备工作完成条件下,单台锅炉平均输出蒸汽量≥9吨炉钢(铁水比60%时),本系统蒸汽输送至蒸汽蓄热器。

2014年10月31日,宝钢节能公司与圣诺热管公司签订一份《大冶特殊钢股份有限公司7#、8#70T电炉烟气余热回收总承包合同》,约定:宝钢节能公司委托圣诺热管公司以"EPC总承包方式"承担本工程全部建设内容。圣诺热管公司负责从设计、设备采购及供应、建筑及安装工程施工至竣工考核验收完毕的全过程总承包。实施本合同及技术附件规定的大冶特殊钢股份有限公司7#、8#70T电炉烟气余热回收内容。具体内容包括设计及设备供货、安装、无负荷调试、负荷试车配合和指导、试生产保驾、考核验收、竣工等至本工程质保期结束的全部总承包工作。合同总价为2194.56万元人民币(包含:技术服务费、设备费和建筑及安装工程费)。合同还约定了工程价款的支付方式、保修责任及保修期及违约条款。合同附件1约定宝钢节能公司提供余热锅炉工艺要求和基本条件,其中主要工艺条件包括涉案7#、8#电炉设备参数、电炉实际运行工况等数据。

本案讼争项目的工艺、设备于2015年8月竣工,于2015年11月20日通过竣工验收,工程项目竣工验收项目表中同时记载"无影响主体设备运行的遗留问题,实际生产未能达到预期产能"等。

2016年5月13日,大冶特钢、宝钢节能公司、圣诺热管公司三方共同召开产能分析、系统优化推进会,通过会议分析,各方一致认为圣诺热管公司提供的项目余热锅炉换热面积足够,其性能完全具备合同约定的产汽能力。各方同时认为产气能力不足的原因有余热锅炉入口烟气温度偏离设计值,烟气入口烟气温度低、热量少等。

2016年11月24日至2018年3月18日,7#炉和8#炉进口烟温均在800℃以下,2016年1月至2018年9月,7#炉和8#炉铁水热装比共有18个月在60%以下。

2017年11月24日,大冶特钢(甲方)与宝钢节能公司(乙方)签订一份《7#、8#电炉烟气余热回收利用项目节能服务合同变更协议》,现因甲方生产工艺变化和乙方产汽量偏低的实际情况,经甲、乙双方友好协商,对原合同做如下变更:原合同第3.1款"结算价格:蒸汽单价按115元/吨结算(含税6%)"变更为"结算价格:蒸汽单价按112元/吨结算(含税6%)"。

2016年11月24日至2018年3月18日,7号炉和8号炉进口烟温均在800℃以下,2016年1月至2018年9月,7号炉和8号炉铁水热装比共有18个月在60%以下。宝钢节能公司自2014年11月12日至2016年12月9日累计向圣诺热管公司支付工程款10,949,048.5元。

宝钢节能公司向圣诺热管公司支付工程款1094.90485万元,剩余1305.08785万元工程款未付,圣诺热管公司向湖北省黄石市西塞山区人民法院起诉要求宝钢节能公司支付剩余工程款1305.08785万元,并支付延期付款违约金。

宝钢节能公司认为,圣诺热管公司作为EPC总承包方,是本案诉争工程工艺、设备、施工和调试的技术总负责和总集成者,负责项目从设计、设备与材料采购及供应、建筑及安装工程施工至竣工考核验收完毕的全过程总承包。现在两台余热锅炉的产汽量仅分别为6吨/炉钢、2.87吨/炉钢,并未达到总承包合同技术附件九约定的9吨/炉钢的指标要求,余热锅炉产汽量不达标,付款条件不成就。因圣诺热管公司承包的两台余热锅炉产汽量不达标,导致圣诺热管公司违约,且造成宝钢节能公司产汽收益损失及补充蒸汽量扣款损失,宝钢节能公司提起反诉,要求圣诺热管公司承担各项损失17,134,757.64元。

一审法院经审理判决宝钢节能公司支付剩余工程款13,050,878.5元并承担逾期付款违约金,宝钢节能公司不服上诉至湖北省黄石市中级人民法院,二审法院经审理维持原判。

【争议焦点】

涉案工程产汽量不符合合同约定的责任应否由圣诺热管公司承担,宝钢节能公司拒付工程余款并主张圣诺热管公司赔偿相应损失的理由是否成立。

上诉人宝钢节能公司认为:圣诺热管公司的核心义务是项目的设计并对设计

的准确性负责,以保证余热锅炉产汽量达到约定标准,使其能够按预期收回成本,获得投资收益。对于圣诺热管公司的设计义务,双方签订的《合作协议》和《总承包合同》均有明确约定,无论是依据合同约定还是法律规定,圣诺热管公司均应对设计负责。而额定烟气流量 120,000Nm³/h、额定烟气温度 800℃ 的余热锅炉参数系圣诺热管公司单方确定。圣诺热管公司设定的 800℃ 严重偏离电炉实际运行情况,存在明显设计错误,应对锅炉产汽量不达标承担责任。

被上诉人圣诺热管公司认为:总承包合同明确约定余热锅炉的进口烟温、烟气流量等参数是设计条件和产汽效果的前提和基础。宝钢节能公司完全明知只有满足设计前提条件才能达产。在余热来源满足不了合同规定的进口烟温 800℃ 设计参数,余热锅炉自身又不产生热量的情况下,余热锅炉不能达产的责任不在其一方。

【法院观点】

一审法院认为:双方签订的《总承包合同》有效,圣诺热管公司已依照合同约定完成了本案讼争项目设备的制作、安装等,且项目已经验收合格,但没有证据证明烟气回收设备已经达到单台锅炉平均输出烟汽量 ≥9 吨/炉钢的约定标准。依据《7#、8#70T 电炉烟气余热回收项目合同技术附件》附件 1 规定,额定烟气流量为 120,000Nm³/h、钢水比为 60%、额定烟气温度为 800℃、额定蒸汽量吨/炉钢 ≥9 吨炉钢,该技术标准是每台余热锅炉中压产汽量 ≥9 吨/炉钢的技术条件。该附件是承揽合同的组成部分,对合同当事人具有约束力。依据 2016 年 5 月 13 日宝钢节能公司、圣诺热管公司、大冶特钢三方《大冶特殊钢股份有限公司 7#、8#70T 电炉余热回收项目产能分析、系统优化推进会》会议纪要载明的"各方一致认为圣诺热管公司提供的项目余热锅炉换热面积足够,其性能完全具备合同约定的产汽能力。目前产能能力不足的原因如下:(1)余热锅炉入口烟气温度偏离设计值,烟气入口烟气温度低、热量少;(2)余热锅炉设备烟气侧阻力远高于设计值,设备可能存在积灰问题导致余热锅炉换热效率降低、烟气流量低于设计值……"等内容,在此情况下,宝钢节能公司未能举证证明其提供的基本条件达到约定标准,或者烟气余热达到约定标准时圣诺热管公司设备仍不能达到额定蒸发量吨/炉钢 ≥9 吨/炉钢的约定标准。故圣诺热管公司实施的工程未能达到预期产能与宝钢节能公司提供的额定烟气温度没有达到约定标准 800℃ 存在直接因果关系。据此认定圣诺热管公司已履行合同责任,余热锅炉未能达到≥9吨/炉钢的责任不在圣诺热管公司,故判决支持圣诺热管公司要求宝钢节能公司支付剩余工程款13,050,878.5元并承担逾期付款违约金的主张,并据此驳回宝钢节能公司的反诉请求。

二审法院认为:本案中,涉案余热回收工程项目实际产汽量达不到设计值是双方当事人争议的根源所在,根据当事人签订的总承包合同及技术附件可知,产汽量一方面取决于可利用的热源本身热量大小,另一方面受制于余热回收效能的高低。工程项目验收表记载的内容可知,涉案工程项目在工艺、设备、仪电、建筑、结构等方面不存在影响主体设备运行的遗留问题,试运行期间设备运转正常,相关性能参数均达到技术协议要求,同时建筑结构满足使用要求,但实际生产未能达到预期产能。在2016年5月13日大冶特钢、宝钢节能公司、圣诺热管公司三方《大冶特殊钢股份有限公司7#、8#70T电炉余热回收项目产能分析、系统优化推进会》会议纪要中,各方一致认为涉案项目余热锅炉换热面积足够,其性能完全具备合同约定的产汽能力;导致产汽不足的原因是余热锅炉入口烟温偏离设计值,烟气入口烟气温度低、热量少,同时余热锅炉设备烟气侧阻力远高于设计值,设备可能存在积灰问题,导致换热效率降低、烟气流量低于设计值。2017年3月8日,宝钢节能公司和圣诺热管公司再次形成会议纪要,双方达成相关共识,认为余热锅炉设计能力能够满足性能要求,设计换热面积足够,而造成产汽量不足的根本原因在于热源条件不足,高温区间不够,后续需从热源条件、系统节能总体上分析,与业主谈判改变原有条款,提升蒸汽单价,分析节能综合效益,与业主(大冶特钢)商谈回购事宜。

上述当事人认可的事实表明,余热锅炉从设计工艺、仪电设备、建筑结构等方面均符合性能要求,不存在工程本身导致产汽量不足的因素,产汽量不达预期的根本原因在于热源条件不足,而形式上则直接表现为余热锅炉入口烟温偏离设计值。由此就需要重点关注入口烟温和设计值这两个不同的概念,厘清二者与合同双方当事人之间的关联。结合涉案余热锅炉项目系利用大冶特钢炼钢炉回收利用热能的工作原理不难看出,炼钢炉所能提供的热量才是决定入口烟温的内在因素,而炼钢炉的铁水热装比、每炉钢的出钢量以及炼钢总炉数等与钢炉所能提供的热量直接相关。显然上述与热量相关的数据是涉案余热锅炉确定对应设计值的基础,因而必须从提供原始数据的来源和最终的设计值与原始数据匹配度这两个方面来认定设计值的合理性、正确性,并依此确定余热锅炉入口烟温偏离设计值的责任所在。

根据《7#、8#70T 电炉烟气余热回收项目余同技术附件》的附件 1 的规定,圣诺热管公司对工程总负责,但宝钢节能公司作为发包方向圣诺热管公司提供工艺要求和基本条件,其中主要工艺条件包括涉案 7#、8#电炉设备参数、电炉实际运行工况等数据。该事实说明,宝钢节能公司显系余热锅炉原始设计参数的提供者,对该原始数据的准确性负有责任。从设计值与基础数据匹配度的角度来看,对照电炉设备参数和实际冶炼数据,其中涉案 7#、8#电炉平均出钢量为 70 吨,最大出钢量 85 吨,铁水热装比一般达到 60%,实际运行平均铁水热装比超过 60%。该部分数据与圣诺热管公司承诺书载明电炉出钢量不小于每炉 70 吨、铁水热装比不小于 60% 的条件相一致。圣诺热管公司则根据上述基础数据,最终确定余热锅炉额定烟气温度为 800℃。又结合涉案《总承包合同》第 9.1 款的约定,圣诺热管公司在完成工程初步设计、非标设备基本设计、功能需求书、功能规格书、设备规格书、设备清单、施工图等编制或设计后,应交由宝钢节能公司组织审查,圣诺热管公司对宝钢节能公司提出的意见予以充分考虑。由此可见,双方当事人对于设计方案详细内容的审查明确约定了各自的权利义务。而关于"本合同项目详细设计审查通过后"支付相应技术服务费的约定,以及宝钢节能公司实际履行对应技术服务费的事实,可以进一步佐证圣诺热管公司选定烟温 800℃ 是以宝钢节能公司提供的数据为基础,并通过了宝钢节能公司的审查,宝钢节能公司称额定烟温 800℃ 等参数是由圣诺热管公司设定的说法与客观事实不符。

合法有效的合同所约定的内容是当事人享有合同权利、承担合同义务的基础和前提,合同双方均应依约行事。虽然涉案合同为总承包合同,圣诺热管公司对项目设计、设备材料采购及供应、建筑安装施工至竣工验收全过程负责,但圣诺热管公司系以宝钢节能公司提供的原始参数作为承诺余热锅炉中压产汽量不小于 9 吨/炉钢的前提条件,在包含额定烟气温度 800℃ 等设计值为内容的设计方案依约需经宝钢节能公司审查通过的情形下,涉案余热锅炉项目本身亦经验收合格后,宝钢节能公司仍基于产汽量不达标的结果,主张圣诺热管公司应对选定 800℃ 烟气温度的正确性负责,实则是拉长了产汽量不足的因果链条,回避了本身应对基础数据准确性负责、对设计方案依约进行审查的合同权利和义务。根据一审查明的事实,涉案余热锅炉项目竣工验收后,7#、8#电炉客观上存在不能达到铁水热装比 60% 等实际运行工况,直观的表现为余热锅炉入口烟温达不到额定 800℃,从而导致无法达到中压产汽量不小于 9 吨/炉钢的设计目标,并非圣诺热管公司设计方案中的设计值本身所致,也非余热锅炉项目工程本身性能不符造成。故在宝钢节能公司负有提供原始数据的合同义务,且对设计方案内容享有合同约定的审查权利的情形下,一审判决对宝钢节能公司以工程设计问题为由,拒付工程余款的抗辩主张不予支持,并无不当,本院予以维持。

【案例评析】

根据《工程总承包管理办法》的规定,工程总承包是指承包单位对工程设计、采购、施工或者设计、施工等阶段实行总承包,并对工程的质量、安全、工期和造价等全面负责的一种工程建设组织实施方式。本案中,承包人圣诺热管公司负责从设计、设备采购及供应、建筑及安装工程施工至竣工考核验收完毕的全过程总承包,是典型的工程总承包模式。

案涉项目实际产汽量达不到设计值的责任在哪一方是本案的争议焦点之一。《示范文本》(2020)第 1.12 款[《发包人要求》和基础资料中的错误]约定:"承包人应尽早认真阅读、复核《发包人要求》以及其提供的基础资料,发现错误的,应及时书面通知发包人补正。发包人作相应修改的,按照第 13 条[变更与调整]的约定处理。《发包人要求》或其提供的基础资料中的错误导致承包人增加费用和(或)工期延误的,发包人应承担由此增加的费用和(或)工期延误,并向承包人支付合理利润。"而结合本案工程《总承包合同》约定及履行情况来看,合同技术附件约定,宝钢节能公司作为发包人向圣诺热管公司提供工艺要求和基本条件,其中工艺条件包括案涉7#、8#电炉设备参数、电炉实际运行工况等数据。圣诺热管公司根据宝钢节能公司提供的上述基础数据,最终确定余热锅炉额定烟气温度为800℃。再结合在合同中,双方当事人对于设计方案详细内容的审查明确约定了各自的权利义务,即圣诺热管公司对项目工程初步设计、非标设备基本设计、功能需求书、功能规格书、设备规格书、设备清单、施工图等编制或设计后,应交由宝钢节能公司组织审查,圣诺热管公司对宝钢节能公司提出的意见予以充分考虑。综合上述情况,余热锅炉回收项目未达合同预期的产汽量不能归责于圣诺热管公司。

　　该案例提示,在工程总承包模式下,虽然承包人对工程设计、安装、建设、调试、运行等全过程负责,但上述工作建立在发包人提供基础数据的基础上,发包人需对其提出的工艺条件及技术参数等基础数据的准确性承担责任。

第四节　时　间　要　求

（一）开始工作时间

条文扩充

　　（一）开始工作时间＿＿＿＿＿＿＿＿＿＿。

编写说明

　　《示范文本》(2020)第1.1.4.2目［开始工作日期］约定:"包括计划开始工作日期和实际开始工作日期。计划开始工作日期是指合同协议书约定的开始工作日期;实际开始工作日期是指工程师按照第8.1款［开始工作］约定发出的符合法律规定的开始工作通知中载明的开始工作日期。"此处开始工作时间,为计划开工日期即计划总工期的起始节点。

注意事项

　　确定开始工作日期要考虑以下因素的影响:

　　1.应按照规定履行报批手续完成项目的审核备案立项

　　（1）政府投资项目

　　《政府投资条例》第二十一条规定:"政府投资项目应当按照投资主管部门或者其他有关部门批准的建设地点、建设规模和建设内容实施;拟变更建设地点或者拟对建设规模、建设内容等作较大变更的,应当按照规定的程序报原审批部门审批。"

　　（2）企业投资项目

　　《企业投资项目核准和备案管理条例》第十八条第一款规定:"实行核准管理

的项目,企业未依照本条例规定办理核准手续开工建设……由核准机关责令停止建设或者责令停产,对企业处项目总投资额 1‰以上 5‰以下的罚款;对直接负责的主管人员和其他直接责任人员处 2 万元以上 5 万元以下的罚款,属于国家工作人员的,依法给予处分。"第十九条规定:"实行备案管理的项目,企业未依照本条例规定将项目信息或者已备案项目的信息变更情况告知备案机关,或者向备案机关提供虚假信息的,由备案机关责令限期改正;逾期不改正的,处 2 万元以上 5 万元以下的罚款。"

2. 项目应具备开始工作条件

对于设计工作,发包人应提供前期基础资料;对于施工工作,发包人应向承包人移交施工现场等。

(二)设计完成时间

条文扩充

(二)设计完成时间_____。

1. 方案设计完成时间(如有):_____。

2. 初步设计完成时间(如有):_____。

3. 施工图设计完成时间:_____。

4. 专项设计完成时间(根据项目情况确定):_____。

编写说明

《示范文本》(2020)中,与设计完成时间相关条款为第二条。

因工程总承包模式下允许分阶段、分单体审图,如果本项下的各设计阶段同时存在分阶段、分单体编写设计文件并审图的,应同时增加各设计阶段分阶段或分单体的设计开始时间和完成时间。

(1)政府投资项目

《工程总承包管理办法》第七条规定,采用工程总承包方式的政府投资项目原则上应当在初步设计审批完成后进行工程总承包项目发包。因此以工程总承包形式发包的政府投资项目的设计阶段一般不包括方案设计、初步设计阶段，只包括施工图设计一个阶段。

（2）企业投资项目

《工程总承包管理办法》第七条规定，采用工程总承包方式的企业投资项目应当在核准或者备案后进行工程总承包项目发包。因此以工程总承包形式发包的企业投资项目的设计阶段可能包括方案设计、初步设计和施工图设计三个阶段。《工程总承包管理办法》第六条第二款规定，建设内容明确、技术方案成熟的项目，适宜采用工程总承包方式。可知对于以工程总承包形式发包的企业投资项目，在"建设内容明确、技术方案成熟"的条件下，承包商的设计承包范围可能同时包括方案设计、初步设计和施工图设计。

注意事项

1. 必须招标项目或非必须招标项目进行招标后，对工期的要求应与招标文件、投标文件、中标通知书一致

最高人民法院《关于审理建设工程施工合同纠纷案件适用法律问题的解释（一）》第二十二条规定："当事人签订的建设工程施工合同与招标文件、投标文件、中标通知书载明的工程范围、建设工期、工程质量、工程价款不一致，一方当事人请求将招标文件、投标文件、中标通知书作为结算工程价款的依据的，人民法院应予支持。"

《招标投标法》第五十九条规定："招标人与中标人不按照招标文件和中标人的投标文件订立合同的，或者招标人、中标人订立背离合同实质性内容的协议的，责令改正；可以处中标项目金额千分之五以上千分之十以下的罚款。"

《招标投标法实施条例》第七十五条规定："招标人和中标人不按照招标文件和中标人的投标文件订立合同，合同的主要条款与招标文件、中标人的投标文件的内容不一致，或者招标人、中标人订立背离合同实质性内容的协议的，由有关行政监督部门责令改正，可以处中标项目金额5‰以上10‰以下的罚款。"

2. 不得任意压缩合理工期

《政府投资条例》第三十四条规定："项目单位有下列情形之一的，责令改正，

根据具体情况,暂停、停止拨付资金或者收回已拨付的资金,暂停或者停止建设活动,对负有责任的领导人员和直接责任人员依法给予处分……(六)无正当理由不实施或者不按照建设工期实施已批准的政府投资项目。"

《建设工程质量管理条例》第五十六条规定:"违反本条例规定,建设单位有下列行为之一的,责令改正,处 20 万元以上 50 万元以下的罚款……(二)任意压缩合理工期的……"

《全国建筑设计周期定额(2016 年版)》第一条第(一)项规定:"……合理的设计周期是满足设计质量与设计深度的必要条件,建设单位和设计单位不得任意压缩设计周期。"

(三)进度计划

条文扩充

(三)进度计划

编写说明

《示范文本》(2020)中,与进度计划相关条款为通用合同条件及专用合同条件第8.4 款、第8.5 款。具体编写内容可参考 2017 版 FIDIC 黄皮书对进度计划的内容和编制工具作出指引。2017 版 FIDIC 黄皮书通用合同条件第8.3 款[进度计划]中约定进度计划应包含以下内容:

(1)工程和各个区段(如果有)的开工日期及竣工日期。

(2)承包商根据合同数据载明的时间获得现场的日期,或在合同数据中未明确的情况下承包商要求业主提供现场的日期。

(3)承包商实施工程的步骤与顺序以及各阶段工作持续的时间,这些工作包括设计、承包商文件的编制与提交、采购、制造、检查、运抵现场、施工、安装、指定分包商、试验、启动试验和试运行。

(4)业主要求或合同条件中载明的承包商提交文件的审核期限。

(5)检查和试验的顺序与时间。

（6）对于修订版进度计划,应包括修复工程(如果需要)的顺序和时间。

（7）所有活动的逻辑关联关系及其最早和最晚开始日期以及结束日期、时差和关键线路,所有这些活动的详细程度应满足业主要求中的规定。

（8）当地法定休息日和节假日。

（9）生产设备和材料的所有关键交付日期。

（10）对于修订版进度计划和每个活动,应包括实际进度情况、延误程度和延误对其他活动的影响。

（11）进度计划的支撑报告应包含:涉及所有主要阶段的工程实施情况描述;对承包商采用的工程实施方法的概述;详细展示承包商对于工程实施的各个阶段现场要求投入的各类人员和施工设备的估计;如果是修订版进度计划,则需标识出与前版进度计划的不同,以及承包商为克服进度延误的建议。

同时,明确进度计划的编制工具,如 Project 或 P6,甚至与 BIM 结合的进度管理软件。

注意事项

1. 发包人可对工程进度设置关键控制时间节点及主要里程碑节点等,以房屋建筑为例,重要里程碑节点包括取得方案复函、《建设工程规划许可证》办理、施工图审查完成、《建筑工程施工许可证》办理、项目正式开工、主体结构至正负零、主体结构封顶、立面完成、精装工程、景观工程、《建设工程竣工验收备案证书》办理、项目正式交付。并且发包人可要求工程总承包人编制详细进度计划以保障工期目标的实现,如设计进度计划、施工进度计划、劳动力计划、材料设备采购供应计划、机械设备进退场计划、施工工艺样板计划、工作面移交计划、竣工验收计划、工程移交计划等;可对进度计划的时间跨度进行约定,如季、月、日等;可对进度计划的编制要求进行约定,如施工进度计划组成、应在进度计划中体现主要里程碑节点等。

2. 进度计划出现延误时应根据工程总承包合同的约定和发包人要求及时编制调整后的进度计划报工程师和业主确认,但需要指出的是,工程师和业主对调整后工期进度计划的确认,并不代表免除承包商的工期延误违约责任。

（四）竣工时间

条文扩充

（四）竣工时间_____。

1. 单位建筑竣工时间：_____。

2. 项目整体竣工时间：_____。

编写说明

《示范文本》（2020）中与竣工时间相关条款有：合同协议书第二条，通用合同条件及专用合同条件第8.2款。通用条款的相关约定可作为发包人编写竣工时间的参考。

注意事项

1. 依据《示范文本》（2020）第1.1.4.4目的约定，竣工日期包括计划竣工日期和实际竣工日期。计划竣工日期是指合同协议书约定的竣工日期；实际竣工日期按照第8.2款［竣工日期］的约定确定。此处竣工时间为计划竣工日期。

2. 如前面开工日期所述，合理工期是保证工程质量安全的基础。国内近年来因不合理压缩工期导致的质量安全事故，甚至是特别重大事故时有发生，所以发包人在编写工期要求时，应严格遵守法律法规规定，科学制定合理工期，不得设置不合理工期和任意压缩合理工期。

3. 根据项目性质和特性及对工期的管控要求，如对节点工期或单位工程工期有要求的，应在《发包人要求》中明确，并在《工程总承包合同》专用合同条件中设置相应的节点工期违约责任，通过加强过程工期管控实现对工程整体工期的控制和保证。

（五）缺陷责任期

条文扩充

（五）缺陷责任期＿＿＿＿＿＿＿＿＿＿＿＿。

编写说明

缺陷责任期对应承包人按约定承担缺陷修复义务及发包人预留质量保证金的时间。

《示范文本》（2020）中与缺陷责任相关条款有：通用合同条件及专用合同条件第11.2款至第11.6款，可作为发包人编写缺陷责任期要求的参考。

注意事项

1.缺陷责任期内承包人应承担相应的缺陷修复责任，同时缺陷责任期与承包人的质保金返还直接相关。发包人应当在招标文件中明确保证金预留、返还等内容，并与承包人在合同条款中对涉及保证金的下列事项进行约定：（1）保证金预留、返还方式；（2）保证金预留比例、期限；（3）保证金是否计付利息，如计付利息，利息的计算方式；（4）缺陷责任期的期限及计算方式；（5）保证金预留、返还及工程维修质量、费用等争议的处理程序；（6）缺陷责任期内出现缺陷的索赔方式；（7）逾期返还保证金的违约金支付办法及违约责任。

2.依据《建设工程质量保证金管理办法》的相应规定，缺陷责任期最长不超过24个月，发包人编写缺陷责任期时应受该规定约束。但并不意味着超过24个月或退还质保金后，工程总承包商免除了工程质量保修责任，工程总承包商的质量保修责任仍应执行国家法律法规规定，如《建设工程质量管理条例》对保修的规定。

（六）其他时间要求

对以上要求进行补充说明。

【相关案例】

【案例】吴道全与重庆市丰都县第一建筑工程公司、重庆市园林工程建设有限公司、重庆市丰都县福瑞文化传播有限公司、重庆福佑文化发展有限公司建设工程合同纠纷案

【基本信息】

再审法院:最高人民法院

案号:(2019)最高法民再258号

【裁判观点】

发承包方签订的《建设工程总承包合同》约定开工时间以发包人或监理方和承包方书面认可的开工时间为准。2015年8月12日,发包人通知"你司承建我司丰都县文化创意园——国际魔幻电影5D情景剧文化主题公园改造工程,现具备开工条件,你司可先行进场搭建临时住宅,待鬼国神宫阴司街在20天左右拆迁完毕后,你司自行及时安排开工,我司不另行通知";项目板房地坪于2015年8月29日开始浇筑混凝土;现场地貌测量第一张签证时间为2015年9月23日;项目开工时间以发包人通知发出20天内浇筑板房混凝土时间为准较为合理。工程款结算及停工损失、管理人员工资等诉求金额的起算点应以正式开工时间为准。

【案情摘要】

2015年8月1日,重庆福佑文化发展有限公司(以下简称福佑公司)与重庆市丰都县第一建筑工程公司(以下简称丰都一建公司)签订《建设工程总承包合同》,工程承包范围:负责本项目红线范围内工程施工内容(深基坑支护止水工程、地基基础工程、主体结构工程、钢结构、管网工程、水电等)。

2015年8月12日,重庆市丰都县福瑞文化传播有限公司(以下简称福瑞公司)向丰都一建公司发送通知,告知"你司承建我司丰都县文化创意园——国际魔幻电影5D情景剧文化主题公园改造工程,现具备开工条件,你司可先行进场搭建临时住宅,待鬼国神宫阴司街在20天左右拆迁完毕后,你司自行及时安排开工,我司不另行通知"。

2015年8月25日,丰都一建公司与吴道全签订《建设工程内部承包合同》。

2015年8月25日,福佑公司作为甲方、丰都一建公司作为乙方、吴道全作为丙方签订了《补充协议》,约定:"一、甲、乙、丙三方再次释明乙方与丙方于2015年8月25日签订的工程承包合同中的实际施工承包人为吴道全。"

2015年8月29日,重庆建典混凝土有限公司向案涉工地运送混凝土,出具送货单,经二审法院查明混凝土用于板房地坪浇筑。

吴道全自行提供的施工进度计划显示其计划的基础开工时间为2015年9月15日。

2015年8月31日后,吴道全才针对基础施工所需要的机械设备陆续订立租赁合同。

2015年9月11日至2015年9月22日,机械设备陆续进场。

2015年9月11日,丰都一建公司发出第25号《重庆市丰都县第一建筑工程公司工程质量安全现场检查处理通知书》。

2015年9月15日,福瑞公司作出《整改处罚决定书》,以现场安全隐患对丰都一建公司处以相应罚款。

2015年9月15日,建设单位和施工单位共同现场进行地貌测量。

2015年9月23日,出现最早的基础施工记录、旋挖桩收方记录与签证单。

因过程结算支付问题,发包人未按时支付工程价款。

项目未施工完成,且未取得项目的土地使用权、建设工程规划许可证。

2017年1月24日,甲方福佑公司、乙方丰都一建公司、丙方吴道全、丁方重庆市园林工程建设有限公司(以下简称园林公司)签订了《协议书》,约定:"一、甲方与乙方于本协议签订之日解除2015年8月1日签订的《建设工程总承包合同》;乙方与丙方于本协议签订之日解除2015年8月25日签订的《建设工程内部承包合同》。"

【争议焦点】

再审申请人认为:吴道全提交的2015年9月11日丰都一建公司第25号《重庆市丰都县第一建筑工程公司工程质量安全现场检查处理通知书》和2015年9月15日福瑞公司作出的《整改处罚决定书》,拟证明二审认定的开工时间有误。开工时间应结合以下内容进行:(1)2015年8月12日,福瑞公司向丰都一建公司发送通知,称"你司承建我司丰都县文化创意园——国际魔幻电影5D情景剧文化主题公园改造工程,现具备开工条件,你司可先行进场搭建临时住宅,待鬼国神宫阴司街在20天左右拆迁完毕后,你司自行及时安排开工,我司不另行通知";

(2)2015年8月29日,重庆建典混凝土有限公司向案涉工地运送混凝土,出具送货单,混凝土用于板房地坪浇筑。结合发包人通知及预计20天的拆迁时间,开工时间应为吴道全主张的混凝土进场时间即2015年8月29日。

再审被申请人认为:吴道全混淆"基础开工"与"开工"的概念。基础开工是相关机械设备进场后进行基础开挖,而吴道全所提出的进场后的平场、板房搭建、机械进场并不属于基础开工的范围。基础开工时间是二审法院认定的2015年9月15日,理由如下:(1)2015年8月12日,福瑞公司向丰都一建公司发送通知告知其待鬼国神宫阴司街拆迁完毕后自行安排开工,而截至2015年9月20日鬼国神宫及阴司街拆除工程尚未完成(详见园林工程公司二审证据拆除工程签证单),基础开工的条件尚不具备;(2)根据吴道全自行提供的施工进度计划,其计划的基础开工时间为2015年9月15日;(3)根据吴道全自行提供的机械租赁合同与签证单,2015年8月31日后吴道全才针对基础施工所需要的机械设备订立租赁合同,2015年9月11日至22日,机械设备才陆续进场,而机械设备未租赁进场前无法进行基础开工;(4)根据吴道全自行提供的地貌测量图,其2015年9月15日才进行地貌测量,而地貌测量是基础施工的前置程序;(5)根据吴道全提供的旋挖桩收方记录与签证单,2015年9月23日才出现最早的基础施工记录,从施工惯例看旋挖桩收方记录属于认定基础开工时间的重要依据;(6)吴道全修建临时设施1000多平方米(详见园林工程公司二审证据临设照片),根本无法在2天内完成,其主张2015年8月27日进场,2015年8月29日开始基础施工严重不符合常理,临时设施的搭建不能视为基础开工;(7)根据丰都一建公司一审证据显示,福佑公司针对吴道全停工事宜向丰都一建公司发函,谴责其于项目开工55日即停止施工,属于违约停工,并要求其尽快复工。丰都一建公司予以确认,双方落款时间均为2015年11月19日,由此倒推项目开工时间在2015年9月15日之后。

【法院观点】

根据《建设工程施工合同(示范文本)》(GF-2017-0201)第二部分通用合同条款第1.1.4.1目,开工日期包括计划开工日期和实际开工日期。计划开工日期是指合同协议书约定的开工日期;实际开工日期是指监理人按照第7.3.2项〔开工通知〕约定发出的符合法律规定的开工通知中载明的开工日期。

一审法院认为:原告主张本案工程的开工时间为2015年8月29日,其提供了混凝土公司的送货单以及福瑞公司作出的一份开工通知作为证据予以证明，而被告主张开工时间系 2015 年 9 月 23 日。本院认为，根据福瑞公司 2015 年 8 月 12 日发出的开工通知内容可知，涉案工程于 2015 年 8 月 12 日已经具备了开工条件，待鬼国神宫阴司街在 20 天左右拆迁完毕后自行安排开工。因此，原告主张的开工时间与开工通知的内容能够相互印证，故本院认定涉案工程的开工时间系 2015 年 8 月 29 日。

二审法院认为：根据《建设工程内部承包合同》专用条款第 15 条的约定，首先，支付工程款时间为基础开工后 2 个月。吴道全认为工程系 2015 年 8 月 29 日开工，丰都一建公司未按期支付第一期工程款，吴道全遂于 2015 年 11 月 13 日作出停工决定，因此产生的停工损失应由丰都一建公司承担。吴道全举示了福瑞公司于 2015 年 8 月 12 日向丰都一建公司发出的通知以及重庆建典混凝土有限公司于 2015 年 8 月 29 日向案涉工地运送混凝土的送货单，拟证明工程开工时间为 2015 年 8 月 29 日。2015 年 8 月 12 日福瑞公司通知丰都一建公司可先行进场搭建临时住宅，待鬼国神宫阴司街在 20 天左右拆迁完毕后，自行安排开工，不再另行通知。但根据园林公司举示的 3 份签证单可见，鬼国神宫内建筑物于 2015 年 9 月 4 日拆除，阴司街商业建筑物于 2015 年 9 月 13 日拆除，城隍庙等建筑物于 2015 年 9 月 20 日拆除，故在 2015 年 8 月 29 日尚不具备通知中所称的开工条件。其次，2015 年 8 月 29 日混凝土送货单载明施工部位为板房地坪，板房属于临时住宅，此时搭建板房符合 2015 年 8 月 12 日进场通知精神，但板房的搭建不能视为工程开工或者基础开工。故一审法院认定 2015 年 8 月 29 日为工程开工时间缺乏事实依据。最后，根据工程形象进度确认表可见，吴道全在 2015 年 10 月 25 日第一次申请工程进度款时主要完成的工作为鬼国神宫实景剧场场平工程、部分桩基工程等。而根据鬼国神宫改造工程原始地貌测量图可见剧场场平工程至少在 2015 年 9 月 15 日尚未开始。根据机械（旋挖）桩现场收方记录可见桩基工程系于 2015 年 9 月 23 日左右才开始进行。因此，吴道全关于案涉工程已于 2015 年 8 月 29 日开工的主张缺乏事实依据。

最高人民法院认为：关于吴道全的开工时间以及停工损失的确认及承担问题。首先，福佑公司、福瑞公司作为发包人与丰都一建公司作为承包人签订的《建设工程总承包合同》约定，开工日期以发包人或监理方和承包方书面认可的开工时间为准。丰都一建公司作为发包人与吴道全作为承包人签订的《建设工程内部承包合同》亦约定,开工日期以发包人或监理方和承包方书面认可的开工时间为准。两合同约定基本一致,即由福佑公司、福瑞公司或者吴道全书面认可开工时间。而福瑞公司于2015年8月12日向丰都一建公司发出的开工通知载明:"你司承建我司丰都县文化创意园——国际魔幻电影5D情景剧文化主题公园改造工程,现具备开工条件,你司可先行进场搭建临时住宅,待鬼国神宫阴司街在20天左右拆迁完毕后,你司自行及时安排开工,我司不另行通知。"福瑞公司作为业主和发包人,认可了2015年8月12日即具备开工条件,且20天左右拆迁工作完成后,由吴道全自行安排开工。该通知内容与吴道全主张的2015年8月29日开工并不矛盾,基本能够相互印证,也符合合同约定。

其次,吴道全提交的《重庆市丰都县第一建筑工程公司工程质量安全现场检查处理通知书》系丰都一建公司出具,注明检查时间为2015年9月11日,存在的问题是案涉项目施工现场开挖的窨井和施工用电等不规范,检查人意见是整改合格。其提交的2015年9月15日《整改处罚决定书》由福瑞公司作出,内容为:"因案涉项目存在1.临时施工围墙不周全;2.窨井防护不规范,多次要求整改,至今未整改等安全隐患,对丰都一建公司处以相应罚款。"结合其向一审法院提交的2015年8月29日重庆建典混凝土有限公司送货单,也能佐证吴道全关于案涉工程的开工时间是2015年8月29日的主张。

【案例评析】

项目实际开工日期按原最高人民法院《关于审理建设工程施工合同纠纷案件适用法律问题的解释(二)》第五条确定(现执行最高人民法院《关于审理建设工程施工合同纠纷案件适用法律问题的解释(一)》第八条),"当事人对建设工程开工日期有争议的,人民法院应当分别按照以下情形予以认定:(一)开工日期为发包人或者监理人发出的开工通知载明的开工日期;开工通知发出后,尚不具备开工条件的,以开工条件具备的时间为开工日期;因承包人原因导致开工时间推迟的,以开工通知载明的时间为开工日期。(二)承包人经发包人同意已经实际进场施工的,以实际进场施工时间为开工日期。(三)发包人或者监理人未发出开工通知,亦无相关证据证明实际开工日期的,应当综合考虑开工报告、合同、施工许可证、竣工验收报告或者竣工验收备案表等载明的时间,并结合是否具备开工条件的事实,认定开工日期"。

本案因 2015 年 8 月 12 日发包人向丰都一建公司发送通知,告知"你司承建我司丰都县文化创意园——国际魔幻电影 5D 情景剧文化主题公园改造工程,现具备开工条件,你司可先行进场搭建临时住宅,待鬼国神宫阴司街在 20 天左右拆迁完毕后,你司自行及时安排开工,我司不另行通知",明确了现场已具备开工条件,部分场地需要拆迁,即通知的开工日期为 2015 年 8 月 12 日至 31 日。

本案发包人发出了通知,说明场地条件制约情况并告知预计拆迁时间,要求承包人自行及时安排开工。实际施工人于 2015 年 9 月 15 日才进行现场测绘工作,但由于发包人自身的原因未按时提供现场施工条件,吴道全主张发包人通知 20 天内的 2015 年 8 月 29 日浇筑临时工程的板房地坪为开工时间,其法律依据是原最高人民法院《关于审理建设工程施工合同纠纷案件适用法律问题的解释(二)》第五条第(二)款规定,承包人经发包人同意已经实际进场施工的,以实际进场施工时间为开工日期,最终获得最高人民法院支持。

第五节　技　术　要　求

(一)设计阶段和设计任务

条文扩充

(一)设计阶段和设计任务

1. 方案设计阶段(如有):＿＿＿＿＿＿＿＿＿＿＿＿＿＿＿。

2. 初步设计阶段(如有):＿＿＿＿＿＿＿＿＿＿＿＿＿＿＿。

3. 施工图设计阶段:＿＿＿＿＿＿＿＿＿＿＿＿＿＿＿。

编写说明

1. 关于设计阶段

根据《建筑工程设计文件编制深度规定》,工程设计一般分为方案设计、初步设计和施工图设计三个阶段;对于技术要求相对简单的民用工程,若行政管理没有对初步设计有强制性要求,可以在方案设计通过审批后直接进入施工图设计阶段。

《市政公用工程设计文件编制深度规定》(2013年版)编制说明第二段也有类似规定:"市政公用工程设计一般分为前期工作和工程设计两部分。前期工作包括项目建议书、预可行性研究、可行性研究。工程设计包括初步设计和施工图设计。本规定包括可行性研究、初步设计和施工图设计三个阶段。项目建议书和预可行性研究报告编制深度参照有关规定执行。园林和景观工程设计一般分为方案设计、初步设计和施工图设计三个阶段,本规定包括这三个阶段。"

但是,根据《工程总承包管理办法》的相关规定,政府投资项目和企业投资项目,对于设计的要求又有所不同,发包人在编写发包人要求时,应予以注意。

(1)政府投资项目

《工程总承包管理办法》第七条规定,采用工程总承包方式的政府投资项目,原则上应当在初步设计审批完成后进行工程总承包项目发包。因此,根据该规定,以工程总承包形式发包的政府投资项目的设计阶段一般不包括方案设计、初步设计阶段,只包括施工图设计一个阶段。但是,第七条也规定,按照国家有关规定简化报批文件和审批程序的政府投资项目,应当在完成相应的投资决策审批后进行工程总承包项目发包。现已有部分地区出台了相关政府投资项目简化报批文件和审批程序的政策,对于满足一定条件的项目不再审批初步设计。各地区的规定不尽相同,发包人在编制发包人要求时应根据当地具体的行政管理要求进行调整。

(2)企业投资项目

《工程总承包管理办法》第七条规定,采用工程总承包方式的企业投资项目,应当在核准或者备案后进行工程总承包项目发包;《企业投资项目核准和备案管理办法》规定,发包人申请项目核准和备案需报送项目申请报告,并无相关方案设计、初步设计提交核准、备案的要求。因此,以工程总承包形式发包的企业投资项目的设计阶段可能包括方案设计、初步设计和施工图设计三个阶段。

《工程总承包管理办法》第六条第二款规定,建设内容明确、技术方案成熟的项目,适宜采用工程总承包方式。可知,对于以工程总承包形式发包的企业投资项目,虽然没有明确规定要求发包时应当完成方案设计或初步设计,但是考虑到工程总承包形式适宜"建设内容明确、技术方案成熟"的项目,因此,以工程总承包形式发包的企业投资项目的设计阶段发包人根据项目实际情况可以只包括初步设计和施工图设计两个阶段或者只包括施工图设计一个阶段。

2. 关于设计任务

设计阶段的主要任务是根据拟建设之工程项目的特性,对拟建设工程所需的技术、经济、资源、环境等条件进行综合分析、论证,进而编制出合法合规且可行的建设工程设计文件。

《建设工程勘察设计管理条例》第二十六条规定:"……编制方案设计文件,应当满足编制初步设计文件和控制概算的需要。编制初步设计文件,应当满足编制施工招标文件、主要设备材料订货和编制施工图设计文件的需要。编制施工图设计文件,应当满足设备材料采购、非标准设备制作和施工的需要,并注明建设工程合理使用年限。"

《建筑工程设计文件编制深度规定》《市政公用工程设计文件编制深度规定》中对建筑工程、市政公用工程设计文件编制深度的基本要求作出了详细规定,但是在满足前述规定的基础上,设计深度尚应符合各类专项审查和工程所在地政府的其他具体要求。发包人在编制该部分《发包人要求》时,应当结合各地的具体规定,拟建设项目的具体情况、特点进行编制。

注意事项

1. 注意各阶段设计文件的内容和深度是否满足相应要求

发包人提出的设计任务须符合《可行性研究报告》《建设用地规划许可证》《土地使用权出让合同》等前期规划、项目审批、核准或者备案等文件的要求。

2. 注意各阶段设计文件是否满足相应经济指标要求,控制超出计划投资额度进行设计的风险

无论是政府投资项目还是企业投资项目,都有一定的计划工程投资金额,设计阶段是发包人控制工程投资的关键环节,设计文件内容、设计所采用的施工方法、材料、设备的选型等均与工程投资有密切的联系,因此一般应采用限额设计。

发包人可以要求承包人对不同阶段的设计文件对应的工程内容造价编制相对应的工程估算、工程概算、工程预算等文件以核算项目投资是否在计划工程投资的控制范围内。尤其是使用国有资金的项目,如果违反规定超概算投资,还将面临行政处罚。

(1)政府投资项目

《财政违法行为处罚处分条例》第九条规定:"单位和个人有下列违反国家有关投资建设项目规定的行为之一的,责令改正,调整有关会计账目,追回被截留、挪用、骗取的国家建设资金,没收违法所得,核减或者停止拨付工程投资。对单位给予警告或者通报批评,其直接负责的主管人员和其他直接责任人员属于国家公务员的,给予记大过处分;情节较重的,给予降级或者撤职处分;情节严重的,给予开除处分……(三)违反规定超概算投资……"

对于政府投资项目,如果承包人编制的工程造价超出了建设项目的投资概算,都应当对设计进行调整优化,确保造价控制在审批概算限额范围内,确有法定情形需调整的可按照有关规定履行调整概算的审批程序。

(2)企业投资项目

企业投资项目属于社会资本的市场投资行为,企业对项目投资行为自负盈亏,公权力机关对其投资额度基本无约束。但是,一个成熟的、有经验的投资企业在拟建项目之前都会有较为充分的市场调研、方案比较,根据最优方案估算投资额度。即使没有公权力对各设计阶段的设计成果对应的造价进行监督和约束,作为投资企业的发包人仍然要高度关注超额(原计划投资额)设计的问题,在出现该情形时,应及时重新组织论证分析,是应该优化设计方案,还是应该调整原计划投资额,避免未经论证即作出选择,为项目施工、运营阶段的成本控制留下隐患,尽可能避免因一时不慎导致整个项目投资失败的风险。

3.注意各阶段设计文件的完成应与其他行政审批等程序相配合

我国对涉及土地使用、城乡规划的工程建设行为有着比较严格的行政监督管理,发包人应注意工程建设项目的整体管理,在设定各设计阶段完成时间时应考虑其他行政审批等程序的时间要求。如《城乡规划法》第四十条规定"申请办理建设工程规划许可证应当提交建设工程设计方案等材料",因此设计方案应当在办理建设工程规划许可证前完成。

4.注意施工图设计文件应当依法进行审查,但也应关注近年施工图审查相应的改革措施

《建设工程质量管理条例》第五十六条规定:"违反本条例规定,建设单位有下列行为之一的,责令改正,处20万元以上50万元以下的罚款……(四)施工图设计文件未经审查或者审查不合格,擅自施工的……"另外,《房屋建筑和市政基础设施工程施工图设计文件审查管理办法》第十八条规定:"按规定应当进行审查的施工图,未经审查合格的,建设主管部门不得颁发施工许可证。"国务院《关于修改部分行政法规的决定》删除了《建设工程质量管理条例》第十一条中"建设单位应当将施工图设计文件报县级以上人民政府建设行政主管部门或者其他有关部门审查",同时将《建设工程勘察设计管理条例》第三十三条修改为:"施工图设计文件审查机构应当对房屋建筑工程、市政基础设施工程施工图设计文件中涉及公共利益、公众安全、工程建设强制性标准的内容进行审查。县级以上人民政府交通运输等有关部门应当按照职责对施工图设计文件中涉及公共利益、公众安全、工程建设强制性标准的内容进行审查。施工图设计文件未经审查批准的,不得使用。"

关于施工图审查有必要说明的是,依照国务院办公厅《关于全面开展工程建设项目审批制度改革的实施意见》(国办发〔2019〕11号)中提到"试点地区要进一步精简审批环节,在加快探索取消施工图审查(或缩小审查范围)"(此处的试点地区为2018年5月国务院办公厅《关于开展工程建设项目审批制度改革试点的通知》中确定的北京市、天津市、上海市、重庆市、浙江省和沈阳市、大连市、南京市、厦门市、武汉市、广州市、深圳市、成都市、贵阳市、渭南市、延安市),我国一些试点省市已经部分取消或全部取消施工图审查。例如,苏州市政府办公室《关于印发苏州市进一步深化工程建设项目审批制度改革工作实施方案的通知》(苏府办〔2020〕114号)中明确,项目类型和规模符合免于施工图审查条件的建设、勘察、设计单位共同签署《自审承诺书》即可免审施工图;深圳市住房和建设局《关于做好我市建设工程施工图审查改革工作的通知》中明确自2020年7月1日起全部取消房屋建筑和市政工程的施工图审查。

5.注意设计文件以及设计文件修改应符合行政审查程序

发包人应注意设计文件以及设计文件修改应符合行政审查程序。《建设工程

勘察设计管理条例》第三十三条规定:"施工图设计文件审查机构应当对房屋建筑工程、市政基础设施工程施工图设计文件中涉及公共利益、公众安全、工程建设强制性标准的内容进行审查……"《房屋建筑和市政基础设施工程施工图设计文件审查管理办法》第十一条规定:"审查机构应当对施工图审查下列内容:(一)是否符合工程建设强制性标准;(二)地基基础和主体结构的安全性;(三)消防安全性;(四)人防工程(不含人防指挥工程)防护安全性;(五)是否符合民用建筑节能强制性标准,对执行绿色建筑标准的项目,还应当审查是否符合绿色建筑标准;(六)勘察设计企业和注册执业人员以及相关人员是否按规定在施工图上加盖相应的图章和签字;(七)法律、法规、规章规定必须审查的其他内容。"第十四条规定:"任何单位或者个人不得擅自修改审查合格的施工图;确需修改的,凡涉及本办法第十一条规定内容的,建设单位应当将修改后的施工图送原审查机构审查。"

(二)设计标准和规范

条文扩充

(二)设计标准和规范

1.严格执行工程建设强制性标准。

2.其他应当执行的设计标准和规范:_____。

编写说明

1.应当要求承包人严格执行工程建设强制性标准并列明相应强制性标准名称

《标准化法》第二条规定:"本法所称标准(含标准样品),是指农业、工业、服务业以及社会事业等领域需要统一的技术要求。标准包括国家标准、行业标准、地方标准和团体标准、企业标准。国家标准分为强制性标准、推荐性标准,行业标准、地方标准是推荐性标准。强制性标准必须执行。国家鼓励采用推荐性标准。"《建设工程勘察设计管理条例》第五条第二款规定:"建设工程勘察、设计单位必须依法进行建设工程勘察、设计,严格执行工程建设强制性标准,并对建设工程勘察、设计的质量负责。"

2.其他应执行的设计标准和规范应同样明确列明

除严格执行工程建设强制性标准以外,承包人应因地制宜正确选用设计标准和规范(包括但不限于行业标准、地方标准和团体标准、企业标准以及国际标准、国外标准等),并在设计文件的图纸目录或施工图设计说明中注明所应用标准文件的名称。发包人可以要求承包人在设计中选用与工程类别、工程目的等功能要求相适应的设计标准和规范,比如根据工程功能需要,要求工程绿色建筑设计达到《绿色建筑评价标准》(GB/T 50378—2019)二星级标准、装配式设计达到《装配式建筑评价标准》(GB/T 51129—2017)AA 级评价等级标准、BIM 设计符合《建筑信息模型设计施工应用标准》(GB/T 51235—2017)、《建筑信息模型设计交付标准》(GB/T 51301—2018)等。

注意事项

1.注意准确理解工程建设强制性标准

《实施工程建设强制性标准监督规定》第三条规定:"本规定所称工程建设强制性标准是指直接涉及工程质量、安全、卫生及环境保护等方面的工程建设标准强制性条文。国家工程建设标准强制性条文由国务院住房城乡建设主管部门会同国务院有关主管部门确定。"如前所述,《标准化法》第二条规定我国国家标准分为强制性标准和推荐性标准,具体到工程建设领域,工程建设有关的强制性国家标准中的强制性条文即是工程建设强制性标准,是必须严格执行的,而工程建设有关的强制性国家标准中的非强制性条文本身是推荐性条文,不具有禁止或强行约束的意思表示,并不是无条件必须严格执行的。

另外,国家住房和城乡建设部在 2016 年 8 月 9 日印发《关于深化工程建设标准化工作改革的意见的通知》(建标〔2016〕166 号)中提出,加快制定全文强制性标准,逐步用全文强制性标准取代现行标准中分散的强制性条文。强制性标准具有强制约束力,是保障人民生命财产安全、人身健康、工程安全、生态环境安全、公众权益和公共利益,以及促进能源资源节约利用、满足社会经济管理等方面的控制性底线要求。

2.注意合理设定适用的设计标准和规范

发包人设定其他适用的设计标准和规范时,应当注意其合理性,并非要求得越严格越好,而是应当考虑工程项目的实际需要,选用与社会、经济发展水平相适应,经济效益、社会效益和环境效益相统一的设计标准和规范。

3.发包人在编写设计标准和规范时,还需注意不得违反工程建设强制性标准、不得要求使用不符合国家标准的建筑材料设备,否则将面临处罚,并承担相应的民商事责任

《建设工程安全生产管理条例》第五十五条规定:"违反本条例的规定,建设单位有下列行为之一的,责令限期改正,处 20 万元以上 50 万元以下的罚款;造成重大安全事故,构成犯罪的,对直接责任人员,依照刑法有关规定追究刑事责任;造成损失的,依法承担赔偿责任:(一)对勘察、设计、施工、工程监理等单位提出不符合安全生产法律、法规和强制性标准规定的要求的……"

《建设工程质量管理条例》第五十六条规定:"违反本条例规定,建设单位有下列行为之一的,责令改正,处 20 万元以上 50 万元以下的罚款……(三)明示或者暗示设计单位或者施工单位违反工程建设强制性标准,降低工程质量的……"

《建筑法》第五十六条规定:"……设计文件选用的建筑材料、建筑构配件和设备,应当注明其规格、型号、性能等技术指标,其质量要求必须符合国家规定的标准。"

《民法典》第八百零六条第二款规定:"发包人提供的主要建筑材料、建筑构配件和设备不符合强制性标准或者不履行协助义务,致使承包人无法施工,经催告后在合理期限内仍未履行相应义务的,承包人可以解除合同。"

(三)技术标准和要求

条文扩充

(三)技术标准和要求

1.特殊要求的技术标准:_____。

2.新技术、新材料、新工艺、新设备的技术标准:_____。

编写说明

如《示范文本》(2020)通用合同条件第 1.4.4 项所述,发包人对于工程的技术标准、功能要求高于或严于现行国家、行业或地方标准的,应当在《发包人要求》中予以明确,由此可知此《发包人要求》中的技术标准和要求指向的是有特殊要求的技术标准或使用新技术、新材料的技术标准。

《示范文本》(2020)通用合同条件第 1.4.3 项约定,没有相应成文规定的标准、规范时,由发包人在专用合同条件中约定的时间向承包人列明技术要求,承包人按约定的时间和技术要求提出实施方法,经发包人认可后执行。若项目采用的新技术、新工艺、新材料没有成文规定的标准、规范,也应遵守该条件的约定。

有必要说明的一点是,工程行业内习惯将新技术、新材料、新工艺、新设备(新产品)简称为"四新技术",住房和城乡建设部会发布年度的建筑业"新技术"的推广通知,部分省住房和城乡建设主管部门也会发布建设领域"四新技术"的推广应用目录,"四新技术"的具体认定也是因时因地而不同,此处着重强调的是需注意相关法律条文语境下"四新技术"之外延。

注意事项

1. 注意技术标准和要求的设定应与工程项目的功能要求相衔接

《标准化法》第二十一条规定:"推荐性国家标准、行业标准、地方标准、团体标准、企业标准的技术要求不得低于强制性国家标准的相关技术要求。国家鼓励社会团体、企业制定高于推荐性标准相关技术要求的团体标准、企业标准。"

2. 注意特殊的技术标准和要求对招标的影响

《招标投标法实施条例》第八条规定:"国有资金占控股或者主导地位的依法必须进行招标的项目,应当公开招标;但有下列情形之一的,可以邀请招标:(一)技术复杂、有特殊要求或者受自然环境限制,只有少量潜在投标人可供选择……"第九条规定:"除招标投标法第六十六条规定的可以不进行招标的特殊情况外,有下列情形之一的,可以不进行招标:(一)需要采用不可替代的专利或者专有技术……"

《政府采购法》第三十条规定："符合下列情形之一的货物或者服务,可以依照本法采用竞争性谈判方式采购……(二)技术复杂或者性质特殊,不能确定详细规格或者具体要求的……"

3.注意采用特殊要求的技术标准,新技术、新材料的设计文件需要另外满足相应的行政监管要求

《实施工程建设强制性标准监督规定》第五条第二款规定："工程建设中采用国际标准或者国外标准,现行强制性标准未作规定的,建设单位应当向国务院住房城乡建设主管部门或者国务院有关主管部门备案。"

《建设工程勘察设计管理条例》第二十九条规定："建设工程勘察、设计文件中规定采用的新技术、新材料,可能影响建设工程质量和安全,又没有国家技术标准的,应当由国家认可的检测机构进行试验、论证,出具检测报告,并经国务院有关部门或者省、自治区、直辖市人民政府有关部门组织的建设工程技术专家委员会审定后,方可使用。"

《实施工程建设强制性标准监督规定》第五条第一款规定："建设工程勘察、设计文件中规定采用的新技术、新材料,可能影响建设工程质量和安全,又没有国家技术标准的,应当由国家认可的检测机构进行试验、论证,出具检测报告,并经国务院有关主管部门或者省、自治区、直辖市人民政府有关主管部门组织的建设工程技术专家委员会审定后,方可使用。"

4.注意审核设计选用材料设备的技术指标

《建设工程质量管理条例》第二十二条规定："设计单位在设计文件中选用的建筑材料、建筑构配件和设备,应当注明规格、型号、性能等技术指标,其质量要求必须符合国家规定的标准。除有特殊要求的建筑材料、专用设备、工艺生产线等外,设计单位不得指定生产厂、供应商。"

(四)质量标准

条文扩充

(四)质量标准

1.一般要求的设计质量标准:_____。

2.特殊要求的设计质量标准:＿＿＿＿＿＿＿＿＿＿＿＿＿＿＿＿。

3.一般要求的设备采购质量标准(如有):＿＿＿＿＿＿＿＿＿。

4.特殊要求的设备采购质量标准(如有):＿＿＿＿＿＿＿＿＿。

5.一般要求的施工质量标准:＿＿＿＿＿＿＿＿＿＿＿＿＿＿＿。

6.特殊要求的施工质量标准:＿＿＿＿＿＿＿＿＿＿＿＿＿＿＿。

编写说明

　　如《示范文本》(2020)通用合同条件第6.4.1项[工程质量要求]所述,工程质量标准必须符合现行国家有关工程施工质量验收规范和标准的要求。有关工程质量的特殊标准或要求由合同当事人在专用合同条件中约定。《发包人要求》此处的质量标准应与合同协议书、通用合同条件、专用合同条件相衔接。特殊质量标准通常指要求获得国家、行业、地方级别的质量奖项或发包人提出的高于国家质量强制性标准的质量条件,如鲁班奖、国家优质工程奖、上海市市长质量奖等。

注意事项

　　1.特殊质量标准应高于一般质量标准

　　注意设立的特殊质量标准是在符合现行国家有关工程施工质量验收规范和标准要求的基础之上,发包人根据工程建设项目的实际需要,提出的更高标准的工程质量要求。

　　2.设立特殊质量标准的工程项目的性质、规模要满足相应特殊质量标准基本的评选条件和申报要求

　　《国家优质工程奖评选办法》第十条规定:"申报国家优质工程奖项目应当具备下列条件:(一)建设程序合法合规,诚信守诺。(二)创优目标明确,创优计划合理,质量管理体系健全。(三)工程设计先进,获得省(部)级优秀工程设计奖。(四)工程质量可靠,按工程类别获得所在地域、所属行业省(部)级最高质量奖,见附件2;未开展评奖活动的行业,应获得该行业最高工程质量水平评价,见附录3。(五)科技创新达到同时期国内先进水平,获得省(部)级科技进步奖,或已通过省

(部)级新技术应用示范工程验收,或积极应用'四新'技术、专利技术,行业新技术的大项应用率不少于80％。(六)践行绿色建造理念,节能环保主要经济技术指标达到同时期国内先进水平。(七)通过竣工验收并投入使用一年以上四年以内;其中,住宅项目竣工后投入使用满三年,入住率在90％以上。(八)经济效益及社会效益达到同时期国内先进水平。"第十一条规定:"具备国家优质工程奖评选条件且符合下列要求的工程,可参评国家优质工程金奖。(一)关系国计民生,在行业内具有先进性和代表性;(二)设计理念领先,达到国家级优秀设计水平;(三)科技进步显著,获得省(部)级科技进步一等奖;(四)节能、环保综合指标达到同时期国内领先水平;(五)质量管理模式先进,具有行业引领作用,可复制、可推广;(六)经济效益显著,达到同时期国内领先水平;(七)推动产业升级、行业或区域经济发展贡献突出,对促进社会发展和综合国力提升影响巨大。"

3. 发包人不得要求承包人降低工程质量标准

《建筑法》第七十二条规定:"建设单位违反本法规定,要求建筑设计单位或者建筑施工企业违反建筑工程质量、安全标准,降低工程质量的,责令改正,可以处以罚款;构成犯罪的,依法追究刑事责任。"

《建设工程质量管理条例》第七十四条规定:"建设单位、设计单位、施工单位、工程监理单位违反国家规定,降低工程质量标准,造成重大安全事故,构成犯罪的,对直接责任人员依法追究刑事责任。"

《工程总承包管理办法》第二十二条规定:"建设单位不得迫使工程总承包单位以低于成本的价格竞标,不得明示或者暗示工程总承包单位违反工程建设强制性标准、降低建设工程质量,不得明示或者暗示工程总承包单位使用不合格的建筑材料、建筑构配件和设备。"

4. 发包人应注意防范工程质量标准变化导致工程价款计价规则改变的风险

最高人民法院《关于审理建设工程施工合同纠纷案件适用法律问题的解释(一)》第十九条第一款、第二款规定:"当事人对建设工程的计价标准或者计价方法有约定的,按照约定结算工程价款。因设计变更导致建设工程的工程量或者质量标准发生变化,当事人对该部分工程价款不能协商一致的,可以参照签订建设工程施工合同时当地建设行政主管部门发布的计价方法或者计价标准结算工程价款。"

（五）设计、施工和设备监造、试验（如有）

条文扩充

（五）设计、施工和设备监造、试验（如有）

1. 设计技术要求：_____。
2. 施工技术要求：_____。
3. 设备监造要求：_____。
4. 试验要求：_____。

编写说明

本条主要针对设计、施工和设备监造、试验环节，除通用合同条件要求外，发包人根据工程特点和项目功能需求在技术方面可能有的特别要求。

注意事项

1. 注意保持设计、施工和设备监造、试验环节的技术要求前后统一、协调一致以及科学有效，不产生技术要求上的混乱，而且应对技术要求与工程项目的经济、资源、环境等条件综合分析论证。

2. 注意设备监造适用的技术标准规范以及规范性引用文件，编制监造实施细则规定监造工作要点、方法和作业方案，明确文件见证点、现场见证点、停工待检点等关键节点，预防设备监造不当引起的风险。

《建设工程设备监理管理暂行规定》第十八条规定："设备监理机构要遵守国家法律、法规。如因自身的原因，影响项目工程投资、质量、进度，要承担经济责任。"发包人因工程需要，需对重大设备的生产过程派人驻场监造的，应安排熟悉设备生产标准和技术指标的有设备监理资格的人员负责，明确监造技术标准和工作流程，避免因自身监造错误导致项目工期延长或造成其他经济损失。

3. 明确材料设备需作进场试验并提交相应试验报告的要求，以确保不影响最终的竣工验收。

《建设工程质量管理条例》第十六条第二款规定："建设工程竣工验收应当具备下列条件……(三)有工程使用的主要建筑材料、建筑构配件和设备的进场试验报告……"

如果承包人未对主要材料设备作进场试验,导致进场试验报告缺失的,将会影响工程竣工验收的完成和备案,给双方造成一定的损失。为减免责任,发包人应明确相关要求。

(六)样品

条文扩充

(六)样品

1.涉及结构安全的试块、试件以及有关材料及其性能指标:＿＿＿＿＿＿＿＿＿＿
＿＿＿＿＿＿＿＿＿＿＿＿＿＿＿＿＿＿＿＿＿＿＿＿＿＿＿＿＿＿＿＿＿＿＿。

2.其他需报送样品的材料或设备(种类、名称、规格、数量、性能指标):＿＿＿＿＿＿
＿＿＿＿＿＿＿＿＿＿＿＿＿＿＿＿＿＿＿＿＿＿＿＿＿＿＿＿＿＿＿＿＿＿＿。

3.样品质量检测结果备案＿＿＿＿＿＿＿＿＿＿＿＿＿＿＿＿＿＿＿＿＿＿＿＿＿。

编写说明

《示范文本》(2020)通用合同条件第6.3款[样品]中已经对样品的报送与封存以及保管作了约定,此处条文扩充内容应对需要报送样品的材料或设备提出具体要求。

注意事项

1.注意涉及结构安全的材料设备依法应当取样,否则需承担相应的行政责任。

《建设工程质量管理条例》第三十一条规定:"施工人员对涉及结构安全的试块、试件以及有关材料,应当在建设单位或者工程监理单位监督下现场取样,并送具有相应资质等级的质量检测单位进行检测。"第六十五条规定:"违反本条例规定,施工单位未对建筑材料、建筑构配件、设备和商品混凝土进行检验,或者未对涉及结构安全的试块、试件以及有关材料取样检测的,责令改正,处 10 万元以上 20 万元以下的罚款;情节严重的,责令停业整顿,降低资质等级或者吊销资质证书;造成损失的,依法承担赔偿责任。"

2. 根据项目需求和功能特点,其他需报送样品的材料或设备应当详细列出样品的种类、名称、规格、数量等,预防封存的样品与合同约定质量标准等不一致的风险。

经发包人审批确认的样品按约定方法封样后,封存的样品就成为相应工程材料、设备的检验标准之一,承包人在施工过程中不得使用与样品不符的材料或设备,发包人在审批样品时应持审慎态度,确保样品与合同约定的品牌、种类,尤其是质量标准一致。如果发包人审批确认的样品与合同约定的材料或工程设备不一致,将会存在是否构成《发包人要求》变更的争议。

(七)发包人提供的其他条件,如发包人或其委托的第三人提供的设计、工艺包、用于试验检验的工器具等,以及据此对承包人提出的予以配套的要求

条文扩充

(七)发包人提供的其他条件,如发包人或其委托的第三人提供的设计、工艺包、用于试验检验的工器具等,以及据此对承包人提出的予以配套的要求。

其他需承包人予以配合的技术要求:＿＿＿＿＿＿＿＿＿＿＿。

编写说明

本条所述情形是指发包人因项目需要已经实施了部分前期工作,比如完成了部分设计或确定了项目必需的部分工器具或因配合地方行政管理确定了供电、供水、供气方案等,该前期工作的实施可能对承包人的设计或施工提出了一些针对性的技术要求,而且该前期工作在后续进行中可能还需要承包人提供配套的设计或施工。

注意事项

1. 注意要求的合法性

因发包人自身原因或因实施前期工作的设计单位、供应商、专业承包人原因，发包人提出的需承包人予以配合的技术要求违法，承包人发现后应通知发包人，发包人收到通知书后不予改正或不予答复的，承包人有权拒绝履行合同义务，直至解除合同。发包人应承担由此引起的承包人的全部损失。

2. 注意要求的全面完整性

因为该条是技术要求的兜底条款，发包人编写条文时首先应注意需承包人予以配合的技术要求的全面完整性。

3. 注意要求的准确性

发包人应注意提出的需要承包人配合的技术要求的准确性，发包人应与负责实施前期工作的设计单位或供应商或专业承包人详细沟通，明确因前期工作的实施对工程总承包人设计施工提出的具体技术要求或者配套要求。

因发包人自身原因或因实施前期工作的设计单位、供应商、专业承包人原因，发包人提出的需承包人予以配合的技术要求错误，应依据双方合同专用条款和通用条款的风险分配进行处理。

【相关案例】

【案例一】甘肃九龙房地产开发有限公司与浙江佳境规划建筑设计研究院有限公司建设工程合同纠纷案

【基本信息】

审理法院：浙江省高级人民法院

案号：(2018)浙民再400号

【裁判观点】

根据法规规定以及双方合同约定，发包人负有交付项目用地规划文件的义务，设计人负有将项目用地规划文件作为编制设计文件的依据之一的法定和约定义务，不能抛开项目用地规划文件开展设计工作，否则即为违法违规设计。发承包双方均应遵守法律法规的强制性规定，否则将承担责任。

【案情摘要】

2013 年 5 月 23 日,浙江佳境规划建筑设计研究院有限公司(以下简称佳境公司,乙方)与甘肃九龙房地产开发有限公司(以下简称九龙公司,甲方)签订《建设工程设计合同(一)》,约定:九龙公司应在合约签订时提交项目设计任务书、项目用地范围现状地形图及电子文件、项目用地规划及建筑红线图电子文件。佳境公司应按国家技术规范、标准、规程及九龙公司提出的设计要求进行工程设计,按合同约定的进度要求提交质量合格的设计资料,并对其负责。

由于九龙公司在签订委托设计合同时仅取得其中一个市场的土地使用权,相应项目用地规划文件并未发布,九龙公司在合同签订当月向佳境公司提交的合同文件仅包括项目设计任务书、项目用地范围红线地形图及电子文件;而佳境公司收到上述文件后未提出异议,且即开展相应的设计工作。

最后,因方案设计未能通过规划部门审查而涉诉。

【争议焦点】

九龙公司未向佳境公司提供项目用地规划文件作为编制设计文件的依据之一,导致佳境公司交付的设计文件未能通过规划审批的责任应由谁承担?

九龙公司认为:根据合同约定与法律规定,佳境公司提交的方案设计必须是符合法律法规的。但佳境公司作为专业人士,在不具备设计条件的情况下,为了套取设计费盲目进行设计,造成设计文件最终根本无法使用,佳境公司应承担全部责任。

佳境公司认为:(1)案涉地块在委托设计时,九龙公司只获得了八宗地块中的一块,其余均是意向摘牌。因此,项目地块的具体规划指标尚未明确,故设计合同及设计任务书约定设计建筑面积暂按容积率 1.5 进行估算,并根据方案报批过程中规划等相关部门对设计指标提出的调整意见由佳境公司配合调整。(2)案涉建筑方案设计工作不存在"超前设计"的情况。建筑方案在土地使用权获得之前进行设计是目前行业内的通常做法,且案涉方案设计成果经长达半年的设计论证修改,九龙公司对八个市场的方案予以了书面认可。(3)已进行的设计工作不违反任何勘察设计法律法规的规定。这些设计工作的开展完全依据九龙公司的设计任务指令要求佳境公司进行下一步包括扩初、施工图设计工作。

【法院观点】

一审法院认为:对于合同所涉八宗地块中的汽配市场的初步设计及施工图设计部分,佳境公司系应九龙公司的要求进行超前设计,综合考虑本案实际情况,对于佳境公司因超前进行上述设计产生的损失,酌情认定双方各承担50%的责任。

二审法院认为:佳境公司作为具有建筑工程甲级资质、市政(风景园林)甲级资质的设计单位,在明知超前设计的行为不符合《建设工程勘察设计管理条例》的相关规定的情况下,仍按九龙公司的要求,在用地规划未正式报批通过的情况下,进行施工图设计工作,并应九龙公司的要求暂按白图形式出具施工图。佳境公司和九龙公司的上述行为违反了合同约定,均应承担各自的责任,一审法院综合考虑本案实际情况,并结合诉讼过程中华清设计公司对设计工作实际完成情况的鉴定结论,酌情认定双方各承担50%的责任并无不当。

再审法院认为:《建设工程勘察设计管理条例》第二十五条规定:"编制建设工程勘察、设计文件,应当以下列规定为依据:(一)项目批准文件;(二)城乡规划;(三)工程建设强制性标准;(四)国家规定的建设工程勘察、设计深度要求。"双方当事人签订的《建设工程设计合同(一)》第三条约定,九龙公司应在合同签订时提交项目设计任务书、项目用地范围现状地形图及电子文件、项目用地规划及建筑红线图电子文件。合同还约定,佳境公司应按国家技术规范、标准、规程及九龙公司提出的设计要求,进行工程设计,按合同约定的进度要求提交质量合格的设计资料,并对其负责。根据上述法规规定及双方合同约定,九龙公司负有交付项目用地规划文件的义务,佳境公司负有将项目用地规划文件作为编制设计文件的依据之一的法定和约定义务,不能抛开项目用地规划文件开展设计工作,否则即为违法违规设计。结合本案合同的履行情况,由于九龙公司在签订委托设计合同时仅取得其中一个市场的土地使用权,相应项目用地规划文件并未发布,九龙公司在合同签订当月向佳境公司提交的合同文件仅包括项目设计任务书、项目用地范围红线地形图及电子文件,佳境公司收到上述文件后已经开展相应的设计工作。因此,佳境公司在提交方案设计时,并未以项目用地规划文件为其设计依据。合同签订后逾一年时间,双方多次召开专题会议就案涉项目设计方案进行讨论,佳境公司以文本或电子文件的形式提交设计文件,九龙公司均予以签收。九龙公司按照合同约定支付建筑设计费共计1684万元。因此,九龙公司未提供经规划部门批准的项目用地规划文件,即盲目要求佳境公司开展设计工作,佳境公司未按照法规规定及合同约定根据规划管理部门批准的项目用地规划设计文件进行设计,而是按照九龙公司的自身要求进行设计。双方对方案设计未能通过规划部门审查负有同等责任。

【案例评析】

根据该案例的裁判观点,笔者提示发包人在编写本节要求时,首先,应当注意其提出的设计任务、设计要求是否符合法律法规的强制性规定。无论是发包人还是承包人都应遵守法律法规的强制性规定,违反规定将带来风险和损失承担。发包人应履行合同约定的义务和法定的协助义务,承包人应该在现行有效的技术要求、技术标准强制性规范条文下履行合同义务,否则将承担相应的责任。

其次,发包人在履行自身合同义务时,应当注意交付承包人资料的完整性和准确性,以避免因自身履约瑕疵而产生的责任承担风险。在尚未提交设计所必需的完整、准确资料给承包人的前提下,发包人应提示承包人暂不开展设计工作;若承包人存在违规超前设计情形,则在承包人交付设计成果文件时,发包人应当明确提出并拒绝接收。

【案例二】抚顺罕王重工铸锻有限公司与中钢集团工程设计研究院有限公司、中国一冶集团有限公司建设工程施工合同纠纷案

【基本信息】

一审法院:辽宁省抚顺市中级人民法院

一审案号:(2012)抚中民一初字第 5 号

二审法院:辽宁省高级人民法院

二审案号:(2014)辽民一终字第 00019 号

【裁判观点】

建筑工程的质量不仅应符合国家及行业标准,还应符合设计标准和要求。

【案情摘要】

2011 年 3 月,抚顺罕王重工铸锻有限公司(以下简称抚顺罕王公司,发包人、甲方)与中钢集团工程设计研究院有限公司(以下简称中钢设计院,承包人、乙方)签订《抚顺罕王公司重工铸锻项目一期工程总承包协议书》,约定:工程质量按照国家及行业相关标准进行验收,保证工程质量合格。此后抚顺罕王公司与中钢设计院又签订了该工程的《设计合同及总承包协议的补充协议》。2011 年 3 月 21 日至 23 日,抚顺罕王公司与中钢设计院签订《建筑安装承包合同》。

2011 年 3 月 31 日,中钢设计院与中国一冶集团有限公司(以下简称中国一冶公司)签订《建设工程施工合同》,约定:技术要求见甲方施工图设计说明;工程质量标准为合格。

上述合同签订后,在施工过程中,抚顺罕王公司对中国一冶公司已完成部分工程质量提出异议,对施工现场的炼钢 17 项工程及轧钢 5 项工程进行基础与框架结构、混凝土强度及外观等检测,得出存在大量混凝土强度不满足设计强度等级标准要求及外观质量存在相应问题的检测结论。其后,中钢设计院亦委托对已施工部分混凝土强度进行检测,结果仍存在部分工程不满足设计强度等级标准。由此涉诉。

【争议焦点】

应按照国家标准还是设计标准判定施工工程质量是否符合约定?

抚顺罕王公司认为:应按照工程质量不符合设计要求判定工程质量不符合合同约定。

中钢设计院、中国一冶公司认为:《抚顺罕王公司重工铸锻项目一期工程总承包协议书》中明确约定质量标准为工程质量按照国家及行业相关标准进行验收,而且中钢设计院作为原设计单位,有权对存在质量争议的工程核算并确认工程是否满足结构安全和使用功能,争议工程符合双方约定验收标准,是合格的,设计标准高于国家标准,施工时只要达到国家标准即可。

【法院观点】

一审法院认为:《建筑法》第五十八条规定:"建筑施工企业对工程的施工质量负责。建筑施工企业必须按照工程设计图纸和施工技术标准施工,不得偷工减料。工程设计的修改由原设计单位负责,建筑施工企业不得擅自修改工程设计。"第五十九条规定:"建筑施工企业必须按照工程设计要求、施工技术标准和合同的约定对建筑材料、建筑构配件和设备进行检验,不合格的不得使用。"建筑工程质量不符合约定,应作广义理解,它不仅包括工程质量不符合双方当事人合同约定的标准,还应包括不符合国家对建筑工程质量强制性的规范标准等情形。工程设计图纸是施工的依据,施工技术标准亦称施工技术规范,按照图纸和施工技术标准施工是建筑工程得以保证的重要前提,也是划分责任的重要依据。建筑工程设计是施工方据以施工的依据,施工方应严格依据工程设计进行施工。《混凝土结构工程施工质量验收规范》(GB 50204—2002)(2010年版)第7.4.1条规定,结构混凝土的强度等级必须符合设计要求。该条文为强制性条文,必须严格执行,故对被告不同意鉴定结论中对不满足设计要求部分进行整改的意见不予采纳。二被告应按照六项鉴定报告中所列不满足设计要求部分及外观质量缺陷部分在一定期限内予以整改。

二审法院认为:一审法院依据《建筑法》和《合同法》(已废止)的相关规定,认为施工方应严格按照工程设计进行施工,并认为结构混凝土的强度等级必须符合设计要求,二被告应对鉴定结论中指出的不满足设计要求部分进行整改,是完全正确的。一审法院判决二被告对涉案施工工程中不满足设计要求的部分进行整改,既具有合同、鉴定结论等事实根据,也具有法律依据,在此并不存在事实认定错误,法律适用错误问题。需要说明的是,根据有关法律法规的规定,建筑工程的质量不仅应符合国家及行业标准,还应符合设计标准和要求。在设计标准和要求不低于国家及行业标准,而施工质量存在问题,尤其是施工质量不满足设计要求,需要进行整改时,当然应按设计标准和要求,即按照工程设计图纸和施工技术标准进行施工整改,这也是建筑施工领域的常识和惯例。

【案例评析】

首先,该争议是围绕工程总承包合同附件一《发包人要求》中技术要求方面的质量标准展开。

如前文所述,在工程总承包模式中《发包人要求》编写时对质量标准可扩展为一般要求的设计质量标准、特殊要求的设计质量标准、一般要求的设备采购质量标准(如有)、特殊要求的设备采购质量标准(如有)、一般要求的施工质量标准、特殊要求的施工质量标准。《示范文本》(2020)通用合同条件第6.4.1项[工程质量要求]约定,工程质量标准必须符合现行国家有关工程施工质量验收规范和标准的要求,这就是对工程质量的一般要求,高于此标准或没有国家/行业标准的要求则属于特殊要求。该争议即围绕高于国家标准的有特殊要求的设计质量标准展开,中钢设计院负责案涉工程的设计工作,可能出于工程使用需要或设计习惯或其他原因,设计的混凝土强度等级高于国家强制性标准要求,但合同双方当事人在工程总承包协议书中却约定的是"按照国家及行业相关标准进行验收",未明确约定按照设计要求标准验收,诉讼主体之间对工程技术要求方面的质量标准的理解发生严重分歧。

其次,无论是依据相关规定,还是行业常识和惯例,工程质量既要符合国家强制性标准要求,也要符合设计要求。

第一,如前所述,《标准化法》第二条规定,我国国家标准分为强制性标准和推荐性标准,强制性标准是必须执行的。《实施工程建设强制性标准监督规定》第三条规定:"本规定所称工程建设强制性标准是指直接涉及工程质量、安全、卫生及环境保护等方面的工程建设标准强制性条文。国家工程建设标准强制性条文由国务院住房城乡建设主管部门会同国务院有关主管部门确定。"在工程建设领域,工程建设有关的强制性国家标准中的强制性条文即是工程建设强制性标准,必须严格执行。

第二,原《合同法》第二百八十一条规定施工单位应当按设计标准施工,《建筑法》第五十六条、第五十九条,《建设工程质量管理条例》第二十八条都规定施工单位应当按图纸和设计标准施工。《建设工程勘察设计管理条例》第五条第二款规定:"建设工程勘察、设计单位必须依法进行建设工程勘察、设计,严格执行工程建设强制性标准,并对建设工程勘察、设计的质量负责。"

由上可知,依据法律法规、部门规章规定,国家工程建设强制性标准是工程施工的依据,工程质量必须符合相应要求,设计文件须严格执行工程建设强制性标准,因此设计要求不能低于国家强制性标准,但可以高于国家强制性标准。依据前述法律法规规定,设计要求是工程施工的依据,也是判断合同目的是否实现的标准,工程质量必须符合设计要求。国家强制性标准和设计要求并不矛盾,工程质量应同时满足国家强制性标准和设计要求方才符合合同约定。

基于该案例,笔者提示发包人,宜在合同中对工程质量标准作出全面、明确、具体的约定。本案争议缘于工程总承包合同中没有对工程质量标准作出全面、明确、具体的约定,虽然根据前条分析,无论是否作出约定,工程质量都应同时满足国家强制性标准和设计要求。从本案可知,尤其是在合同履行中因管理或其他方面原因导致出现严重工程质量问题后,被索赔的一方可能会以质量标准约定为由进行辩护。如果在合同中对工程质量标准作出全面、明确、具体的约定,将国家强制性标准和设计要求明确作为工程质量验收的标准,并且明示列举特殊的、高于国家强制性标准的特殊质量标准,以及不能满足特殊质量标准时的违约责任,这将更有利于合同双方在合同履行中对工程质量标准达成共识,避免产生争议,也有利于合同目的的实现。

第六节 竣 工 试 验

(一)第一阶段,如对单车试验等的要求,包括试验前准备

条文扩充

(一)第一阶段,如对单车试验等的要求,包括试验前准备。

1.单车试验要求:_____。

2.试验前准备工作:_____。

编写说明

《示范文本》(2020)通用合同条件第 9 条规定了竣工试验的相关内容,竣工试验主要适用于基础设施项目中的污水处理、供水供电、垃圾处理等项目,是指在工程竣工验收前,根据《示范文本》(2020)通用合同条件第 9 条[竣工试验]要求进行的试验。竣工试验是工程总承包合同的重要组成部分,是保证建设项目符合国家相关强制性标准、竣工验收标准和发包人设计要求等的基础和重要环节,也是对工程项目的设计、采购、施工范围完成情况和质量的全面考核。

不同于工业生产型项目,基础设施项目需要进行竣工试验的项目数量相对较少。以污水处理项目为例,污水处理厂的竣工试验分为单车试验和联动试车(将在下文讨论)两大步骤。单车试验,又称单体试验,是在无负荷状态下对单体设备进行试运转,其目的是检验该设备或仪器仪表制造质量无内在缺陷,确认其安装质量符合要求且其机械性能满足规定要求。

单车试验是单台设备具备试运转条件的试车,以安装分部分项工程已经竣工为前提。以污水处理项目为例,设备单车试验应具备的条件为:(1)主机及附属设备已就位、找平、找正,检查及调整等安装工作全部结束,且有齐全的安装记录;(2)设备基础的二次灌浆已达到设计强度;(3)与设备试车有关的水、电、气等公共系统已接通并满足使用要求,设备接地良好且安全可靠;(4)防护用具、安全网罩已安装就位,阀门安装正确,启闭灵活可靠;(5)全场消防验收已完成且合格。具体规定可以参照化学部《关于化学工业大型装置生产准备及试车工作规定》和《冶金工业建设项目竣工验收办法》的有关规定。

进行单车试验除应具备上述具体条件外,还须完成相关的准备工作,包括但不限于:(1)承包人提交了[操作和维修手册]等合同要求的竣工验收文件,已经为发包人的相关技术、管理人员提供了专业培训,完成了"三查四定"中应整改的问题等;(2)承包人已至少提前42天向工程师提交了详细的竣工试验计划并得到了发包人的认可;(3)发包人安排了具体进行试验管理和操作的人员,提供了试验所需要的燃料、动力等。

注意事项

1.关于单车试验条件,应根据具体项目类型和特征进行细化,且细化的内容也应根据项目特点有所侧重。

2.承包人应重视对试验方案的编写。试验方案的内容主要包括试验目的,试验组织、试验负责人及参加试验的人员,试验必须具备的条件,试验所需准备工作即检查内容的目录,试验所需外部协作条件及临时设施的方案,试验所需原料、燃料以及备品备件等物资清单,试验工艺条件和控制指标,试验程序和进度表,开、停机及紧急事故处理的程序与要求,试验费用预算等。应当注意的是,对于国家重点建设项目的总体试验方案,还应报主管部门审批后才能执行。

3.承包人是竣工试验的实施者和责任人,这是界定责任的前提。单车试验和联动试车是工程总承包单位合同义务的一部分,主要与设备安装施工有关,故单车试验和联动试车的实施者是工程总承包单位,发包人提供必要辅助,并派技术人员在总承包单位的指导下参与试验。故而,即使工程实体已经完工,工程未顺利启动单车试验的责任主体仍然是承包人,承包人须对未能顺利启动单车试验并非自身原因负举证责任。

对于试验日期因发包人原因被延误 14 天以上的,发包人应承担由此增加的费用和工期延误,并支付承包人合理利润。同时,承包人应在合理可行的情况下尽快进行竣工试验。

若总承包单位未能举证是由于发包人原因或者其他非承包人原因导致工程未进入单车试验阶段的,按照《民事诉讼法》等规定应承担举证不能的不利后果。

4. 虽然单车试验的实施主体是工程总承包单位,但该试验所需要的电力、动力、燃料等涉及发包人协助的,也应当在此明确。

(二)第二阶段,如对联动试车、投料试车等的要求,包括人员、设备、材料、燃料、电力、消耗品、工具等必要条件

┃条文扩充┃

(二)第二阶段,如对联动试车、投料试车等的要求,包括人员、设备、材料、燃料、电力、消耗品、工具等必要条件。

1. 联动试车条件

(1)承包人已经提供符合要求的联动试车方案。

(2)联动试车前须整改项目已经整改完毕。

(3)联动试车前已经完成相关现场检查,包括:_____。

(4)承包人已经提供联动试车所需要相关技术文件、培训指导,包括:_____

_____。

(5)满足以下法律法规以及相关规范标准中的试车要求:_____

_____。

工程具备联动试车条件,承包人组织试车,试车方案报发包人并在试车前 48 小时通知发包人代表,通知包括试车内容、时间、地点和发包人应做准备工作的要求。发包人相关配合工作,主要包括:_____。

联动试车通过,发包人及承包人在联动试车记录上签字。

2.投料试车条件

（1）承包人已经提供符合要求的投料试车方案。

（2）投料试车前须整改项目已经整改完毕。

（3）投料试车前已经完成相关现场检查，包括：_____。

（4）承包人已经提供投料试车所需要相关技术文件、培训指导，包括：_____

_____。

（5）满足以下法律法规以及相关规范标准中的投料试车要求：_____

_____。

工程具备投料试车条件的，试车方案经发包人同意后由发包人组织试车，发包人应提前将试车内容、时间、地点通知承包人。

投料试车通过，发包人及承包人在投料试车记录上签字。

竣工试验过程中产生的收益归发包人所有。

编写说明

联动试车是在整套系统设备已完成单机调试且合格的基础上进行的各设备相互联动的试车，一般是检验各设备相互连锁的功能；投料试车顾名思义就是加入原料的试运行，在工业项目中投料试车环节最为典型，是一个工业生产装置或一个辅助生产装置，在完成单机试车、联动试车后，再投入物料试车。投料试车环节在市政基础设施项目中仍有适用余地，如危险废物集中处理等建设项目。

联动试车和投料试车是对总承包范围内设计、采购与施工各阶段工作的集中考核与检验，因此试车服务为工程总承包工作的有机组成部分。总承包单位从详细设计开始即应考虑试车问题，应组织开车人员参与设计或设计审查工作，从各方面保证一次试车成功。

联动试车和投料试车工作，必须明确试车相关准备工作，由发包人和总承包单位共同组织并成立相关的试车领导小组，其中总承包单位为技术核心，具体试车工作可区分为发包方的试车职责和总承包方的试车职责。联动试车和投料试车工作同时应按照相关组织程序进行，即试车计划—业主确认—试车—记录—确认记录。

本条的编写包括联动试车和投料试车的条件和程序两部分。就试车条件来说,总承包单位应提供详细的联动试车方案和投料试车方案,包括调试进度计划,各阶段安全、操作、维护要领;进行试车前的方案技术交底;试车前的现场检查,确保系统完善、故障已排除、安全措施已落实、对外所有接口正确;完成试车前提出的必要整改项目已整改完成;监测试车运转过程,按程序调校设备参数,确保运行正常。

具备联动试车条件的,联动试车由总承包单位组织,发包人提供相关配合工作;投料试车由总承包单位组织,发包人负责提供试车用原材料、燃料动力等,提供的配套装置应具备投运条件,发包人应安排生产管理人员、技术人员、操作人员参与试车。

注意事项

1. 联动试车和投料试车分属不同的流程,建议区分开来,作出详细约定。从试车程序上来说,联动试车与单车试验更为接近,但是从工程完成程度和状态来看,联动试车与投料试车更接近,联动试车和投料试车阶段工程设备基本处于完工状态,整体已经安装建设完成。

2. 注意《示范文本》(2020)通用合同条件第9.1.2项约定的是提前42天提交详细的竣工试验计划,本条规定的是提前48小时通知发包人试车工作内容,两者关于时间规定是有区别的。通用合同条件规定的内容主要是竣工试验计划,计划须提前报送工程师,经工程师审批同意后才能进行,故提前通知的时间较长。待相关准备工作完成后,在试车前48小时通知发包人代表,有利于试车工作的顺利进行。

3. 注重过程资料管理。从工程总承包的角度来说,联动试车和投料试车的程序启动和提供配合工作都需要保留相关证据,以证明己方主动发起了联动试车阶段和为投料试车提供了相关技术指导与配合工作。

从发包人的角度来说,主要是投料试车阶段,要保留提供原材料、燃料、动力等相关证据。

4. 重视试车原始记录的编写和存档。试车记录应在试车过程中同步完成,对于该结果应由发承包双方签字认可,并可作为佐证试车过程是否顺利、试车结果是否合格的书面证据。

5.虽然单车试验、联动试验等由工程总承包商负责,但试验所需原料、材料、动力、电力等通常应由发包人负责并承担费用,为了避免争议,双方当事人应在合同专用条款中对试验所涉费用负担进行明确约定。

(三)第三阶段,如对性能测试及其他竣工试验的要求,包括产能指标、产品质量标准、运营指标、环保指标等

条文扩充

(三)第三阶段,如对性能测试及其他竣工试验的要求,包括产能指标、产品质量标准、运营指标、环保指标等。

本工程的指标考核按照本合同以下条款进行:

1.重要指标考核

下列所述的重要指标经考核后还达不到规定的考核值,并不影响本合同工程的正常使用,则承包人应根据合同相关条款进行赔偿。

(1)产能指标:＿＿＿＿＿＿＿＿＿＿＿＿＿。

(2)产品质量标准:＿＿＿＿＿＿＿＿＿＿＿。

(3)产品产能指标:＿＿＿＿＿＿＿＿＿＿＿。

(4)运营指标:＿＿＿＿＿＿＿＿＿＿＿＿。

(5)环保指标:＿＿＿＿＿＿＿＿＿＿＿＿。

(6)其他重要指标:＿＿＿＿＿＿＿＿＿＿＿。

2.非重要指标考核(如有):＿＿＿＿＿＿＿＿。

3.考核时间和程序:＿＿＿＿＿＿＿＿＿＿＿。

指标考核第一次存在单项不合格的情况下,须进行第二次和第三次指标考核。在承包人尽最大努力的情况下,最终考核仍有不合格的单项指标,但工程本身满足国家强制性标准或规范的,整体功能或产能符合发包人要求的最低标准的,经双方协商,承包人赔偿发包人相应经济损失,达不成协议的按照争议解决方式约定处理。如因发包人的原因不能满足考核指标的前提条件或者导致指标考

核无法正常进行或者导致考核不合格的,在承包人提出申请后 56 天之后,该部分未能进行考核或者考核不合格的指标视为合格。

任何一方对测试结果有异议的,可以将检测样品送至双方接受的权威机构(或委托机构)检测,检测费用由责任方负责。

编写说明

1. 指标的考核是对于发包人合同目的能否实现的考核,不同项目考核的指标重点不同,对应考核指标应采取穷尽列举的方式,且应区分重要指标和非重要指标。同时,即使是重要指标也可以根据是否影响本合同工程的正常生产,区分为必须达到的最低指标(否则工程无法使用)和尽量达到的预期指标(否则应承担赔偿责任)。之所以作出上述多层次的区分,是因为工程质量是获得工程价款的对价,考核指标达成情况决定工程最终是否可以达到合格的标准,从而决定了总承包单位是否有权获得合同所约定的工程价款。

2. 约定考核指标应尽量具体化、可量化,避免模棱两可的情况,过于模糊的约定容易导致纠纷的发生。同时,这也是对于工程总承包项目发包的要求。《工程总承包管理办法》第六条第二款规定"建设内容明确、技术方案成熟的项目,适宜采用工程总承包方式",即项目在发包时必须建设内容足够明确、技术方案比较成熟,发包人对于其预期想达到的效果已经可以具体化,建设成果可以量化为具体的指标数据,各项考核指标应符合国家有关安全质量的各项规定,且不得低于国家强制性标准。

3. 本条在约定考核指标的同时,还需要对于达不到指标的违约赔偿计算方法、赔偿限额(如有)在专用条款进行约定。

4. 对于考核时间和程序的约定应符合具体项目的特征。考核时间一般为被测试装置能稳定安全运行时;考核程序除了包括发承包双方的权利义务,还会涉及精密仪器仪表、设备在考核前的标定、检定(该标定、检定情况应经双方共同确认),应急情况以及处理等。

注意事项

1. 关于考核指标约定的细化程序,应以可准确实现发包人建设项目预期目的为准。并不存在千篇一律可适用于所有项目的考核指标,但主要包括产能指标、产品质量标准、产品产量指标、运营指标、环保指标几种类型,以上指标仍需要继续细化。

2. 重要考核指标中必须达到的最低指标标准应明确、合规、科学合理。达不到最低指标标准意味着整个工程或区段工程丧失了生产、使用功能,发包人可拒收工程或区段工程,并有权解除合同。对于该部分指标产生争议时,往往争议较大,建议在订立合同时就参考初步设计文件、国家标准或者行业标准准确约定,最低指标标准应不低于国家强制性标准。

3. 对于指标的考核而言,必须关注的风险因素就是当发包人提供的相关技术参数或数据及原料质量与设计基础出现偏差时,考核时的指标应如何纠偏或者确定责任的问题。对于特定领域的生产性项目,发包人提供的相关技术参数或数据及原料对于产品的影响、发包人合同目的实现至关重要,相关技术参数或数据及原料由发包人提供,但是考核指标是否合格又属于工程总承包单位的责任。故,总承包单位和发包人都应该提前界定好原料的规格标准以及出现偏差时对于考核结果的纠偏措施。

4. 对于赔偿的约定。对于赔偿的约定需要考虑两方面的因素:一是赔偿的计算方法应该公平合理;二是通过设定一定的赔偿限额来平衡双方的权利义务。例如,对于污水工程的污水指标处理能力,可以约定每降低处理能力1%,承包人赔偿不达标工程价款的1%,并通过设定最高赔偿限额的方式达成发承包双方权利义务的平衡。

5. 结合项目的特点,参照国际EPC项目竣工试验各阶段的流程,明确单车试验、联动试车组织者是工程总承包商,发包人提供必要辅助。根据不同阶段,对试车准备、试车时间、试车工作流程的要求作出具体约定,并确定延误试验的风险责任。

【相关案例】

【案例一】慈溪市排水有限公司、杭州建工集团有限责任公司建设工程合同纠纷案

【基本信息】

审理法院：浙江省宁波市中级人民法院

案号：(2017)浙02民终3230号

【裁判观点】

根据合同第4.3条约定，工艺调试完成，通过环保部门达标验收合格且环保部门出具书面报告后一周内付合同额的50%，第4.2条约定，业主应确保建安工程验收合格后15个日历天内原告能具备工艺调试运行的供电、污水量等主要条件。若因被告原因项目建安工程验收合格后超过3个月还不具备工艺调试运行条件，原告有权要求被告接收本工程并办妥一切移交手续，出具综合验收报告。根据合同约定，被告支付合同额50%工程款的条件是工艺调试完成，通过环保部门的验收合格且环保部门出具书面报告。

【案情摘要】

慈溪市排水有限公司(以下简称排水公司)于2007年12月编制发布了涉案工程的招标文件，2008年1月18日经开标、评标后，最终确认由杭州建工集团有限责任公司(以下简称建工公司)和浦华控股有限公司(以下简称浦华公司)组成的联合体为中标单位，排水公司向联合体发出中标通知书。2008年2月20日建工公司和浦华公司与被告共同签订涉案合同。

合同约定："4.1　建工公司在完成整个系统联动试车合格后，业主出具建安工程验收合格报告，在完成工艺调试运行出水指标合格且运营成本考核合格后出具工程综合验收合格报告。4.2　排水公司应确保建安工程验收合格后15个日历天内建工公司能具备工艺调试运行的供电、污水量等主要条件。若因排水公司原因项目建安工程验收合格后超过三个月还不具备工艺调试运行条件，则建工公司有权要求排水公司接收本工程并办妥一切移交手续，出具工程综合验收报告。4.3　工程工艺调试完成，通过环保部门达标验收合格，且环保部门出具书面报告后一周内排水公司付合同额的50%，综合验收合格出具书面报告后满一年付至合

同结算价的99%,余款1%作为工程保修金在综合验收后满两年付清。排水公司原因造成工程延期,排水公司应向建工公司支付已完成部分工程延期利息(年利率9%,不下浮)。4.4 工程建安工程验收合格具备通水条件后,如由于排水公司原因还不具备工艺调试运行条件(水量不足设计水量的70%)造成不能如期综合验收,建工公司应确保通水运营,排水公司将视同按第4.3条付款,但每期付款前必须确保运营出水指标达标。4.5 工程通过综合验收后建工公司将完整地把工程移交给排水公司,并相应地把工程档案和其他国家和行业规定应当移交的设施、物品等移交给排水公司。由于排水公司原因不能按时验收,排水公司将视同按第4.3条付款。开工及完工时间为合同工期共15个月,3个月设计(含初设、勘查、施工图设计),9个月建安工程完工(含单机调试)且验收合格,3个月内工艺调试合格及综合验收合格移交。"

涉案工程于2008年8月25日开工,建安工程(除SBR池加盖及除臭工程外)于2009年7月30日完工,2010年9月29日建安工程经各方验收合格。各方共同出具市政工程竣工验收报告一份。工程施工中由于地质、设计技术要求变化、被告对部分建构筑物的要求提高等因素发生了多项变更,并形成相应的联系单、签证单等材料。排水公司委托慈溪市环境保护监测站(以下简称市环保站)对涉案工程分别进行了废水监测和噪声监测。其中排水公司首次委托检测时间为2010年3月24日,市环保站2010年4月19日出具的报告中,多项指标的平均值不符合标准。同年6月21日被告第二次委托环保检测,7月26日市环保站出具的报告显示,仍有部分指标不符合标准。同年8月16日排水公司第三次委托检测,9月13日市环保站出具的报告中载明色度、类大肠菌群的平均值均符合标准。而市环保站出具噪声检测报告的时间为2010年12月23日。经建工公司申请,监理机构批准施工阶段由于其他合同单位交叉施工影响12天、不可抗力18天,综合考虑其他因素,监理机构批准39天的延期申请。调试阶段由于市政管网接通时间延后,进水量不足影响调试进度和效果,监理机构批准调试阶段69天延期。排水公司签署意见认为同意监理意见,同时因施工单位脱水系统、自控采购、安装原因造成36天延期,应由建工公司承担,并建议双方不赔不罚。

【争议焦点】

本案关于竣工试验的主要争议焦点:案涉工程完成竣工试验(工艺调试)的时

间节点,及排水公司欠付工程款的利息起算节点。

原告建工公司认为:排水公司应当自案涉工程完工的 2009 年 7 月 30 日后 3 个月支付合同金额的 50%,但排水公司延误支付,因此应当以同期贷款利率计算利息。

被告排水公司认为:一审法院判决将排水公司实际使用的事实作为工程已移交并视为综合验收合格,并且以此作为计算融资利息的时点,不符合客观实际。因为涉案工程属改建工程,工程已实际接入市政污水管网,排水公司如不使用将对当地生产、生活以及环保带来严重影响,故不能以建设工程未经竣工验收,发包人擅自使用的法律后果来进行判定。

【法院观点】

一审法院认为:根据合同第 4.3 条约定,工艺调试完成通过环保部门达标验收合格,且环保部门出具书面报告后一周内支付合同额的 50%,根据第 4.2 条约定,业主应确保建安工程验收合格后 15 个日历天内原告能具备工艺调试运行的供电、污水量等主要条件。若因被告原因项目建安工程验收合格后超过 3 个月还不具备工艺调试运行条件,则原告有权要求被告接收本工程并办妥一切移交手续,出具综合验收报告。根据合同约定,被告支付合同额 50% 工程款的条件是工艺调试完成通过环保部门的验收合格,且环保部门出具书面报告,根据本案认定的事实,被告先后三次委托检测机构就废水水质进行检测,但前两次检测中均有相关指标不符合标准,直至 2010 年 9 月 13 日出水水质的相关指标才符合有关规定,而噪声检测的报告出具时间为 2010 年 12 月 23 日,由于环保部门未对涉案工程是否完全达标合格出具书面报告,根据环保检测站出具最后一份报告时间 2010 年 12 月 23 日计算,被告应在 2010 年 12 月 30 日前支付合同额的 50%,计 33,763,100.5 元,而被告在 2010 年 2 月 4 日、9 日分别支付 15,000,000 元,12 月 29 日支付 7,000,000 元,已累计支付 37,000,000 元,因此对该期款项支付,被告未出现逾期,不再计取利息。

二审法院认为:原审法院审查认为,根据合同约定,综合验收合格后一周支付合同额的 50%,而不涉及变更增加部分款项支付,综合验收合格后满一年付至结算价的 99%,因此变更增加部分的造价的合同约定支付时间为综合验收满一年,并据此确定融资费用应当计算至综合验收合格后满一年的时间,与合同约定相符,并无不当。现上诉人确认自 2011 年 5 月 5 日起涉案工程已经移交其使用,故原判以上诉人接收使用涉案工程的日期确定为综合验收日期,并据此计算融资费用的截止日期为 2012 年 5 月 5 日,并自 2012 年 5 月 6 日起计算逾期利息,也符合合同约定。

【案例评析】

1. 当事人双方均对工程项目竣工试验不够重视

虽然合同中对于竣工试验有规定,但从双方的履约资料和过程来看,对于竣工试验均没有提及,也没有任何资料表明项目经过了竣工试验,发包人要求的竣工试验条文形同虚设,极有可能造成对发包人不利的结果。

2. 对竣工试验开展的程序和结果约定不明确,双方的权利义务约定不清

为保障项目工程顺利通过竣工综合验收,一般建安工程完工后,首先会对项目工程进行竣工试验,但合同往往对于谁主导竣工试验、如何进行竣工试验、竣工试验不合格时如何处理和责任如何承担等约定不清,建议在合同中予以明确,特别是要明确约定没有通过竣工试验不得进入下一个程序。

3. 如果有证据证明项目工程履约已经进行到竣工试验以后的程序,原则上可以推定为竣工试验已合格,除非有相反的约定和证据证明

如果合同履行到竣工试验以后的程序,特别是经过竣工验收或者建设单位实际投入了使用,则视为竣工试验已经完成并合格,具体完成时间如没有证据能够证明,可以通过竣工验收或者建设单位实际投入使用时间确定。

【案例二】中冶焦耐(大连)工程技术有限公司与黑龙江龙盛达煤化工有限公司建设工程合同纠纷案

【基本信息】

一审法院:黑龙江省高级人民法院

一审案号:(2019)黑民初 17 号

二审法院:最高人民法院

二审案号:(2020)最高法民终 1040 号

【裁判观点】

按照合同约定,中冶焦耐(大连)工程技术有限公司(以下简称中冶焦耐公

司)完工后需组织竣工验收,整个工程的竣工验收大致分实物移交和装置投料试车并考核达标两个阶段执行。根据本案现有证据尚不能认定案涉工程在实物移交后,未完成竣工检验程序系发包人黑龙江龙盛达煤化工有限公司(以下简称龙盛达公司)的原因所致。案涉工程尚未进入保证值考核阶段,竣工检验程序尚未完成。中冶焦耐公司主张案涉剩余工程价款和质保金的给付条件未成就。

【案情摘要】

2012 年 1 月和 2012 年 2 月 28 日,龙盛达公司与中冶焦耐公司分别签订《2×15 万吨煤焦油深加工工程总承包合同》和《2×15 万吨煤焦油深加工工程焦油蒸馏二系总承包合同》(以下简称《总包合同》)。约定龙盛达公司的 2×15 万吨煤焦油深加工工程由中冶焦耐公司总承包。

竣工试验应在中冶焦耐公司提出竣工验收申请之前完成。中冶焦耐公司完工后需组织竣工验收,整个工程的竣工验收分实物移交和装置投料试车并考核达标两个阶段执行。装置投料试车并考核达标,属于竣工检验。竣工检验主要分四个步骤(无负荷试车、负荷试车、保证值考核、竣工验收)。

上述合同签订后,中冶焦耐公司进行施工。施工中,双方当事人及监理单位形成多份《工程中间验收单》,并签订多份《龙盛达焦油加工项目建筑物移交清单》。2013 年 11 月 30 日和 2014 年 6 月 30 日,龙盛达公司在该节点已完单位工程的《建设工程竣工验收报告》上签章。2014 年 2 月 25 日和 2014 年 9 月 17 日,建设工程质量监督站分别针对上述单位工程出具《煤炭工业建设工程单位工程质量认证书》。2014 年 5 月 26 日,龙盛达公司向中冶焦耐公司发送《关于加快竣工验收手续签署工作的函》,表明:"为加快竣工验收手续签署,给后期内业工作争取时间,龙盛达公司与贵项目部协商,在工程基本完工的情况下,先行签署竣工验收手续。但此手续签署后,不免除中冶焦耐公司对工程设计不合理、施工质量不合格和暂时没有完成部分的责任和义务。此部分工程需双方协商确定统一方案后执行。请贵项目部回复明确意见之后,开始竣工验收手续签署。"

【争议焦点】

本案的争议焦点实际上是竣工试验操作流程是否完成,以及工程实物交付是否构成案涉工程已通过质量验收的分歧。

中冶焦耐公司认为：案涉工程于 2014 年 6 月 30 日通过竣工验收，工程已经完成实物交付，合同约定的付款条件已经成就，工程符合合同约定的质量标准和要求，龙盛达公司接受工程并投入试运行后发现的质量问题不属于设计、施工质量问题或设备问题。案涉工程已经移交并转移给龙盛达公司占有，依据最高人民法院《关于审理建设工程施工合同纠纷案件适用法律问题的解释》(已废止)第十三条的规定，龙盛达公司在接受工程并投产使用后，不能又以工程存在质量问题提出抗辩。案涉工程试车过程中存在问题的原因主要是龙盛达公司实际操作不当、原料不合格以及设备长期未投入施工造成的正常损耗。

龙盛达公司认为：中冶焦耐公司只完成了投料试车前的工程和设备的实物移交，未完成后续的投料联动试车、生产考核和竣工验收。案涉工程在投料试车时存在诸多问题，中冶焦耐公司一直没有整改，导致试车屡试屡败，无法进行后续的生产考核和最终竣工验收，龙盛达公司有权拒付包括质保金在内的剩余工程价款。

【法院观点】

一审法院认为：按照《总包合同》约定，中冶焦耐公司完工后需组织竣工检验，包括无负荷试车、负荷试车、保证值的考核、竣工验收和竣工验收资料的移交。单位工程竣工验收并非涉案工程整体验收，仅为竣工验收第一阶段，案涉工程尚未进入生产考核程序，尚未完成竣工验收的第二阶段。中冶焦耐公司虽主张曾书面发函向龙盛达公司申领过接收证书和履约合格证，但在指定期限内未能提交相关证据。中冶焦耐公司无证据证明：(1)试车阶段龙盛达公司提供的原材料不符合约定或者相关行业标准；(2)试车中出现的问题系因龙盛达公司操作人员操作不当所致，即使存在此问题也是中冶焦耐公司对操作人员的培训辅导未达到约定效果所致；(3)按约定设备质量问题应由中冶焦耐公司承担。中冶焦耐公司主张工程联动负荷试车过程中出现的问题系由龙盛达公司过错所致，没有事实根据。据此可以认定中冶焦耐公司未能完成《总包合同》约定的义务。中冶焦耐公司诉请龙盛达公司给付工程款 58,140,470.63 元及迟延利息，缺乏事实和法律依据，法院不予支持。

二审法院认为：双方当事人在合同中约定案涉工程为"交钥匙工程"，承包人中冶焦耐公司负责工程设计、设备材料采购、施工至工程试运行、投产达产达标等全过程和最终效果。按照《总包合同》约定，中冶焦耐公司完工后需组织竣工验收，整个工程的竣工验收大致分实物移交和装置投料试车并考核达标两个阶段执行。实物移交,是指在单机试车后、联动试车前向发包人龙盛达公司办理工程及设备中间交接;承包人于装置投料试车系统产出合格产品并考核达标后向业主办理工程竣工手续。装置投料试车并考核达标,属于竣工检验。根据本案现有证据尚不能认定案涉工程在实物移交后,未完成竣工检验程序系发包人龙盛达公司的原因所致。案涉工程尚未进入保证值考核阶段,竣工检验程序尚未完成。中冶焦耐公司主张案涉剩余工程价款和质保金的给付条件未成就。

【案例评析】

《民法典》第七百九十九条规定:"建设工程竣工后,发包人应当根据施工图纸及说明书、国家颁发的施工验收规范和质量检验标准及时进行验收。验收合格的,发包人应当按照约定支付价款,并接收该建设工程。建设工程竣工经验收合格后,方可交付使用;未经验收或者验收不合格的,不得交付使用。"笔者从国内有关法律法规出发,结合国际EPC项目竣工试验流程和通常做法,对此案作出相关解析。

1. 本案总承包商是否完成了竣工试验操作流程,以及发包人应否支付约定工程款问题

工程总承包模式下,承包商是否完成竣工试验判别标准有两点:一是完成各阶段竣工试验后,工程师是否签署承包商提交的试验结果报告;二是完成各阶段竣工试验后,工程师超出合同约定的回复期限,没有回复承包商的,视为认可竣工试验结果。承包商提出试验结果的前提是完成各阶段竣工试验,即完成竣工试验操作流程。只有不可归责于总承包商的原因导致竣工试验未完成或者不合格的,承包商可以免责。目前,国内关于工程总承包的法律、法规和规范性文件比较欠缺,兼之不同类型建设项目的差异,竣工试验的操作流程成为实务中如何规范的难题。

(1)工程项目的竣工试验通常流程和试验内容

不同的生产型建设项目竣工试验的内容可能有所不同,但是竣工试验流程一般包括单车试验、联动试车、投料试车,试运行等,对产能指标、产品质量标准、运营指标、环保指标等各项性能进行测试。完成各阶段竣工试验,竣工试验合格,且生产考核通过,承包商方可申请办理工程竣工验收手续,工程竣工验收合格后,工程交付使用。

(2)国际EPC项目竣工试验的通常做法

国际EPC项目对于工程竣工试验和移交,通常由业主与承包商根据交易习惯

等在合同中进行约定。针对国际 EPC 项目,应用较多的就是 FIDIC 合同文本。FIDIC 合同规定的竣工试验包括三个阶段:①启动前试验,针对的是每项生产设备的试验,证明单位设备已经完工;②启动试验,针对的是单位工程,空负荷试运、带负荷试运,证明工程投料试运合格;③试运行,针对的是整个工程,包括性能测试。

就本案而言,发承包双方在合同中约定,竣工检验包括无负荷试车、负荷试车、保证值的考核、竣工验收四个阶段。中冶焦耐公司自述,案涉焦油深加工工程进行过整体负荷试车(投料试车),但部分工程没有达标;案涉工程尚未进入生产考核程序,部分装置没有达到 72 小时稳定运行的标准。由于负荷试车检验没有完成,下一阶段保证值的考核检验没有进行,故竣工试验程序没有完结。

虽然中冶焦耐公司主张,案涉工程试车过程中出现的问题系由龙盛达公司原材料、操作或者设备质量问题造成的,但未能完成相关举证。因此,中冶焦耐公司应承担竣工试验操作程序没有履行完毕的责任和后果。由于中冶焦耐公司未完成《总包合同》约定义务,其请求支付约定工程款不成立。

2. 涉案工程实物交接,是否表明发包人已放弃验收权

根据最高人民法院《关于审理建设工程施工合同纠纷案件适用法律问题的解释(一)》第十四条"建设工程未经竣工验收,发包人擅自使用后,又以使用部分质量不符合约定为由主张权利的,人民法院不予支持"的规定,发包人放弃验收权的条件一是建设工程未办理竣工验收手续;二是发包人擅自使用。2014 年 5 月 26 日,龙盛达公司向中冶焦耐公司发送《关于加快竣工验收手续签署工作的函》,进一步说明中冶焦耐公司合同义务没有完成,加快办理竣工验收手续签署的目的是给后期内业工作争取时间。

3. 涉案工程由于竣工试验操作程序尚未完成,还不具备办理竣工验收手续的约定条件,因此,一、二审法院认定案涉工程未办理竣工验收手续。中冶焦耐公司虽然主张其向龙盛达公司申请过竣工证书,但没有提供证据予以佐证。按照《总包合同》约定,竣工验收分两阶段执行:于单机试车后联动试车前向业主(龙盛达公司)办理工程及设备中间交接,即实物移交……于装置投料试车出合格产品并考核达标后向业主办理工程竣工手续。本案实物移交也只是说明工程及设备的中间交接,并非竣工试验完成,不构成竣工验收和工程接收,也非龙盛达公司擅自使用。故此,二审法院认定,案涉工程不同于一般实物交接的建设工程,案涉工程

尚不具有适用最高人民法院《关于审理建设工程施工合同纠纷案件适用法律问题的解释(一)》第十四条"建设工程未经竣工验收,发包人擅自使用后,又以使用部分质量不符合约定为由主张权利的,不予支持"规定的条件,中冶焦耐公司根据该条规定主张案涉工程存在的问题仅仅是工程验收合格后的质量维修问题,缺乏事实和法律依据。

工程总承包项目旨在交付满足合同使用功能、具备合同使用条件的工程,因此竣工试验是整个项目的关键环节,是工程总承包商申请竣工验收的前提条件,也是检验工程总承包商是否按合同约定设计和施工的最重要的环节。如前所述,国内工程项目的竣工试验规范性规定不够明确,竣工试验操作流程规范还不具体,工程总承包商更应当重视在合同中对竣工试验问题予以明确。竣工试验应按顺序分阶段进行,上一阶段试验通过后下一阶段试验才可进行。各阶段试验完成后,试验结果报告的提交与回复作为竣工试验流程完成以及是否合格的依据,注意将试验结果报告与竣工验收工作和工程接收工作的启动相关联。明确不可归责于承包商的原因导致工程未能完成竣工试验的具体情形,主要包括发包人未组织投料试车、发包人未提供相关配合工作、发包人提供的原材料质量不符合相关规定。

第七节　竣工验收

条文扩充

七、竣工验收:＿＿＿＿＿＿＿＿。

编写说明

竣工验收是指承包人完成了合同约定的各项内容后,发包人按合同要求的范围和标准、《发包人要求》及国家相关规定等进行的验收。竣工验收是全面考核建设工作成果,检查设计、施工、设备和生产准备工作的质量、安全、投资、工期等内容的重要环节,对促进建设项目及时投产,发挥投资效益,总结建设经验有重要作用。凡新建、扩建、改建的基本建设和技术改造项目,按批准的设计文件所规定的内容建成后,应及时组织竣工验收。

鉴于《示范文本》(2020)第10条已经对竣工验收作出了详细的规定,包括竣工验收条件、竣工验收程序、单位/区段工程的验收三个方面,在此无须赘言。发包人如对竣工验收有特别要求的,或者《发包人要求》对于各类指标、参数、功能、产能、工艺等有特殊约定,也应在本处竣工验收的要求中有所明确。

注意事项

发包人要求的竣工验收规定应区别于《示范文本》(2020)中的约定,《发包人要求》的竣工验收约定应是针对具体项目的特点,尤其是工艺特点、工期特点、投产节点等设计的有针对性的、个性化的约定,《示范文本》(2020)中通用合同条件和专用合同条件应针对竣工验收流程和双方的权利义务。

承包人完成全部合同工作内容后,发包人按总承包合同要求和国家验收规范进行验收。发包人和承包人提供各项竣工资料应符合国家验收要求,承包人向监理单位报送验收申请报告,监理人审查后确认具备验收条件的,由发包人进行工程验收。经验收合格发包人同意接收工程的,由监理人向承包人出具发包人签收的工程接收证书,工程竣工验收合格之日为实际竣工日期。

在设计竣工验收的程序和要求时,应特别注意以下几种风险对竣工验收的影响:

1. 发包人前期工程建设审批手续不齐全无法进行竣工验收的风险

基于建设工程产品的特殊性,其不同于其他工业类产品,对自然资源特别是土地的依赖程度非常深,工程的建设关乎土地的合理使用、城乡规划、公共安全等社会公共利益。国家在建设工程领域实行严格的审批制度,例如,《城乡规划法》第四十条第一款规定:"在城市、镇规划区内进行建筑物、构筑物、道路、管线和其他工程建设的,建设单位或者个人应当向城市、县人民政府城乡规划主管部门或者省、自治区、直辖市人民政府确定的镇人民政府申请办理建设工程规划许可证。"第三十七条和第三十八条规定了建设工程必须办理用地规划许可证。《建筑法》第七条第一款规定："建筑工程开工前,建设单位应当按照国家有关规定向工程所在地县级以上人民政府建设行政主管部门申请领取施工许可证;但是,国务院建设行政主管部门确定的限额以下的小型工程除外。"而上述有关审批程序、证照的办理是办理竣工验收的前提条件,也是发包人的法定义务,对此《房屋建筑和市政基础设施工程竣工验收规定》第五条作出了规定。

2. 承包人不配合竣工验收的风险

竣工验收在法律上对应的是合法使用的概念,《建筑法》第六十一条第二款规定："建筑工程竣工经验收合格后,方可交付使用;未经验收或者验收不合格的,不得交付使用。"但是实践中存在工程完成后,承包人不配合提供相关技术档案和施工管理资料,导致发包人无法组织竣工验收的情况。对此,笔者建议双方在合同专用条款中对于承包人竣工验收的配合义务进行专门的约定,并约定相应的违约责任。

3. 发包人未经竣工验收即提前使用的风险

尽管《建筑法》第六十一条明确规定了建设工程未经竣工验收合格不得交付使用,但实践中常有发包人为了急于投产等其他原因,在未经法定验收程序的情况下将工程提前投入使用,由此导致后期施工单位在验收程序上不予配合,甚至以此为由不予履行缺陷责任修复义务,也导致后期就质量缺陷是工程总承包商设计施工原因还是发包人使用原因发生争议。最高人民法院《关于审理建设工程施工合同纠纷案件适用法律问题的解释(一)》第十四条规定："建设工程未经竣工验收,发包人擅自使用后,又以使用部分质量不符合约定为由主张权利的,人民法院不予支持;但是承包人应当在建设工程的合理使用寿命内对地基基础工程和主体结构质量承担民事责任。"《建设工程质量管理条例》第五十八条规定："违反本条例规定,建设单位有下列行为之一的,责令改正,处工程合同价款百分之二以上百分之四以下的罚款;造成损失的,依法承担赔偿责任;(一)未组织竣工验收,擅自交付使用的……"由此可见,发包人应避免未经验收擅自使用及特殊情况下提前使用可能产生的风险。

【相关案例】

【案例】中冶赛迪工程技术股份有限公司与成渝钒钛科技有限公司、四川省川威集团有限公司建设工程施工合同纠纷案

【基本信息】

一审法院：重庆市高级人民法院

一审案号：(2015)渝高法民初字第00005号

【裁判观点】

中冶赛迪工程技术股份有限公司(以下简称中冶赛迪公司)与成渝钒钛科技有限公司(以下简称成渝钒钛公司)签订《工程总承包合同》，中冶赛迪公司是否需承担竣工违约责任为庭审焦点之一。最终法院认定：因双方合同约定以交工试验的时间确定竣工日期，而成渝钒钛公司提交的证据为投入生产时间，且交工试验时间早于投入生产时间，故中冶赛迪公司无须承担违约责任。

此外，成渝钒钛公司应于诉讼时效内向中冶赛迪公司主张违约责任，因其已过诉讼时效，故对其主张无法支持。

【案情摘要】

成渝钒钛公司于2011年为开发钒资源综合利用项目，与中冶赛迪公司达成项目总承包合意，由中冶赛迪公司承建成渝钒钛公司开发的威钢新区钢厂EPC工程项目，并就该工程项下子工程分别签订了12份承包合同。其中主要有：

1. 成渝钒钛公司与中冶赛迪公司签订《冶炼主体工程合同》，专用条款第4.4.3项约定"本合同按照承包范围包括交工试验的约定确定竣工日期：第一座高炉为合同生效后的第380天；第二座高炉为合同生效后的第440天"。第8条对交工试验进行了约定；第9条对工程接收进行了约定；第10条对交工后试验进行了约定；第12条对工程竣工验收进行了约定。

2. 同日，成渝钒钛公司与中冶赛迪公司签订的《冶炼配套工程合同》《3×120吨转炉炼钢、连铸工程合同》，合同协议书第10.2款约定逾期违约责任、合同专用条款第4.4.3项、第8条、第9条、第10条、第12条的约定均与《冶炼主体工程合同》的约定相同。

3. 2011年7月19日，成渝钒钛公司与中冶赛迪公司签订了《含钒材料压力加工工程合同》,第4.6条约定:"(一)总工期。本合同项下总工期是指合同生效之日至工程竣工日期之间的期间。"

4. 2011年11月5日,成渝钒钛公司与中冶赛迪公司签订《转炉、焦炉煤气柜合同》《高炉煤气柜工程合同》,两份合同的第10.2款均约定:"当总工期逾期但不影响下一步主体工艺投产时,发包方应免于承包方的逾期考核。"

5. 2011年11月5日,成渝钒钛公司与中冶赛迪公司签订《110kV变电站及配套供电网络工程合同》《110kV钢轧变电站及配套供电网络工程合同》,两份合同的第10.2款均约定:"若因承包人原因不能按期竣工投产,每逾期一天,承包人应按五万元/天的标准向发包人支付逾期违约金(当节点工期与总工期同时逾期时,只考核总工期逾期违约金),如由此给发包人造成损失的,还应给予赔偿,累计最高赔偿金额为:不超过合同价款的5%。当总工期逾期但不影响下级单元用电时,发包方应免于承包方的逾期考核。"

项目履行情况:

1. 2014年4月2日《110kV变电站及配套供电网络工程(含110kV电缆线路工程)竣工验收报告书》载明:"一、开工日期2012年2月,验收日期2014年4月2日……二、……(三)工程质量评定,分部工程全部合格……工程竣工验收结论:工程从2012年2月破土动工,铁前变电站于2012年9月16日投运成功,钢轧变电站于2012年9月23日投运成功,投产以来运行顺稳……"

2. 2014年7月25日《含钒材料压力加工工程竣工验收报告书》载明:"一、开工日期2011年10月18日,验收日期2014年7月25日……二、……(三)工程质量评定,分部工程全部合格……工程竣工验收结论:工程自2011年10月开工建设,2012年11月4日中棒生产线投产,2013年2月1日小棒生产线投产,2013年7月16日高线生产线投产。2013年10月至2014年7月,业主方、总包方及监理方组成工程验收小组,先后对小棒、中棒和高线生产线的工程实体、硬件合规性和功能进行了考核验收,各方确认……"

3. 2014年7月30日《3×120转炉炼钢、连铸工程竣工验收报告书》载明:"开工日期2011年11月8日,验收日期2014年7月30日……二、……(三)工程质量评定,分部工程全部合格……工程竣工验收结论:成渝钒钛公司3×120吨转炉炼钢、连铸工程项目于2012年11月23日1号、2号转炉和1号连铸机投产,2013年

2月25日3号转炉投产,并由业主方、工程总包方及工程监理三方组成了工程验收小组于2013年11月至2014年6月多次组织工程预验收……"

4. 2014年7月31日《煤气柜工程竣工验收报告书》载明:"一、开工日期2011年12月25日,验收日期2014年7月26日。……二、……(三)工程质量评定,分部工程全部合格……工程竣工验收结论:工程从2011年12月底开工建设,焦炉、高炉和转炉煤气柜先后于2012年9月至11月成功投运,投产以来情况良好。2013年10月至2014年7月,由业主方组织总包方、监理方对煤气柜项目进行了考核验收、整改……"

5. 2014年9月19日《炼铁工程竣工验收报告书》载明:"一、开工日期2011年10月5日,验收日期2014年7月30日……二、……(三)工程质量评定,分部工程全部合格……工程竣工验收结论:7号高炉于2012年11月28日、6号高炉于2013年2月27日点火投入生产,2013年11月至2014年6月,由业主方、工程总包方及工程监理方组成工程验收小组,对工程进行了验收……"

2015年10月27日,成渝钒钛公司向中冶赛迪公司发出《关于支付逾期违约金的函》,载明:中冶赛迪公司承建的轧钢,炼钢,炼铁,转炉、焦炉煤气柜,高炉煤气柜,110kV钢轧变电站,110kV铁前变电站七个项目未按时完成投运,应向成渝钒钛公司支付工期逾期违约金14,131.8万元。

【争议焦点】

成渝钒钛公司认为:

1. 2011年7月19日,成渝钒钛公司与中冶赛迪公司签订《钒资源综合利用项目钒钛冶炼主体工程总承包合同》(以下简称《冶炼主体工程合同》)、《冶炼配套工程合同》,约定中冶赛迪公司以总承包方式承接成渝钒钛公司炼铁工程,并约定工期为:完成第一座高炉交工试验时间为380天,完成第二座高炉交工试验时间为440天,自合同生效之日起计算。该工程第一座高炉于2012年11月28日才点火投入生产,逾期115天;第二座高炉于2013年2月27日才点火投入生产,逾期143天。按照合同约定,中冶赛迪公司应向成渝钒钛公司支付工期逾期违约金5990万元。

2. 2011年7月19日,成渝钒钛公司与中冶赛迪公司签订《钒资源综合利用项目3×120吨转炉炼钢、连铸工程总承包合同》(以下简称《3×120吨转炉炼钢、连铸工程合同》），约定完成该工程中1号、2号转炉交工试验工期为380天，完成3号转炉交工试验工期为410天。该工程迟延至2012年11月23日才完成1号、2号转炉的交工试验，逾期107天；2013年2月25日才完成3号转炉的交工试验，逾期172天。按合同约定，中冶赛迪公司应当支付工期逾期违约金3527.4万元。

3. 2011年7月19日，成渝钒钛公司与中冶赛迪公司签订《钒资源综合利用项目含钒材料压力加工工程总承包合同》（以下简称《含钒材料压力加工工程合同》），约定工期：完成合金棒材交工试验时间为380天，完成型钢材交工试验时间为440天。2012年11月4日中棒生产线投产，2013年2月1日小棒生产线投产，2013年7月16日高线投产。其中，中棒工程逾期90天，高线工程逾期284天。按照合同约定，中冶赛迪公司应当支付工期逾期违约金3002.55万元。

4. 2011年11月5日，成渝钒钛公司与中冶赛迪公司签订《转炉、焦炉煤气柜工程合同》，约定2012年9月15日完成所有煤气柜交工试验并交付。但焦炉煤气柜工程于2012年11月14日完成，逾期90天，按照合同约定，中冶赛迪公司应当支付工期逾期违约金385.35万元。

5. 2011年11月5日，成渝钒钛公司与中冶赛迪公司签订《钒资源综合利用项目高炉煤气柜工程总承包合同》（以下简称《高炉煤气柜工程合同》），约定2012年8月15日完成高炉煤气柜交工试验并交付。该工程实际于2012年11月28日完成交工试验，逾期104天。按照合同约定，中冶赛迪公司应当支付工期逾期违约金338万元。

6. 2011年11月5日，成渝钒钛公司与中冶赛迪公司签订《钒资源综合利用项目110kV变电站及配套供电网络工程总承包合同》（以下简称《110kV变电站及配套供电网络工程合同》），约定2012年5月31日完成110kV变电站投运试验并投运。该工程实际于2012年9月16日投运，逾期107天。按照合同约定，中冶赛迪公司应当支付逾期完工违约金436万元。

7. 2011年11月5日，成渝钒钛公司与中冶赛迪公司签订《110kV钢轧变电站及配套供电网络工程合同》，约定2012年5月31日完成110kV钢轧变电站投运试验并投运。该工程实际于2012年9月23日投运，逾期114天。按照合同约定，中冶赛迪公司应当支付工期逾期违约金452.5万元。

中冶赛迪公司认为：

1. 案涉 6 个总包工程虽然都是 EPC 总承包项目，但其中也包含了发包人应完成的工作内容。根据合同约定，因发包人原因造成承包人进场时间延误的；发包人未能按约定的类别和时间完成节点铺设，使开工时间延误的；发包人未能按约定的品质和数量提供水、电等，导致工程关键路径延误的，竣工日期相应顺延。

2. 案涉炼铁、炼钢、轧钢、煤气柜总包工程的通用条款将"交工试验"定义为：工程建筑、安装完工后，被发包人接收前，按合同约定应由承包人负责进行的冷试车，包括单机试车、子系统试车、无负荷联动试车。故炼铁、炼钢、轧钢、煤气柜总承包工程总工期计算截止点应为交工试验日期。投产日期，是在工程交工试验完成，并经过了工程接收、交工后试验、试运行考核等阶段后，业主方即成渝钒钛公司根据自身安排投入原材料、正式投产运行的时间。对此，成渝钒钛公司在庭审中也认可工期截止日期应为交工试验日期，故其反诉请求以投产日期作为计算工期截止日期的计算方法不正确。根据双方举示的证据显示，影响交工试验日期的因素众多，包括成渝钒钛公司办理施工许可证逾期、支付工程进度款逾期、成渝钒钛公司指定的分包人汇源钢构公司钢结构进度滞后、内江星原电力集团负责的 110kV 变电站临时供电工程逾期、天气连续降雨以及图纸变动等。对于各种原因导致的工期延误，通过监理协调会等形式，成渝钒钛公司同意对工期予以调整。针对调整后的工期，中冶赛迪公司并没有延误。

3. 案涉《110kV 变电站及配套供电网络工程合同》及《110kV 电缆线路工程合同》的合同专用条款约定了总工期的截止时间为投产时间。前述两份合同第 10 条约定："当总工期逾期但不影响下级单元用电时，发包方应免于承包方的逾期考核。"根据本案各工程《竣工验收报告书》显示的投产时间，110kV 变电站总包工程（含电缆线路总包工程）的投产时间均早于炼铁、炼钢、轧钢和煤气柜项目的投产时间，并未影响相应的下级单元用电。因此，中冶赛迪公司应免于承担本项目中的逾期考核违约责任。

4. 无论中冶赛迪公司是否存在工期逾期违约行为，因《冶炼主体工程合同》通用条款第 16.2.1 项约定"发包人……未能在知道或应当知道索赔事件发生后的 30 日内发出索赔通知，承包人不再承担任何责任"，故成渝钒钛公司未在工程逾期事件发生后 30 日内向中冶赛迪公司主张权利，即丧失了索赔权。

5. 根据《民法通则》（已废止）第一百三十七条的规定，诉讼时效从知道或者应当知道权利被侵害开始起算。成渝钒钛公司反诉的是工期逾期。那么在总工期计算截止点即交工试验之日，成渝钒钛公司就应当知道工期是否延误。因此，成渝钒钛公司反诉工期逾期的诉讼时效应当从工程交工试验之日起计算。本案所有工程在 2013 年 7 月 16 日之前均已完工投产，而成渝钒钛公司于 2015 年 10 月 27 日才向中冶赛迪公司发出关于支付逾期违约金的函，主张工期逾期违约责任。因此，即便从工程完工投产时间起算，成渝钒钛公司的主张也已超过 2 年的诉讼时效。

【法院观点】

法院认为：中冶赛迪公司不应承担工期逾期的违约责任，主要事实和理由：

1. 根据《冶炼主体工程合同》《冶炼配套工程合同》《3×120 吨转炉炼钢、连铸工程合同》《含钒材料压力加工工程合同》《转炉、焦炉煤气柜工程合同》《高炉煤气柜工程合同》第 4 条的约定，其"总工期"均为"交工试验日期"。而根据前述合同专用条款第 8 条、第 9 条、第 10 条、第 12 条的约定，工程的验收顺序为：交工试验、工程接收、交工后试验、工程竣工验收。结合专用合同条款第 9 条关于工程接收时间的约定即"发包人确认工程已按合同约定和设计要求完成土建、安装，且全部单项工程交工试验合格及冷试车合格后 24 小时内"，以及通用合同条款第 10 条"交工后试验，本合同工程包含交工后试验（热负荷试车）……"的约定，可见"交工试验"时间不等于"投产"时间，"交工试验"时间早于"投产"时间。故成渝钒钛公司依据前述各项工程的《工程竣工验收报告书》载明的"投产"时间认为中冶赛迪公司存在"交工试验"时间迟延的理由不能成立。成渝钒钛公司要求中冶赛迪公司按照《冶炼主体工程合同》《冶炼配套工程合同》《3×120 吨转炉炼钢、连铸工程合同》《含钒材料压力加工工程合同》《转炉、焦炉煤气柜工程合同》《高炉煤气柜工程合同》第 4 条、第 5 条约定承担逾期赔偿责任缺乏合同和事实依据。

2. 即使中冶赛迪公司存在交工试验日期延误的违约事实，成渝钒钛公司亦应在违约事实发生后 2 年内主张违约损失。按照成渝钒钛公司的诉讼主张，即将前述几项工程"投产"日期视为中冶赛迪公司完成"交工试验"的日期来看，成渝钒钛公司对第一座高炉应在 2014 年 11 月 27 日前主张工期违约金；对第二座高炉应在 2015 年 2 月 26 日前主张工期违约金；对第 1 号、2 号转炉应在 2014 年 11 月 22 日前主张工期违约金；对 3 号转炉应在 2015 年 2 月 24 日前主张工期违约金；对中棒生产线应在 2014 年 11 月 3 日前主张工期违约金;对高线生产线应在 2015 年 7 月 15 日前主张工期违约金;对焦煤炉煤气柜工程应分别在 2014 年 11 月 13 日前主张工期违约金;对高炉煤气柜工程应在 2014 年 11 月 27 日前主张工期违约金。但成渝钒钛公司直到本案诉讼中,才于 2015 年 10 月 27 日通过邮寄方式向中冶赛迪公司提出支付工期逾期违约金的主张,超过了 2 年诉讼时效,即使其主张的违约事实成立,亦丧失了胜诉权。

3. 关于《110kV 变电站及配套供电网络工程合同》,根据该合同第 4.4.3 项和第 4.5.2 项的约定,该工程在 2012 年 5 月 31 日前应当完成投运试验并投运(配套供电网络除外)。根据专用合同条件第 8 条、第 9 条、第 10 条的约定可见投运试验属于在交工试验、工程接收之后,工程竣工验收之前的程序。《110kV 变电站及配套供电网络工程竣工验收报告书》载明铁前变电站(110kV 变电站)于 2012 年 9 月 16 日投运成功,故该变电站的投运日期超过了合同约定的日期。中冶赛迪公司称虽然超过投运日期完工,但 110kV 变电站总包工程的投运时间早于炼铁、炼钢、轧钢和煤气柜项目的投产时间,并未影响相应下级单元用电,按照合同约定,应当免于承担考核违约责任。因《冶炼主体工程合同》等几份合同约定的工期均系交工试验日期,并非投入生产日期,故仅依据竣工验收报告书载明的前述几项工程的投产日期无法判断其工期是否受到 110kV 变电站工程的影响。成渝钒钛公司与中冶赛迪公司在《110kV 变电站及配套供电网络工程竣工验收报告书》中亦未对工期逾期免于违约责任考核作出明确意思表示,故中冶赛迪公司的此项辩解理由不能成立。但成渝钒钛公司最迟应于 2014 年 9 月 15 日前向中冶赛迪公司主张 110kV 变电站工程工期逾期违约金,而该公司系于在本案诉讼中,于 2015 年 10 月 27 日通过邮寄方式向中冶赛迪公司提出支付工期逾期违约金的请求,超过了 2 年诉讼时效,丧失了胜诉权。

4. 关于《110kV 钢轧变电站及配套供电网络工程合同》,根据该合同第 4.4.3 项和第 4.5.2 项的约定,上级变电所于 2012 年 5 月 25 日前安装调试并投运,本工程应在 2012 年 5 月 31 日前完成投运试验并投运(配套供电网络除外)。《110kV 变电站及配套供电网络工程竣工验收报告书》载明钢轧电站于 2012 年 9 月 23 日投运成功,故该变电站的投运日期超过了合同约定的日期。中冶赛迪公司认为因上级变电所未能按期投运,成渝钒钛公司决定实施临时供电方案,临时供电工程于 2012 年 6 月施工,9 月完工,因而导致 110kV 变电站工程及 110kV 钢轧变电站未能按期投运,中冶赛迪公司不应承担工期逾期的违约责任。但因中冶赛迪公司举示的相关证据为扫描件、复印件和单方文件,成渝钒钛公司对此事实不予认可,故中冶赛迪公司的抗辩理由缺乏事实依据。但成渝钒钛公司最迟应于 2014 年 9 月 22 日前向中冶赛迪公司主张 110kV 钢轧变电站工程工期逾期违约金,而该公司系在本案诉讼中,于 2015 年 10 月 27 日通过邮寄方式向中冶赛迪公司提出支付工期逾期违约金的请求,超过了 2 年诉讼时效,丧失了胜诉权。

【案例评析】

本案中,双方合同约定工程总工期计算截止点为交工试验日期。而双方合同中约定的工程验收顺序为:交工试验、工程接收、交工后试验、工程竣工验收。双方在验收过程中并未写明交工试验时间,而仅写明工程投产时间,故以工程投产时间来计算工期是否违约,并不能得到法院支持。

此外,成渝钒钛公司在明知投产时间已经延期的情况下,超过 2 年后才向中冶赛迪公司提出支付工期逾期违约金的请求,超过了 2 年诉讼时效,丧失了胜诉权。①

建设工程中,一般情况下,总工期应为开工之日至竣工验收合格之日。但在本案中,却将总工期约定为开工之日至交工试验时止,从而导致本案反诉被告无须承担逾期违约责任。

第八节　竣工后试验(如有)

┃条文扩充┃

八、竣工后试验(如有)

1. 竣工后试验范围:＿＿＿＿＿＿＿＿＿＿＿＿＿＿＿＿。

2. 竣工后试验时间和程序:＿＿＿＿＿＿＿＿＿＿＿＿。

---

① 《民法典》于 2021 年 1 月 1 日起实施,诉讼时效改为 3 年。

编写说明

1.设置竣工后试验的目的是检验承包人的设计和施工是否达到了发包人在合同中约定的性能指标和产能指标的要求、是否符合发包人签订合同的目的。实践中,房建类项目通常是不需要竣工后试验的,生产型工业项目大多需要进行竣工后试验。发包人在合同中应明确竣工后试验的范围、时间和程序;竣工后试验的结果应由发包人和承包人共同进行整理和评价。在评价上述结果时,应将确系发包人使用本工程所造成的、对竣工后试验结果的影响考虑在内。

2.如合同约定需要进行竣工后试验的,则本条各项应为适用条款。竣工后试验是指在工程竣工后,根据《示范文本》(2020)第12条[竣工后试验]约定进行的试验。

3.竣工后试验阶段,工程已经在发包人控制下持续稳定的运行一段时间。故竣工后试验的范围有别于竣工前的试验,故应对其作出具体约定,且考虑试验的可行性和效率。竣工后试验范围的内容应涵盖试验结果成功与否的界定标准,满足该标准的竣工后试验即合格,反之则不合格。

4.试验的范围不同,也决定了竣工后试验的程序有所区别。一般来说,除《示范文本》(2020)另有约定外,竣工后试验应由发包人按照《示范文本》(2020)第5.5款操作手册完成,承包人的职员给予必要的指导。

5.根据《示范文本》(2020)专用合同条件第12.1.2项的约定,发包人应提供全部电力、水、污水处理、燃料、消耗品和材料,以及全部其他仪器、协助、文件或其他信息、设备、工具、劳力,启动工程设备,并组织安排有适当资质、经验和能力的工作人员实施竣工后试验。但也允许双方在专用合同条件中对此作出特别约定。

注意事项

1.发承包双方可根据《民法典》第一百五十八的规定,对于竣工后试验设定一定的启动条件,只有满足了约定的条件才可进行竣工后试验。

2.区分竣工前试验和竣工后试验。竣工前试验是竣工验收过程中的程序,是竣工验收的组成部分,对于生产型项目是必经程序。但是竣工后试验,并非检验工程质量的必经程序,也并非所有生产型项目都有竣工后试验阶段,是否需要设置竣工后试验,取决于项目自身的特点和发包人要求。

3.传统的施工总承包,竣工验收即标志着承包人已完成合同约定的施工任务,已具备向发包人交付的条件;对于包含竣工后试验的工程总承包项目,竣工验收合格并不意味着发包人要求全部得以实现,还需通过竣工后试验来检验项目的性能指标和产能指标是否达到发包人要求,达到要求的,才能评价为该工程总承包项目符合合同约定的质量标准。

4.发包人可以在《示范文本》(2020)专用合同条件中特别约定将项目通过竣工后试验的时间作为实际竣工验收的时间,并以此作为缺陷责任期的起点。对于生产型项目,竣工后试验比工程建安的竣工验收更为重要,实际的性能指标和产能指标是否达到合同约定的要求,直接影响投产后的经济效益,由此也可以看出竣工后试验的重要性,故发包人可以根据项目自身的特点在合同中约定是否将项目通过竣工后试验的时间作为缺陷责任期的起点。

5.发包人需特别注意提前使用视为已竣工验收的风险。根据最高人民法院《关于审理建设工程施工合同纠纷案件使用法律问题的解释(一)》第九条第三项的规定,建设工程未经竣工验收,发包人擅自使用的,以转移占有建设工程之日为竣工日期。虽然该司法解释适用建设工程施工合同纠纷,但目前司法审判实践中工程总承包合同纠纷往往会参照建设工程施工合同纠纷而适用该司法解释。虽然工程总承包模式相对于施工总承包模式对于竣工后试验有特别之处,且直接影响发包人合同目的的实现,但生产型项目实行工程总承包模式的,发包人希望早日投产、早日产生经济效益,在竣工后试验前已经投产使用,会存在视为竣工验收的风险。发包人应在合同签订时对竣工后试验前虽已经投产使用,但竣工后试验未能一次性通过时如何界定实际竣工验收时间、如何计算缺陷责任期等重要事项作出明确约定。

6.竣工后试验具体范围和内容应提前在《示范文本》(2020)中明确约定,由双方达成一致意见,不得额外增加承包人负担。

7.竣工后试验不合格,承包人应承担违约责任。《民法典》第五百零九条第一款规定"当事人应当按照约定全面履行自己的义务"。第七百八十一条规定"承揽人交付的工作成果不符合质量要求的,定作人可以合理选择请求承揽人承担修理、重作、减少报酬、赔偿损失等违约责任"。如果合同约定需进行竣工后试验的,竣工后试验仍属于承包人合同义务范围,若竣工后试验不合格,承包人除需承担整改维修费用外,仍需要承担相应的违约责任。

【相关案例】

【案例】中国中轻国际控股公司与中国医药健康产业股份有限公司承揽合同纠纷案

【基本信息】

一审:(2013)东民初字第 05954 号,北京市东城区人民法院

二审:(2018)京 02 民终 6069 号,北京市第二中级人民法院

【裁判观点】

中国中轻国际控股有限公司(原审原告、反诉被告、被上诉人,以下简称中轻公司)承接的分包工程未按时交付,且未按约完成竣工后试验,中国医药健康产业股份有限公司(原审被告、反诉原告、上诉人,以下简称中医药公司)与项目业主签订和解协议。整个工程,包括涉案分包工程,已取得履约证书,一审法院支持中轻公司要求中医药公司履行付款义务的请求并无不当。中医药公司上诉称结算工程款支付条件未成就,没有合同依据。中医药公司还以履约证书系其以巨大代价获取为由主张中轻公司未完成合同义务,依据亦不充分,本院不予支持。

【案情摘要】

2005 年 5 月 29 日,中轻公司与中医药公司签订《圭亚那斯凯尔顿糖厂项目联合电站承包合同》,中医药公司作为项目总包方将联合电站有关的设计、供货及相关工作分包给中轻公司,合同约定的中医药公司承担的对外合同中与联合电站有关的义务和责任应被视为中轻公司的义务和责任;如中医药公司在对外合同项下未承担误期损害赔偿费,则中轻公司在本合同项下也不承担误期损害赔偿费。履约保函误期损害赔偿费(8.7):如果中轻公司未能遵守第 8.2 款竣工时间的规定,中轻公司应就中医药公司由本合同引起的对外承担的误期损害赔偿费向中医药公司支付等额的赔偿费,但不超过本合同金额的 5%。未能通过竣工后试验(12.4):如果中轻公司承担的工程组成部分未能通过任何或所有竣工后试验,则中轻公司应支付资料表中规定的未履约损害赔偿金,且应被视为通过了这些竣工后试验。付款

计划表规定,第 6 阶段(竣工后试验的完成)须由中医药公司颁发可以证明竣工后试验通过的证书,并按本付款计划表第 3 条付款,随后中医药公司签发期中付款证书。

合同履行过程中的重要事件:

第一,工程移交前竣工试验、调试工作。2008 年 2 月 1 日,Skeldon 现代化糖厂业主向中医药公司签发的通知载明:有关柴油发电机站移交后缺陷通知期满日为 2008 年 12 月 20 日,并注明包括柴油发电机组在内的 11 项缺陷。

2008 年 5 月 2 日,圭亚那糖业公司与中医药公司达成谅解备忘录,其中对 SW1 - 3C 和 SW4C 合同予以修订,竣工时间由 1058 天增加到 1227 天,届时业主无须向承包人支付额外费用。

2008 年 4 月 16 日,中医药公司致函中轻公司,载明:4 月 12 日《提交联合电站试车进度计划》收悉,将继续全力支持贵办试车工作。同年 6 月 18 日,中轻公司致函中医药公司,提出 2008 年 4 月 30 日完成联合电站分系统调试工作,将于 7 月 9 日进行联合电站竣工试验。同年 7 月 28 日,中轻公司向中医药公司提交有关试验计划附件,并要求提前做好水、电、气、燃料、化学药品、操作人员等准备工作。同年 9 月 7 日,双方现场代表签署关于配合试车的备忘录,提出由于 SW2 - 3C 的 3000kW 撕裂机设备设计原因造成联合电站出现异常工况,对此中医药公司应承担责任。2008 年 10 月 15 日,双方现场代表签署关于糖厂包件输至锅炉的给水含糖量超标对 SW4C 包件相关系统造成影响的备忘录,中医药公司确认上述事项并承担责任,同时,此次事故引起的上述事项而导致的对 SW4C 包件的后续试车工作以及竣工、移交和质保等任何责任,将由中医药公司承担。

第二,工程移交证书。2009 年 4 月 2 日,经申请中医药公司向中轻公司颁发移交证书,载明:除随附清单所列剩余工作和缺陷整改外,联合电站子项目于 2009 年 3 月 20 日根据合同建设完工;剩余工作和缺陷整改:分包人应根据分包合同第 11 条的规定完成随附清单所列的相关剩余工作和缺陷整改,以及分包合同第 11.6 款规定的进一步试验。

第三,竣工后试验。2009 年 8 月 11 日,中医药公司致函中轻公司,提出关于修复锅炉阀门事急件。2009 年 9 月 6 日,中医药公司致函中轻公司,提出速派 ABB 公司专家来现场指导修复背压汽轮发电机转子接地故障。2009 年 3 月 10 日及同年 10 月 21 日,中轻公司两次致函中医药公司,针对蔗渣输送系统、锅炉燃料、制糖厂负荷过低、锅炉减温水、蔗渣拨料杆、蔗渣耙齿机、化水站、锅炉运行等问题,作出回复。2010年1月29日,中医药公司向中轻公司发出竣工后试验通知。同年3月3日,中轻公司向中医药公司提交《斯凯尔顿糖厂现代化项目SW4C联合电站竣工后试验方案》。2010年7月,中医药公司多次致函中轻公司,通报2010年7月3日圭糖项目现场1号锅炉发生重大事故,该锅炉由中轻公司下属分包单位供货;还通报了有关圭亚那糖厂项目锅炉事故拜会圭亚那总统。

2010年11月19日,中医药公司与项目业主签订和解协议,取得履约证书,中医药公司通过如下代价换取业主签发SW1-3C和SW4C的履约证书以及12,000,000美元的尾款支付:(1)免费修复1号锅炉,修复费2,542,278.75美元;(2)2011年第一个榨季的免费技术支持服务,价值400,000美元。

2010年12月22日,中医药公司向中轻公司致函,提出业主将缺陷通知期延长至2011年12月31日,要求中轻公司进行整改后通知其竣工试验。

【争议焦点】

中医药公司是否应当履行《圭亚那斯凯尔顿糖厂项目联合电站承包合同》项下剩余款项的支付义务,以及中轻公司是否应当向中医药公司支付因工期延误和工程缺陷给中医药公司造成的损失,包括误期损害赔偿费、工程缺陷修复费。

上诉人中国医药公司认为:SW4C建设期间,中轻公司存在重大履约瑕疵,导致竣工试验多次失败,工期一再延误,中医药公司为此遭受业主巨额工期索赔,并实际承担误工损失;竣工后试验因中轻公司原因未通过,故"结算工程款"支付条件未成就,中医药公司有权拒绝向中轻公司结算;业主向中医药公司颁发履约证书是中医药公司付出巨大代价获得,不代表中轻公司已履行合同义务。

被上诉人中轻公司认为:1.关于中医药公司提出的所谓误期损害赔偿费问题。合同约定:"如果中医药公司在承包合同项下未承担误期损害赔偿费,则中轻公司也不承担误期损害赔偿费。"而中医药公司并未向业主支付误期损害赔偿费,因而其要求中轻公司承担误期损害赔偿费与双方签订的分包合同约定不符。在合同履行过程中,业主与中医药公司达成谅解备忘录,对中医药公司承包的3个包件合同予以修订,竣工时间增加,且无须向业主支付任何费用,中轻公司按时交付了柴油发电部分,并未误工。中医药公司和中轻公司现场代表签署了关于配合试验的备忘录,说明中医药公司由于其承建二、三包件的300kW撕裂机设备原因造成联合电站出现异常情况,对此中医药公司承担责任。同年 10 月 15 日,双方现场代表又签署关于糖厂包件输至锅炉给水含糖超标对四包件相关系统造成影响的备忘录,中医药公司确认上述事实并承担责任。根据分包合同第 4.1 款的规定,中轻公司的合同义务不包括土建和安装两项,如果中医药公司不能按期完成土建和安装,中轻公司就不能进行调试和试验。因此,中医药公司未能按时完成土建和安装,则工程的延误理应由中医药公司承担。

2. 关于中医药公司要求中轻公司支付工程缺陷修复所造成的损失问题。中轻公司已全面履行了合同义务,中医药公司所谓的损失完全是歪曲事实。中轻公司将项目交付后确有一些缺陷要进行修补,但并非像中医药公司所称的拒绝或怠于修复,而是积极采取措施进行修复。中轻公司实事求是地对真正的缺陷全部进行了修补,甚至对于不属于中轻公司的缺陷也配合进行了修补。事实证明,中轻公司承包的四包件已无缺陷。由于中医药公司负责的一、三包件存在设计问题,错误安装,以及业主操作不当等诸多问题,直接或间接导致质保期蔗渣落灰、转子跳闸、汽轮机轴瓦烧损、锅炉给水泵绝缘不良、过热器爆管等现象。并非中轻公司的缺陷。

【法院观点】

一审法院认为:关于工程误期损害赔偿。虽电站项目竣工时间超过合同约定日期,但工程期限进行了适当延长,完工前发生的故障非中轻公司履行合同所致,且业主针对工期延误的索赔,中医药公司未提交有效证据加以证明,故中医药公司针对此部分工程误期损害赔偿 1,797,626.27 美元(合同金额 5%)的请求,无合同及事实依据,一审法院不予支持。

关于索赔事实的认定。分包工程的履行须与总包工程负责的蔗渣、蒸汽、水、压缩空气、电气、污水处理等接口衔接。已发生的如撕裂机设备设计原因和给水含糖量超标导致的故障和责任,不应由中轻公司承担。电站分包工程移交后,针对蔗渣输送系统、锅炉燃料、制糖厂负荷过低、锅炉减温水、蔗渣拨料杆、蔗渣耙齿机、化水站、锅炉运行等问题,中医药公司向中轻公司多次提出修复及整改要求,且最终未成功进行竣工后试验。但通过双方往来函件尚不能明确有关索赔问题属于设计、供货、指导安装、调试和培训不当所致,对此中医药公司负有证明责任。在此情况下,2010 年 11 月 19 日,中医药公司与项目业主协商后取得了全部工程的履约证书。据此,中医药公司以工程存在缺陷未进行整改、修复,要求中轻公司承担因其工程缺陷而造成的损失,证据不足,一审法院不予支持。

二审法院认为:驳回上诉,维持原判。

【案例评析】

本案一审及二审中,均以承揽合同纠纷作为案由,但是案件争议内容实际是围绕圭亚那斯凯尔顿糖厂工程总承包项目下的联合电站分包项目的相关纠纷进行的。

从法院认定的事实部分可知,双方签订的《圭亚那斯凯尔顿糖厂项目联合电站承包合同》以及发包人与总承包人签订的总包合同中,均明确约定了"竣工后试验"的要求,并将之列入了付款条件中。本案中,分包人承接的项目未按约通过竣工后试验,导致总包面临发包人的索赔。但是,经过法院审理,相关责任系由总包原因导致,因而分包人无须承担。

通过这一案例可以说明,在《发包人要求》中对竣工后试验进行约定具有重要意义。其一,就经济角度而言,将竣工后试验作为付款条件之一,可以保障发包人利益,即在项目未通过竣工后试验时,发包人可以据此掌握支付相关款项的主动权。其二,就质量角度而言,竣工后试验能够及时发现工程存在的质量问题,尽快进行缺陷修复,避免产生更大的损失。

同时,《发包人要求》中对竣工后试验的约定常常与其他条件存在一定关联,能够互相影响,故在拟定相关要求时应当注意其中的协调性和一致性,还要考虑竣工后试验各方的职责分配和分工,进而判断如未能通过竣工后试验的责任归属。

第九节 文 件 要 求

（一）设计文件及其相关审批、核准、备案要求

条文扩充

（一）设计文件及其相关审批、批准、备案要求

1. 设计文件要求:＿＿＿＿＿＿＿＿＿＿＿＿＿＿＿。

2. 设计文件相关审批要求:＿＿＿＿＿＿＿＿＿＿＿。

3. 设计文件核准要求:＿＿＿＿＿＿＿＿＿＿＿＿＿。

4. 设计文件备案要求：_____。

编写说明

建设工程设计是根据建设工程要求,对建设工程所需的技术、经济、资源、环境等条件进行综合分析、论证,编制建设工程设计文件的活动,建设工程设计文件即为在此活动中形成的图样和技术资料的总称。以建筑工程为例,住建部组织编制的《建筑工程设计文件编制深度规定》将设计文件分为方案设计、初步设计和施工图设计三个阶段。但根据建设项目使用功能的分类、规模、建设地点、政策要求及发包人需求等的不同,设计文件还应增加相应的专项设计文件,如地勘专项设计、基坑降水及支护专项设计、装配式专项设计、幕墙专项设计、钢结构专项设计、绿色建筑专项设计、人防专项设计、智能化专项设计、精装修专项设计、园林景观专项设计、海绵城市专项设计、泛光照明专项设计等。

注意事项

1. 设计文件要求

(1)设计文件编制依据、格式、深度、载体应符合现行有效的国家、行业、项目所在地规范名录、标准名录、规程名录等。以建筑工程为例,编制应符合《建设工程勘察设计管理条例》《建筑工程设计文件编制深度规定》等规定的要求。

(2)设计文件编制进度应明确提交发包人时间、发包人审核完成时间、相关部门审核、批准、备案完成时间等。

(3)设计文件应明确各阶段设计文件清单、份数、要求、责任人和流转程序等。

(4)初步设计文件在符合可行性研究报告批复以及国家有关标准和规范的基础上,初步设计概算通常不应突破批复的建设项目总投资估算金额;施工图设计文件在满足经审批的初步设计文件要求的基础上,施工图预算通常应控制在批复初步设计概算金额以内。

2. 设计文件相关审批、核准、备案要求

设计文件相关审批、核准、备案应符合项目所在地相关部门要求。以建筑工程绿色建筑标准为例,不同地区对于绿色建筑标准存在不同的规定,绿色建筑专项设计应符合工程所在地的标准。

3. 发包人关于设计文件的要求违反相应的法律法规,强迫设计单位违反工程建设强制性标准,降低建设工程质量需承担相应责任的风险

(1)承担刑事责任。《刑法》第一百三十七条规定:"建设单位、设计单位、施工单位、工程监理单位违反国家规定,降低工程质量标准,造成重大安全事故的,对直接责任人员,处五年以下有期徒刑或者拘役,并处罚金;后果特别严重的,处五年以上十年以下有期徒刑,并处罚金。"

(2)承担行政责任。《建设工程质量管理条例》第五十六条规定:"违反本条例规定,建设单位有下列行为之一的,责令改正,处 20 万元以上 50 万元以下的罚款:……(三)明示或者暗示设计单位或者施工单位违反工程建设强制性标准,降低工程质量的……"

(3)承担民事赔偿责任。《建设工程质量管理条例》第十条第一款规定:"建设单位不得明示或者暗示设计单位或者施工单位违反工程建设强制性标准,降低建设工程质量。"因此,造成的损失由发包人承担。

4. 发包人提供的基础材料错误、缺项、遗漏等原因导致的损失由发包人承担的风险

《工程总承包管理办法》第十五条规定:"建设单位和工程总承包单位应当加强风险管理,合理分担风险。建设单位承担的风险主要包括:……(四)因建设单位原因产生的工程费用和工期的变化……"《示范文本》(2020)通用合同条件第1.12 款规定:"……《发包人要求》或者提供的基础材料中的错误导致承包人增加费用和(或)工期延误的,发包人应承担由此增加的费用和工期延误,并向承包人支付合理利润。"

(二)沟通计划

条文扩充

(二)沟通计划

1. 与发包人沟通:＿＿＿＿＿＿＿＿＿＿＿＿＿＿＿＿＿。

2. 与政府相关部门沟通：_____。

3. 与分包人沟通：_____。

4. 与供应商沟通：_____。

5. 与工程师沟通：_____。

6. 与设计部门沟通：_____。

7. 与采购部门沟通：_____。

8. 与施工部门沟通：_____。

9. 与其他参与方沟通：_____。

编写说明

沟通计划是对项目全过程的沟通工作、沟通方法、沟通渠道等方面的计划与安排。由于建设工程项目沟通的性质多种多样，所涉及的关系纷繁复杂，因而沟通的复杂程度和难度都比较大，为了建设工程项目各参与方沟通顺畅，使建设工程项目按期交付使用，应制订沟通计划。

承包人制订与发包人、分包人、供应商、工程师及其他参与方干系人的外部沟通计划及设计部门、采购部门、施工部门的内部沟通计划，有利于上述作业部门的协调和步调一致，以达到同心协力的目的，按时保质完成项目建设。承包人制订与政府相关部门的沟通计划有利于了解和遵守国家、地方政府在法规、制度等方面的制约，获得政府相关部门的指导以取得政府相关部门的审批、批准、备案、验收等。如与住建、环保、园林、质量监督等部门的沟通。

注意事项

1. 根据各沟通对象与承包人的组织架构关系，可以将其分为外部沟通与内部沟通。

（1）外部沟通

与发包人沟通。承包人应准备建设工程项目控制计划、进度计划、合同实施进度计划、周工作报告、月工作报告、施工日报等文件以供发包人了解项目运行状态,并参加发包人举行的项目月度审查会议。

与政府相关部门沟通。承包人应按政府相关部门要求提交相应设计、施工文件及工程进度成果,按时取得政府相关部门的审批、批准、备案、验收等。承包人应在每周例会上以工作报告的形式将上述内容报告发包人。

与分包人沟通。承包人应要求各分包人就各自负责的工作范围向承包人提交项目进展报告。报告应涉及项目的进度、成本、质量、安全、资源存在的问题和采取的措施等。承包人应在每周例会上以工作报告的形式将上述内容报告发包人。

与供应商沟通。承包人应要求各供应商就各自签订的采购、租赁等订单提交进展报告。报告应涉及设备或材料的设计、制造、图纸批复、工厂检验、交付、运输等方面的情况。承包人应在每周例会上以工作报告的形式将上述内容报告发包人。

与工程师沟通。承包人应接受发包人委托的工程师的监督管理,及时整改工作中出现的问题,并做好记录。承包人应在每周例会上以工作报告的形式将上述内容报告发包人。

与其他参与方沟通。承包人应要求其他参与方就各自负责的工作范围向承包人提交项目进展。

(2)内部沟通

与设计部门沟通。承包人应确保设计进度计划与项目总体进度计划一致,处在关键线路上的交付成果应是设计进度的重点,同时应确保设计文件符合合同约定的标准和规范要求。承包人应在每周例会上以工作报告的形式将上述内容报告发包人。其中,设计文件(方案设计、初步设计、施工图设计)应在发包人确认的基础上,通过相关部门审批(如需)后再进入下一阶段作业。

与采购部门沟通。采购部门应根据建设工程项目总体计划重点控制关键路径上的长周期设备采购的请购单和订单的发布时间,并要与供应商保持及时沟通,确保供应商按照项目确定的采购进度计划提交报价文件和各种技术资料。在设备和材料的整个采购周期内,应及时协调供应商制造进度、出厂检验、清关、免税、内陆运输、掏箱、清点和验收等工作。承包人应在每周例会上以工作报告的形式将上述内容报告发包人。

与施工部门沟通。在施工开展前,承包人应根据最新的设计和采购进度情况编制项目施工进度计划,计划应考虑项目剩余工期和计划可用的施工资源,确保在不增加造价的情况下按时竣工。承包人应在每周例会上以工作报告的形式将上述内容报告发包人。

2.沟通计划未能满足发包人全面、及时、准确掌握建设工程项目运行状态的风险。工程总承包建设模式下,发包人无须参与项目建设的管理,因此,需要制订详细可行的沟通计划,并要求承包人向发包人及时准确地报告项目建设与运行状态。

3.沟通计划未能满足建设工程项目参与各方沟通顺畅、步调一致、同心协力、按时保质实现建设工程需求的风险。建设工程项目作业是由众多组织及个人参与,组织与组织之间、组织与个人之间、组织内部都有大量需要通过沟通解决的问题,沟通是否顺畅、有效将直接影响项目管理目标。

4.沟通计划未能满足取得政府相关部门审批、批准、备案、验收的风险。未取得政府相关部门审批、批准、备案将影响建设工程项目进展。某些重要的审批、批准、备案未取得而继续推进项目建设的,将导致合同无效。例如,未取得建设工程规划许可证施工的,最高人民法院《关于审理建设工程施工合同纠纷案件适用法律问题的解释(一)》第三条规定:"当事人以发包人未取得建设工程规划许可证等规划审批手续为由,请求确认建设工程施工合同无效的,人民法院应予支持……"

(三)风险管理计划

条文扩充

(三)风险管理计划:_____。

1.风险识别:_____。

2.风险评估:_____。

3.风险响应:_____。

4.风险控制:_____。

编写说明

建设工程项目具有投资规模大、建设周期长、建设工序复杂、技术风险大等特点,这些特点使工程项目所涉及的不确定因素和风险较多,且由此类风险导致的损失规模也较大。工程项目的风险与其投资、施工和使用是密切相关的,工程量和投资越大的项目,往往风险也就越大。因此,在工程总承包项目的管理中,风险管控是发承包双方都应当极为重视的一环。

发包人与承包人对建设工程项目按合同约定完成建设的目标是一致的,若承包人对建设工程项目的风险进行了科学有效的管理,受益人不仅是承包人,也包括发包人和参与到该项目的其他主体。因此,在《发包人要求》中,发包人应对承包人的风险管理计划提出要求并进行审核,在项目履约过程中督促承包人按照风险管理计划的内容履行。

注意事项

1. 承包人应建立风险管理体系,明确各管理层级的风险管理职责与要求,并对工程总承包项目的风险进行规范化管理

就承包人而言,其可以通过汇总已发生的项目风险事件,建立并完善项目风险数据库和项目风险损失事件库,从宏观管理的角度管控风险。就工程总承包项目的管理而言,承包人应组建项目管理机构,编制项目管理程序,明确项目管理机构各人员的风险管理职责,确定项目风险管理目标,负责项目风险管理的组织与协调。

承包人制订风险管理计划可以从以下四个方面着手:风险识别、风险评估、风险响应和风险控制。

(1)项目风险识别

①承包人负责投标的管理部门应依据招标投标管理、工程总承包管理的相关法律法规,对招标、投标、开标、评标、中标、投诉与处理阶段的风险进行识别,形成项目风险识别清单,输出项目风险识别结果。

②承包人项目管理机构应在项目策划的基础上,依据合同约定对设计、采购、施工和试运行阶段的风险进行识别,形成项目风险识别清单,输出项目风险识别结果。

③项目风险识别过程宜包括下列主要内容：

A. 识别项目风险；

可采用专家调查法、初始清单法、风险调查法、经验数据法和图解法等方法。

B. 对项目风险进行分类；

a. 前期准备和投标阶段的风险；

b. 合同签订阶段的风险；

c. 工程总承包项目分包的风险；

d. 项目实施阶段的风险；

e. 投资控制与财务管理风险；

f. 工程质量及工期风险；

g. 其他风险。

C. 以项目风险识别清单的形式输出项目风险识别结果。

④承包人识别项目风险应遵循下列程序：

A. 收集与项目风险有关的信息；

B. 确定风险因素；

C. 编制项目风险识别报告。

（2）项目风险评估

①承包人负责投标的管理部门应在招标投标阶段项目风险识别的基础上进行项目风险评估，并输出评估结果。

②承包人项目管理机构应在项目风险识别的基础上进行项目风险评估，并输出评估结果。

③项目风险评估过程宜包括下列主要内容：

A. 收集项目风险背景信息；

B. 确定项目风险评估标准；

C. 分析项目风险发生的概率和原因，推测产生的后果；

D. 采用适用的风险评价方法确定项目整体风险水平；

E. 采用适用的风险评价工具分析项目各风险之间的相互关系，确定项目重大风险；

F. 对项目风险进行对比和排序；

G.输出项目风险的评估结果。

④风险损失量的估计宜包括下列内容：

A.工期损失的估计；

B.费用损失的估计；

C.对工程的质量、功能、使用效果等方面的影响。

（3）项目风险响应

①承包人应针对识别出的风险，建立相应的对策方案进行风险响应。

②风险对策可采用风险规避、减轻、自留、转移及其组合等策略。

③项目风险响应对策应形成风险管理计划，其内容宜包括：

A.风险管理范围；

B.风险管理目标；

C.风险分类和风险排序要求；

D.可使用的风险管理方法、工具以及数据来源；

E.风险管理的职责与权限；

F.风险跟踪的要求；

G.相应的资源预算。

（4）项目风险控制

①承包人负责投标的管理部门应在投标阶段根据项目风险识别和评估结果，制定项目风险应对措施或专项方案。

②承包人项目管理机构应根据项目风险识别和评估结果，制定项目风险应对措施或专项方案。

A.项目风险的应对一般采取控制和消减措施，可从以下几方面开展：

a.技术措施；

b.管理措施；

c.法律措施；

d.财务措施；

e.其他措施。

B.项目特殊或具有重大风险的，应制订专项应急处理预案。

③承包人项目管理机构应对项目风险管理实施动态跟踪和监控。

④承包人项目管理机构应对项目风险控制效果进行评估和持续改进。

2. 发承包双方均应加强风险意识和风险管控能力

（1）发包人在对承包人的风险管理作出具体要求的同时，也要加强自身的风险意识和能力。

①除承包人外，发包人同样应对建设工程项目质量负责。《建设工程质量管理条例》第三条规定："建设单位、勘察单位、设计单位、施工单位、工程监理单位依法对建设工程质量负责。"

②工程总承包建设模式下，发包人依然要承担一定的风险。《工程总承包管理办法》第十五条规定："建设单位和工程总承包单位应当加强风险管理，合理分担风险。建设单位承担的风险主要包括：……具体风险分担内容由双方在合同中约定。鼓励建设单位和工程总承包单位运用保险手段增强防范风险能力。"

（2）建设工程项目实施过程中的风险具有多样性特点。按责任方可以把风险分为发包人风险、承包人风险及第三人风险；按风险因素可以把风险分为技术与环境风险、经济风险、合同风险。发包人应从包括但不限于上述风险分类的角度要求承包人加强风险管理。

①技术与环境风险。如地质物质条件风险，资料与现场不符；水文气象条件风险，出现异常天气；技术规范风险，未明确技术规范或未按技术规范作业；施工技术风险，专业能力不符合施工作业要求等。

②经济风险。如招投标风险，未能识别招标投标文件里的风险，造成报价偏离实际；人、材、机价格风险，施工作业过程中人、材、机价格大幅波动；金融市场风险，存贷款利率变化明显；政策风险，工资、税收、行业政策发生较大改变等。

③合同风险。如合同条款不全面、不完善导致合同存在漏洞；合同相对人履约不能等。

（四）竣工文件和工程的其他记录

条文扩充

（四）竣工文件和工程的其他记录：＿＿＿＿＿＿＿＿＿＿＿

编写说明

　　竣工文件和工程的其他记录称为建设工程文件。建设工程文件是在工程建设过程中形成的各种形式的信息记录,其包括工程准备阶段文件、监理文件、设计文件、采购文件、施工文件、竣工图和竣工验收文件。工程准备阶段文件是指工程开工以前,在立项、审批、征地、勘察、设计、招标投标等工程准备阶段形成的文件;监理文件是指监理单位在工程设计、施工等监理过程中形成的文件;采购文件、施工文件是指施工单位在工程施工过程中形成的文件;竣工图是指工程竣工验收后,真实反映建设工程项目施工结果的图样。

　　工程总承包模式下,竣工文件和工程的其他记录均为承包人项目管理范畴,由承包人负责。但其中的竣工文件与发包人有密切关系,发包人接受承包人的工程文件后需送交行业相关部门进行备案。

　　因此,发包人应向承包人提出编制竣工文件的具体要求,使承包人编制的竣工文件在形式和内容上均符合建设单位及行业主管部门验收备案的要求。同时发包人也应向承包人提出编制工程其他记录的要求,做到记录真实、全面、无遗漏,能反映建设工程项目的实际情况。

注意事项

　　1. 竣工文件编制关系档案存档,竣工文件应满足当地档案馆的存档要求。不同的档案馆一般会制定符合本地情况的档案立卷程序与标准。竣工文件编制应在符合《建设工程文件归档规范》的基础上,根据当地档案馆的要求进行调整。发包人应在招标时明确上述档案编制规范、编制形式、归档时间等。

　　2. 工程其他记录应规范记录内容,强化凡事有据可查,明确实施责任人,做到记录真实、全面、无遗漏。

　　3. 明确竣工文件和工程的其他记录的清单、份数、要求和责任人等。

　　4. 注意竣工文件的编制不符合行业主管部门的标准和内容导致建设工程不能按时交付的风险。《建设工程质量管理条例》第十六条规定:"建设单位收到建设工程竣工报告后,应当组织设计、施工、工程监理等有关单位进行竣工验收。……建设工程经验收合格的,方可交付使用。"

(五)操作和维修手册

条文扩充

(五)操作和维修手册:＿＿＿＿＿＿＿

编写说明

在竣工试验开始前,承包人应向发包人提交操作和维修手册,并负责及时更新。该手册应足够详细,以便发包人能够对工程设备进行操作、维修、拆卸、重新安装、调整及修理。同时,手册还应包括发包人未来可能需要的备品备件清单。

为使该手册能够切实起到足够详细,以便发包人能够对工程设备进行操作、维修、拆卸、重新安装、调整及修理的作用,发包人应对该手册编制提出要求。

注意事项

1.操作和维修手册应足够详细,可以从包括但不限于下列方面编制:

(1)手册应采用厚质 A4 纸张编印,图纸采用厚质 A3 纸张编印,并折成 A4 纸。配上坚硬的封面,并以耐磨材料做保护。

(2)手册内容以中文编印,内容清晰。双语手册以中文为准。

(3)每种设备、系统应独立成册。不同内容或章节应以标签分隔,并附有清楚的目录指示。

(4)手册应附有项目竣工图目录,按所属设备、系统分列于有关章节。

(5)设备、系统操作及维修应提供详细技术资料。

(6)有生产厂家的资料和手册的设备、系统可直接使用,并编入手册目录。

(7)列出每一种型号设备、材料和附件的供应厂商和代理商名单,并详细列明这些厂商的地址、电话等通信方式。

(8)列出承包单位提供给业主的所有备品、备件和专用工具清单。

2. 发包人应对承包人提交的操作和维修手册进行审查。《示范文本》(2020)通用合同条件第 5.5.2 项约定:"工程师收到承包人提交的文件后,应依据第 5.2 款[承包人文件审查]的约定对操作和维修手册进行审查……"

3. 注意承包人编制的操作和维修手册系发包人要求不当导致的错误或遗漏的风险分配。虽然《示范文本》(2020)通用合同条件第 5.5.2 项约定:"工程师收到承包人提交的文件后,应依据第 5.2 款[承包人文件审查]的约定对操作和维修手册进行审查,竣工试验工程中,承包人应为任何因操作和维修手册错误或遗漏引起的风险或损失承担责任。"但是承包人依然可以以手册是按照发包人提出的要求编制的,并经发包人审查确认为由进行抗辩,减轻自身责任。

(六)其他承包人文件

发包人另行制定要求。

【相关案例】

【案例一】海擎重工机械有限公司与江苏中兴建设有限公司建设工程合同纠纷案

【基本信息】

审理法院:最高人民法院

案号:(2012)民提字第 20 号

【裁判观点】

《建设工程质量管理条例》第五条第一款规定,从事建设工程活动,必须严格执行基本建设程序,坚持先勘查、后设计、再施工的原则。

本案中,工程质量问题产生原因很大程度是基于当地特殊地质。根据《建设工程质量管理条例》的规定,在基本建设的规定程序中,与工程质量的形成关系密切的是勘察、设计、施工三个阶段。勘察工作为设计提供地质、水文等情况,给出地基承载力。勘察成果文件是设计工作的基础资料,设计单位据此确定选用的结构形式,进行地基基础设计,向施工单位提供施工图,施工单位按图施工。本案中,海擎重工机械有限公司(以下简称海擎公司)在招标投标过程中未能提供证据证明曾提供岩土工程详细勘查报告,而是在签订合同的次日才提交,给工程质量事故的发生造成隐患,海擎公司应当对此承担责任。

【案情摘要】

2007年12月15日,海擎公司(发包人)就重型钢结构厂房基础工程与江苏中兴建设有限公司(以下简称中兴公司,承包人)签订了《钢结构厂房桩基及基础工程合同》。合同约定:海擎公司将重型钢结构厂房桩基及基础工程(图纸以内全部工程)发包给中兴公司施工,承包方式为包工包料,工程造价为1330万元(包括工程竣工、验收合格的总金额,为不变价)。同年12月16日,海擎公司向中兴公司递交岩土勘察报告和现场总平面图各一份。同年12月20日,中兴公司进场施工。

中兴公司在施工过程中,因施工项目现场土质不符合施工条件,与岩土勘察报告不符,多次要求海擎公司解决。海擎公司认为:无论地质情况是淤泥还是亚黏土,施工方在签订合同以前,对建设地点进行了现场勘察,并已了解现场地质情况,因此关于施工的一切事宜,均由施工方处理,与海擎公司无关。后因双方无法协商一致,项目迟迟无法正常开工,双方诉争至法院。

【争议焦点】

本案争议焦点:本案工程质量出现问题原因及责任应当如何承担。

海擎公司认为:施工方在签订合同以前对建设地点进行了现场勘察,并已了解现场地质情况,无论地质情况是淤泥还是亚黏土均应由施工方处理,现中兴公司迟迟不能复工,构成违约,海擎公司有权要求解除合同,并要求中兴公司承担违约责任。

中兴公司认为:海擎公司在投标时未提供地质勘探报告。在合同签订后无法打桩的情况下,我方提出要求后海擎公司才提供地质勘察报告。签订合同前我方施工单位,是对现场进行了考察,但考察前海擎公司已对现场进行了回填,也未告知。在开挖过程中,发现大面积淤泥,故应由海擎公司承担工程量变更的费用。

【法院观点】

一审法院认为:《建设工程质量管理条例》(2000年)第11条规定,建设单位应当将施工图设计文件报县级以上人民政府建设行政主管部门或者其他部门审查。施工图设计文件未经审查批准的,不得使用。本案中,海擎公司虽然向中兴公司提交了相关施工图纸,诉讼中也认可中兴公司是按该图纸进行施工,但是海擎公司提交的图纸并不是经过审查的施工图纸。同时,中兴公司在2007年12月26日工作联系单中已经向海擎公司报告地质状况,并要求海擎公司请示设计院增加桩长,提高承台。中兴公司的该报告行为,符合其投标文件中土方开挖方案的要求,对此海擎公司理应及时给予回复。海擎公司在施工图纸未经审查,且在收到中兴公司对于地质状况异常的报告又不予答复的情况下,对此造成的后果应由其自己承担。另外,根据施工过程中的会议纪要记载,能够确认海擎公司在中兴公司基坑开挖中,干扰了中兴公司的正常施工。结合质量鉴定过程中,当事人双方共同选择了连云港市建设工程质量监督站作为质量问题鉴定单位,且该站在鉴定过程中到海擎公司工地现场进行了踏勘的实际情况,在海擎公司不能提供足以反驳的相反证据和理由的情况下,本院对连云港市建设工程质量监督站《工程质量鉴定报告》的鉴定结论予以认定。海擎公司称未通知其到现场及对检材的真实性没有确认的理由,本院不予采信。就涉案工程相关工序而言,海擎公司进行了质量验收,验收结果为合格。综上所述,依据该鉴定结论,结合各方当事人履行合同的具体行为,本院认为,海擎公司应对桩基施工过程中的质量问题承担责任。

二审法院认为:在涉案桩基工程施工前,海擎公司未按照国家有关规定将施工图报审后再交给施工单位进行施工,给工程质量留下了隐患。在施工过程中发现特殊的地质条件对工程施工造成困难后,双方均未能够秉承诚实信用原则积极作为。作为建设单位,海擎公司未能会同监理单位、设计单位对于施工单位提出的"增加桩长、提高承台"的合理建议予以充分重视并研究相应措施,亦未能会同监理单位对施工单位的土方开挖方案进行审查及专家论证;作为施工单位,中兴公司未能根据特殊的土质要求合理调整土方开挖方案并报监理单位审查,而是机械地按照施工图和原来的挖土方案进行施工。此外,在施工过程中,中兴公司没有对道路进行加固,海擎公司使用载重汽车参与土方开挖和运输,干扰了正常施工,双方均存在过错。综合分析、比较以上因素,本院认为,建设单位应当对本案工程质量问题的发生承担80%的责任,施工单位应当承担20%责任。

再审法院认为:案涉工程质量出现重大问题,建设单位与施工单位均有过错。海擎公司违反诚信原则,在签订合同之前未提交岩土工程详细勘察报告,未提交经过审核的施工图纸,违反《建设工程质量管理条例》规定的基本建设程序,为质量事故的发生埋下隐患;海擎公司未能会同监理单位、设计单位对于施工单位提出的"增加桩长、提高承台"的合理建议予以充分重视并研究相应措施,亦未能会同监理单位对施工单位的土方开挖方案进行审查及组织专家论证,且在施工过程中,使用载重汽车参与土方开挖及运输导致道路碾压,海擎公司一味强调工程造价为不变价,并以中兴公司施工应当采取何种方案与建设单位无关为由,对施工单位调整设计方案的建议未予重视与答复,故应承担相应的责任。作为专业施工单位,中兴公司在没有看到岩土详细勘察报告及经过审核的施工图情况下,即投标承揽工程,本身就不够慎重,发现特殊地质情况后虽提出建议,但在海擎公司不予认可之后仍不计后果冒险施工,对桩基出现的质量问题采取了一种放任态度。这种主观状态和做法应得到否定性评价。如果中兴公司真正关心工程质量,应当与海擎公司就地质情况所带来的问题进行协商,协商不成,明知工程无法继续应当采取措施避免损失的扩大。从案涉工程施工开始,中兴公司都可采取停止施工的止损措施,但其为了自己的合同利益,一味蛮干,且直到2008年3月6日,还与海擎公司签订内容为"考虑到中兴公司施工有一定困难土方量加大,海擎公司一次性补助中兴公司42万元,对中兴公司在施工过程中出现的道路、排水、塌方等一切困难及问题,海擎公司一律不再承担任何费用,全部由中兴公司自行承担并解决"的补充协议。中兴公司虽主张该协议的补助仅是针对土方量增加的补助而非工程质量问题,但也说明中兴公司为谋取合同利益而忽视质量风险。因此本院认为,中兴公司对工程质量事故责任应承担比二审判决所确定的比例更高的责任。

综上所述,建设单位海擎公司对本案工程质量问题的发生应承担主要责任,施工单位中兴公司承担次要责任。本院认为,应对二审法院确定的责任比例进行调整,由海擎公司对本案工程质量问题的发生承担70%的责任,中兴公司承担30%的责任。

【案例评析】

本案虽然发承包双方签署的是施工总承包合同,但质量问题源于发包人未及时提供勘察资料,工程总承包模式下鼓励发包人完成勘察并对勘察成果真实性、准确性负责,本案所产生的问题和责任归属也可在工程总承包模式下予以借鉴。

1.在本案中,发包人未按规定提供地质勘察报告,也不能证明在招标投标过程中曾提供岩土工程详细勘察报告,应对因双方签约前未曾预见的特殊地质条件导致工程质量问题承担主要责任,也即发包人应该对不是承包人承包范围的地质勘察报告的完整性、准确性负责。

承包人收到地勘报告后,发现地勘报告与实际地质情况不符时,首先应该向发包人报告,并提供新的施工组织方案给发包人审查,发包人审查同意新的施工组织方案后,才能进行后续施工;如果承包人未尽到谨慎注意义务,擅自施工,由此导致质量和安全问题,也应由承包人承担过错责任。

2.因为施工图设计是发包人委托的,本案中施工图设计文件未经过建设主管部门审查批准,法院认为属于发包人的责任,没有问题;但在工程总承包项目中,承包人负责整个项目的设计、施工、采购,并应对整个项目的竣工验收交付使用向发包人负责,因此,工程总承包模式下承包人应该对施工图设计文件未经过建设主管部门审查批准及施工图文件编制质量负责。

【案例二】罗甸协鑫光伏电力有限公司、广州艾博电力设计院有限公司建设工程施工合同纠纷案

【基本信息】

审理法院:贵州省黔南布依族苗族自治州中级人民法院

案号:(2020)黔27民终3759号

【裁判观点】

未提供项目相关资料及未配合发包人办理相关审批文件的,承包人申请返还质保金,不予支持。

【案情摘要】

2017年3月24日,原告广州艾博电力设计院有限公司(以下简称艾博公司)和第三人电建集团江西水电公司中标取得被告罗甸协鑫光伏电力有限公司(以下简称协鑫公司)投资建设的"罗甸县朗顶一期农林互补光伏电站项目110kV送出线路含对侧间隔EPC工程"项目后,被告协鑫公司就与原告艾博公司和第三人电建集团江西水电公司签订了《EPC工程总承包合同》,合同约定工程的价款为2550万元。总承包合同签订后,原告艾博公司和第三人电建集团江西水电公司向被告协鑫公司提交相关资料,经被告协鑫公司审核后于2017年4月5日开工建设,该项目于2017年6月26日并网投入使用,2018年1月29日通过了验收。原告于 2018 年 1 月向被告提交了工程结算申请表及所需的全部竣工结算资料。但被告一直没有为原告和第三人电建集团江西水电公司办理结算,至今尚欠原告工程款 510 万元及合同结算价 5% 的质保金。原告多次要求被告结算并支付工程款及质保金,遭到被告的拒绝后,便提出诉讼。

【争议焦点】

艾博公司认为:原告艾博公司为被告协鑫公司承建的罗甸县朗顶光伏发电项目(EPC 工程项目)已经完工验收并发电并网。被告协鑫公司应按照合同约定支付剩余的工程款,但被告未积极履行,其行为不仅违背诚实信用原则,也侵害了原告艾博公司的合法权益。

协鑫公司认为:剩余工程款未付是因为联合体承包人(艾博公司与第三人)一直未完成承包范围内的后续工作,致使工程至今无法办理竣工结算。协鑫公司与艾博公司及第三人签订了《罗甸县朗顶一期农林互补光伏电站项目 110kV 送出线路含对侧间隔 EPC 工程项目总承包合同》,虽然工程通过了验收,但联合体承包人(被上诉人与第三人)一直没有完成承包范围内的环评、水保、林业、土地预审等涉案工程项目前期支持性文件的办理工作,导致工程至今无法竣工结算,剩余工程款因未进行竣工结算,尚不具备合同约定的付款条件。因此,协鑫公司认为剩余工程款支付条件尚未成就,艾博公司应先完成涉案工程项目前期支持性文件办理工作后再主张工程余款。

【法院观点】

按照合同约定,工程竣工验收并办理竣工结算手续后,协鑫公司应支付工程款的 95%,因艾博公司在工程验收后向协鑫公司提交结算报告,但协鑫公司未积极办理结算,按合同约定总工程固定价为 2550 万元,按 95% 支付,应为 2422.5 万元,协鑫公司已支付 1912.5 万元。艾博公司诉请协鑫公司支付 510 万元符合合同约定,对此,一审认定由协鑫公司支付艾博公司工程款 510 万元正确,本院予以确认。一审以艾博公司和第三人电建集团江西水电公司有义务按合同约定办理项目核准所需要的环评、水保、林业、土地预审等支持性文件,艾博公司和第三人电建集团江西水电公司均未向协鑫公司提供,虽争议项目已经验收使用,但缺少相关资料,同样影响协鑫公司的工作,在本案中不予支持艾博公司诉请协鑫公司返还质保金,艾博公司无异议,本院予以确认。

第十节 工程项目管理规定

（一）质量

条文扩充

（一）质量：＿＿＿＿＿＿＿＿＿＿＿＿＿＿＿＿＿＿＿＿。

编写说明

质量管理是指为确保质量特性满足要求而进行的计划、组织、指挥、协调和控制等管理活动。质量管理应以缺陷预防为原则，按照策划、实施、检查、处置的循环方式进行系统动作。

承包人对工程总承包项目的质量标准、质量目标、质量保证体系、质量控制措施等可以在此处进行约定，要体现对承包人质量管理能力的要求，承包人达到发包人设定的质量目标，即应按相关规定落实优质优价奖励标准；而工程总承包项目质量标准的具体要求可以在《发包人要求》"五、技术要求（四）质量标准"中进行约定。

注意事项

1. 质量管理要求应具体、明确

工程总承包模式下，工程总承包企业对工程的质量、安全、工期和造价等全面负责，建设工程项目质量的好坏取决于承包人的管理水平和技术水平。因此，发包人对于承包人的质量管理应提出具体要求，依靠科学理论、程序、方法，使项目质量管理全过程处于受控状态。

2. 质量管理要求不应降低质量标准

《刑法》第一百三十七条规定："建设单位、设计单位、施工单位、工程监理单位违反国家规定，降低工程质量标准，造成重大安全事故的，对直接责任人员，处五年以下有期徒刑或者拘役，并处罚金；后果特别严重的，处五年以上十年以下有期徒刑,并处罚金。"

《建筑法》第七十二条规定:"建设单位违反本法规定,要求建筑设计单位或者建筑施工企业违反建筑工程质量、安全标准,降低工程质量的,责令改正,可以处以罚款;构成犯罪的,依法追究刑事责任。"

《建筑法》第七十三条规定:"建筑设计单位不按照建筑工程质量、安全标准进行设计的,责令改正,处以罚款;造成工程质量事故的,责令停业整顿,降低资质等级或者吊销资质证书,没收违法所得,并处罚款;造成损失的,承担赔偿责任;构成犯罪的,依法追究刑事责任。"

《建设工程质量管理条例》第十条第二款规定:"建设单位不得明示或者暗示设计单位或者施工单位违反工程建设强制性标准,降低建设工程质量。"

《建设工程质量管理条例》第五十六条规定:"违反本条例规定,建设单位有下列行为之一的,责令改正,处 20 万元以上 50 万元以下的罚款:……(三)明示或者暗示设计单位或者施工单位违反工程建设强制性标准,降低工程质量的……"

3. 发包人直接指定分包人的质量风险管理

《工程建设项目施工招标投标办法》第六十六条规定:"招标人不得直接指定分包人……"《房屋建筑和市政基础设施工程施工分包管理办法》第七条规定:"建设单位不得直接指定分包工程承包人……"发包人直接指定分包人存在合规性风险。

《民法典》第七百九十一条第二款规定:"总承包人或者勘察、设计、施工承包人经发包人同意,可以将自己承包的部分工作交由第三人完成。第三人就其完成的工作成果与总承包人或者勘察、设计、施工承包人向发包人承担连带责任……"由此,对分包工程进行质量管理是承包人对工程质量所负的法定责任。

实践中,仍然存在发包人直接指定分包的情形,此时应约定分包工程仍由承包人管理,且由承包人切实履行对分包人的质量管理。

(二)进度,包括里程碑进度计划(如果有)

条文扩充

(二)进度,包括里程碑进度计划(如果有):＿＿＿＿＿＿＿＿＿＿＿。

编写说明

进度管理,是指采用科学的方法确定进度目标,编制进度计划和资源供应计划,在与质量、费用目标协调的基础上,检查实际进度是否与计划进度相一致并采取有效措施,保证实现工期目标。工期目标的实现,依赖于对里程碑事件的控制,过程中应及时对里程碑事件进行评估。

承包人对工程总承包项目的进度实施和控制等可以在此处进行约定,要体现对承包人进度管理能力的要求;而工程承包项目进度计划的具体要求可以在《发包人要求》"四、时间要求"中进行约定。

注意事项

1. 工程进度计划中应重点关注的内容

应在工程进度计划中体现主要里程碑节点、关键线路的逻辑关系、任务项工期、重要性、资源名称,在关键线路上的任务项受到其他专业任务限制而采取无逻辑连接的输入时,应给予说明。

主要里程碑节点内容包括:开始设计工作、进场、开工、正负零、验收、竣工验收备案、移交计划等。

2. 不得设置不合理工期和任意压缩合理工期

《政府投资条例》第三十四条规定:"项目单位有下列情形之一的,责令改正,根据具体情况,暂停、停止拨付资金或者收回已拨付的资金,暂停或者停止建设活动,对负有责任的领导人员和直接责任人员依法给予处分:……(六)无正当理由不实施或者不按照建设工期实施已批准的政府投资项目。"

《建设工程安全生产管理条例》第五十五条规定:"违反本条例的规定,建设单位有下列行为之一的,责令限期改正,处 20 万元以上 50 万元以下的罚款;造成重大安全事故,构成犯罪的,对直接责任人员,依照刑法有关规定追究刑事责任;造成损失的,依法承担赔偿责任:……(二)要求施工单位压缩合同约定的工期的……"

《建设工程质量管理条例》第五十六条规定:"违反本条例规定,建设单位有下列行为之一的,责令改正,处 20 万元以上 50 万元以下的罚款:……(二)任意压缩合理工期的……"

《工程总承包管理办法》第二十四条规定:"建设单位不得设置不合理工期,不得任意压缩合理工期。工程总承包单位应当依据合同对工期全面负责,对项目总进度和各阶段的进度进行控制管理,确保工程按期竣工。"

(三)支付

条文扩充

(三)支付:_____。

编写说明

支付管理规定应对预付款、进度款、竣工结算款、安全文明措施费的支付方式、质保金的提供形式及返还方式、期限要求、准确性要求、审核流程、承包人使用工程资金的要求、农民工工资专用账户的人工费支付比例及支付周期等作出约定。

承包人使用工程资金的要求可进一步细化为:承包人应及时支付分包人、供应商款项,不得挪用占用;承包人对农民工工资支付应合法合规,否则应承担违约责任并赔偿给发包人造成的损失等。

注意事项

1. 人工费应按月支付。根据《保障农民工工资支付条例》和《示范文本》(2020)的规定,人工费应按月付至农民工工资专用账户,无论发包单位还是工程总承包单位都应加强农民工工资专用账户及人工费支付的风险管理,保护农民工利益,促进社会稳定。

2.《示范文本》(2020)通用合同条件第 14.2.1 项[预付款支付]约定:"预付款的额度和支付按照专用合同条件约定执行……发包人逾期支付预付款超过 7 天的,承包人有权向发包人发出要求预付的催告通知,发包人收到通知后 7 天内仍未支付的,承包人有权暂停施工,并按第15.1.1项[发包人违约的情形]执行。"

3.《示范文本》(2020)通用合同条件第14.3.2项[进度付款审核和支付]约定:"……除专用合同条件另有约定外,发包人应在进度款支付证书签发后14天内完成支付,发包人逾期支付进度款的,按照贷款市场报价利率(LPR)支付利息;逾期支付超过56天的,按照贷款市场报价利率(LPR)的两倍支付利息。"

4. 企业投资项目如涉及垫资,应对垫资及垫资利息作出明确约定,但发包人应仍有满足施工所需要的资金安排的义务,以保障农民工工资支付。

5. 在支付条款中,发包人应合理设置支付周期,并且支付节点和比例宜按照设计、采购、施工分别设置。

6. 政府投资项目不得由施工单位垫资建设。《政府投资条例》第二十二条规定:"政府投资项目所需资金应当按照国家有关规定确保落实到位。政府投资项目不得由施工单位垫资建设。"第三十三条规定:"有下列情形之一的,依照有关预算的法律、行政法规和国家有关规定追究法律责任:……(二)未按照规定及时、足额办理政府投资资金拨付……"《保障农民工工资支付条例》第二十三条规定:"建设单位应当有满足施工所需要的资金安排。没有满足施工所需要的资金安排的,工程建设项目不得开工建设;依法需要办理施工许可证的,相关行业工程建设主管部门不予颁发施工许可证。政府投资项目所需资金,应当按照国家有关规定落实到位,不得由施工单位垫资建设。"

7. 项目资金必须满足农民工工资支付。《保障农民工工资支付条例》第五十七条规定:"有下列情形之一的,由人力资源社会保障行政部门、相关行业工程建设主管部门按照职责责令限期改正;逾期不改正的,责令项目停工,并处5万元以上10万元以下的罚款:(一)建设单位未依法提供工程款支付担保;(二)建设单位未按约定及时足额向农民工工资专用账户拨付工程款中的人工费用;(三)建设单位或者施工总承包单位拒不提供或者无法提供工程施工合同、农民工工资专用账户有关资料。"第五十九条规定:"政府投资项目政府投资资金不到位拖欠农民工工资的,由人力资源社会保障行政部门报本级人民政府批准,责令限期足额拨付所拖欠的资金;逾期不拨付的,由上一级人民政府人力资源社会保障行政部门约谈直接责任部门和相关监管部门负责人,必要时进行通报,约谈地方人民政府负责人。情节严重的,对地方人民政府及其有关部门负责人、直接负责的主管人员和其他直接责任人员依法依规给予处分。"第六十一条规定:"对于建设资金不到位、违法违规开工建设的社会投资工程建设项目拖欠农民工工资的,由人力资源社会保障行政部门、其他有关部门按照职责依法对建设单位进行处罚;对建设单位负责人依法依规给予处分。相关部门工作人员未依法履行职责的,由有关机关依法依规给予处分。"

(四)HSE(健康、安全与环境管理体系)

┃条文扩充┃

(四)HSE(健康、安全与环境管理体系):＿＿＿＿＿＿＿＿＿＿。

┃编写说明┃

HSE 管理体系是健康(Heath)、安全(Safety)和环境管理(Environment)体系的简称。这些要素通过先进、科学、系统的运行模式有机地融合在一起,相互关联、相互作用,形成动态管理体系。

HSE 管理体系对项目从健康、安全和环境角度进行风险分析,确定其自身活动可能发生的危害和后果,从而采取有效的防范手段和控制措施防止危害发生,以最大限度地追求不发生事故、不损害人身健康、不破坏环境。

《示范文本》(2020)中,与 HSE 相关条款有:通用合同条件第 7.6 款、第 7.7 款、第 7.8 款及专用合同条件第 7.6.1 项等。HSE 管理体系应注意与前述条款保持一致。

┃注意事项┃

1. 应约定具体的 HSE 管理目标

《工程总承包管理办法》第九条规定:"建设单位应当根据招标项目的特点和需要编制工程总承包项目招标文件,主要包括以下内容:……(四)发包人要求,列明项目的目标、范围、设计和其他技术标准,包括对项目的内容、范围、规模、标准、功能、质量、安全、节约能源、生态环境保护、工期、验收等的明确要求……"

应本着"预防为主,防治结合"的原则,应约定具体的 HSE 管理目标,如建立职业健康安全管理体系;杜绝死亡、重伤及重大机械事故,无火灾事故;不发生较大及以上级别的安全事故,不发生人身死亡或重伤的一般事故;安全隐患整改治理率;不发生重大环境事件等。

2. 注意违反 HSE 管理要求可能面临的刑事和行政法律风险

《刑法》第一百三十四条规定:"在生产、作业中违反有关安全管理的规定,因而发生重大伤亡事故或者造成其他严重后果的,处三年以下有期徒刑或者拘役;情节特别恶劣的,处三年以上七年以下有期徒刑。强令他人违章冒险作业,或者明知存在重大事故隐患而不排除,仍冒险组织作业,因而发生重大伤亡事故或者造成其他严重后果的,处五年以下有期徒刑或者拘役;情节特别恶劣的,处五年以上有期徒刑。"

《刑法》第一百三十五条规定:"安全生产设施或者安全生产条件不符合国家规定,因而发生重大伤亡事故或者造成其他严重后果的,对直接负责的主管人员和其他直接责任人员,处三年以下有期徒刑或者拘役;情节特别恶劣的,处三年以上七年以下有期徒刑。"

《建筑法》第七十一条规定:"建筑施工企业违反本法规定,对建筑安全事故隐患不采取措施予以消除的,责令改正,可以处以罚款;情节严重的,责令停业整顿,降低资质等级或者吊销资质证书;构成犯罪的,依法追究刑事责任。建筑施工企业的管理人员违章指挥、强令职工冒险作业,因而发生重大伤亡事故或者造成其他严重后果的,依法追究刑事责任。"

《建筑法》第七十二条规定:"建设单位违反本法规定,要求建筑设计单位或者建筑施工企业违反建筑工程质量、安全标准,降低工程质量的,责令改正,可以处以罚款;构成犯罪的,依法追究刑事责任。"

《建筑法》第七十三条规定:"建筑设计单位不按照建筑工程质量、安全标准进行设计的,责令改正,处以罚款;造成工程质量事故的,责令停业整顿,降低资质等级或者吊销资质证书,没收违法所得,并处罚款;造成损失的,承担赔偿责任;构成犯罪的,依法追究刑事责任。"

《建设工程安全生产管理条例》第五十四条规定:"违反本条例的规定,建设单位未提供建设工程安全生产作业环境及安全施工措施所需费用的,责令限期改正;逾期未改正的,责令该建设工程停止施工。建设单位未将保证安全施工的措施或者拆除工程的有关资料报送有关部门备案的,责令限期改正,给予警告。"

《建设工程安全生产管理条例》第五十五条规定:"违反本条例的规定,建设单位有下列行为之一的,责令限期改正,处 20 万元以上 50 万元以下的罚款;造成重大安全事故,构成犯罪的,对直接责任人员,依照刑法有关规定追究刑事责任;造成损失的,依法承担赔偿责任:(一)对勘察、设计、施工、工程监理等单位提出不符合安全生产法律、法规和强制性标准规定的要求的……"

《建设工程安全生产管理条例》第五十六条规定:"违反本条例的规定,勘察单位、设计单位有下列行为之一的,责令限期改正,处 10 万元以上 30 万元以下的罚款;情节严重的,责令停业整顿,降低资质等级,直至吊销资质证书;造成重大安全事故,构成犯罪的,对直接责任人员,依照刑法有关规定追究刑事责任;造成损失的,依法承担赔偿责任:(一)未按照法律、法规和工程建设强制性标准进行勘察、设计的;(二)采用新结构、新材料、新工艺的建设工程和特殊结构的建设工程,设计单位未在设计中提出保障施工作业人员安全和预防生产安全事故的措施建议的。"

《建设工程安全生产管理条例》第六十二条规定:"违反本条例的规定,施工单位有下列行为之一的,责令限期改正;逾期未改正的,责令停业整顿,依照《中华人民共和国安全生产法》的有关规定处以罚款;造成重大安全事故,构成犯罪的,对直接责任人员,依照刑法有关规定追究刑事责任:(一)未设立安全生产管理机构、配备专职安全生产管理人员或者分部分项工程施工时无专职安全生产管理人员现场监督的;(二)施工单位的主要负责人、项目负责人、专职安全生产管理人员、作业人员或者特种作业人员,未经安全教育培训或者经考核不合格即从事相关工作的;(三)未在施工现场的危险部位设置明显的安全警示标志,或者未按照国家有关规定在施工现场设置消防通道、消防水源、配备消防设施和灭火器材的;(四)未向作业人员提供安全防护用具和安全防护服装的;(五)未按照规定在施工起重机械和整体提升脚手架、模板等自升式架设设施验收合格后登记的;(六)使用国家明令淘汰、禁止使用的危及施工安全的工艺、设备、材料的。"

《建设工程安全生产管理条例》第六十三条规定:"违反本条例的规定,施工单位挪用列入建设工程概算的安全生产作业环境及安全施工措施所需费用的,责令限期改正,处挪用费用 20% 以上 50% 以下的罚款;造成损失的,依法承担赔偿责任。"

《建设工程安全生产管理条例》第六十四条规定:"违反本条例的规定,施工单位有下列行为之一的,责令限期改正;逾期未改正的,责令停业整顿,并处 5 万元以上 10 万元以下的罚款;造成重大安全事故,构成犯罪的,对直接责任人员,依照刑法有关规定追究刑事责任:(一)施工前未对有关安全施工的技术要求作出详细说明的;(二)未根据不同施工阶段和周围环境及季节、气候的变化,在施工现场采取相应的安全施工措施,或者在城市市区内的建设工程的施工现场未实行封闭围挡的;(三)在尚未竣工的建筑物内设置员工集体宿舍的;(四)施工现场临时搭建的建筑物不符合安全使用要求的;(五)未对因建设工程施工可能造成损害的毗邻建筑物、构筑物和地下管线等采取专项防护措施的。施工单位有前款规定第(四)项、第(五)项行为,造成损失的,依法承担赔偿责任。"

《建设工程安全生产管理条例》第六十五条规定:"违反本条例的规定,施工单位有下列行为之一的,责令限期改正;逾期未改正的,责令停业整顿,并处 10 万元以上 30 万元以下的罚款;情节严重的,降低资质等级,直至吊销资质证书;造成重大安全事故,构成犯罪的,对直接责任人员,依照刑法有关规定追究刑事责任;造成损失的,依法承担赔偿责任:(一)安全防护用具、机械设备、施工机具及配件在进入施工现场前未经查验或者查验不合格即投入使用的;(二)使用未经验收或者验收不合格的施工起重机械和整体提升脚手架、模板等自升式架设设施的;(三)委托不具有相应资质的单位承担施工现场安装、拆卸施工起重机械和整体提升脚手架、模板等自升式架设设施的;(四)在施工组织设计中未编制安全技术措施、施工现场临时用电方案或者专项施工方案的。"

《建设工程安全生产管理条例》第六十六条规定:"违反本条例的规定,施工单位的主要负责人、项目负责人未履行安全生产管理职责的,责令限期改正;逾期未改正的,责令施工单位停业整顿;造成重大安全事故、重大伤亡事故或者其他严重后果,构成犯罪的,依照刑法有关规定追究刑事责任。作业人员不服管理、违反规章制度和操作规程冒险作业造成重大伤亡事故或者其他严重后果,构成犯罪的,依照刑法有关规定追究刑事责任。施工单位的主要负责人、项目负责人有前款违法行为,尚不够刑事处罚的,处 2 万元以上 20 万元以下的罚款或者按照管理权限给予撤职处分;自刑罚执行完毕或者受处分之日起,5 年内不得担任任何施工单位的主要负责人、项目负责人。"

(五)沟通

条文扩充

(五)沟通:＿＿＿＿＿＿＿＿＿＿＿＿＿＿＿＿。

编写说明

　　沟通管理是确保及时恰当地生成、收集、传播、存储、检索和最终处置项目信息所需的过程。沟通管理内容包括:沟通计划、信息分发、项目绩效报告、利害关系者管理。沟通协调工作是项目管理的重点,也是保证工程顺利实施的关键。在整个工程实施过程中,建设项目组织与主管部门、建设项目组织内部,建设项目与周围环境、其他建设工程间、外部干系人间存在相互联系、相互制约的关系,特别是工期紧迫,需进行多头、平行作业的情况尤为突出。因此,要取得一个建设项目的成功,就必须通过积极有效的组织协调沟通、排除障碍、解决矛盾,以保证实现建设项目的各项预期目标。沟通管理规定应对工作协调程序、联络通道、协调机制、会议纪要等作出约定。

注意事项

　　1. 与承包人工作范围有关外部沟通要求应具体明确
　　可具体约定与承包人工作范围有关的外部沟通要求,如与住建、安监、质监、环保、公安、城管、消防、劳动与社会保障局、工程所在地居委会、自来水、供电局、城建档案馆等部门的沟通要求等。
　　2. 安全隐患及安全事故应按规定及时报告并沟通处理
　　安全隐患及安全事故应按《安全生产法》《建筑法》《建设工程安全生产管理条例》相应规定及时报告并处理。
　　3. 重大质量事故应按规定及时报告
　　《建设工程质量管理条例》第七十条规定:"发生重大工程质量事故隐瞒不报、

谎报或者拖延报告期限的,对直接负责的主管人员和其他责任人员依法给予行政处分。"

(六)变更

条文扩充

(六)变更:＿＿＿＿＿＿＿＿＿＿＿＿＿＿＿。

编写说明

建设过程中的工程变更,对工程质量、工期和造价都可能产生影响。变更管理要求应对变更范围、承包人合理化建议范围、变更引起的合同价格调整等作出约定。发包人编写变更要求时应参照《示范文本》(2020)第13条关于发包人变更权、承包人的合理化建议、变更程序及估价等条款的约定。双方在执行合同及发包人要求涉及变更时,应严格履行合同约定的变更程序,尤其是注意《示范文本》(2020)改变了《建设项目工程总承包合同示范文本(试行)》(GF-2011-0216)明确变更情形的约定,其通过程序来认定变更,无论是发包人还是承包人都应适应建筑业改革《示范文本》(2020)的规定,加强对变更的风险管理,做好投资控制,实现工程总承包模式的优势特征。

注意事项

1.发包人具有变更权,但变更不应擅自改变建设规模、建设内容。

《政府投资条例》第二十一条规定:"政府投资项目应当按照投资主管部门或者其他有关部门批准的建设地点、建设规模和建设内容实施;拟变更建设地点或者拟对建设规模、建设内容等作较大变更的,应当按照规定的程序报原审批部门审批。"

《政府投资条例》第三十四条规定:"项目单位有下列情形之一的,责令改正,根据具体情况,暂停、停止拨付资金或者收回已拨付的资金,暂停或者停止建设活动,对负有责任的领导人员和直接责任人员依法给予处分:……(三)未经批准变更政府投资项目的建设地点或者对建设规模、建设内容等作较大变更……"

《企业投资项目核准和备案管理条例》第十一条规定:"企业拟变更已核准项目的建设地点,或者拟对建设规模、建设内容等作较大变更的,应当向核准机关提出变更申请。核准机关应当自受理申请之日起 20 个工作日内,作出是否同意变更的书面决定。"

《企业投资项目核准和备案管理条例》第十三条规定:"实行备案管理的项目,企业应当在开工建设前通过在线平台将下列信息告知备案机关:……(二)项目名称、建设地点、建设规模、建设内容……"

《企业投资项目核准和备案管理条例》第十四条规定:"已备案项目信息发生较大变更的,企业应当及时告知备案机关。"

《企业投资项目核准和备案管理条例》第十八条第一款规定:"实行核准管理的项目,企业未依照本条例规定办理核准手续开工建设或者未按照核准的建设地点、建设规模、建设内容等进行建设的,由核准机关责令停止建设或者责令停产,对企业处项目总投资额 1‰以上 5‰以下的罚款;对直接负责的主管人员和其他直接责任人员处 2 万元以上 5 万元以下的罚款,属于国家工作人员的,依法给予处分。"

《企业投资项目核准和备案管理条例》第十九条规定:"实行备案管理的项目,企业未依照本条例规定将项目信息或者已备案项目的信息变更情况告知备案机关,或者向备案机关提供虚假信息的,由备案机关责令限期改正;逾期不改正的,处 2 万元以上 5 万元以下的罚款。"

2. 发承包双方应结合《示范文本》(2020)通用合同条件第 13 条的约定,细化变更程序及资料和估价,提升项目管理能力,由粗放式管理向精细化管理转型,适应工程总承包模式风险管理的需要。

3. 应对变更范围作出明确约定。《工程总承包管理办法》第十五条规定:"建设单位和工程总承包单位应当加强风险管理,合理分担风险。建设单位承担的风险主要包括:(一)主要工程材料、设备、人工费价格与招标时基期价相比,波动幅度超过合同约定幅度的部分;(二)因国家法律法规政策变化引起的合同价格的变化;(三)不可预见的地质条件造成的工程费用和工期的变化;(四)因建设单位原因产生的工程费用和工期的变化;(五)不可抗力造成的工程费用和工期的变化。

具体风险分担内容由双方在合同中约定……"前述应由发包人承担的风险及其他构成变更的事项,应在《发包人要求》中予以明确,并与合同相应条款保持一致。

【相关案例】

【案例】潍坊金石环保科技有限公司与山东格润内泽姆环保科技有限公司承揽合同纠纷案

【基本信息】

审理法院:山东省昌邑市人民法院

案号:(2020)鲁 0786 民初 3641 号

【裁判观点】

发包人未向承包人提供试运行所需的资料、未向承包人披露环评报告的技术要求,以致承包人未全面了解涉案工程的各项技术要求,发包人对此应承担一定的指示责任。承包人作为专业环保设备公司,负有设计、施工、调试等合同义务,承揽方应当对该项目的设计方案、技术方案、环评报告技术要求等各方面进行充分全面的了解和专业审核、提出科学合理的建议,但从双方沟通资料来看,合同履行中出现了多种技术问题,承包人甚至未见到环评报告,显然未尽到审慎负责义务,承包人在未对涉案项目相关基础技术资料进行深入评判了解的情况下即进行了施工,导致涉案工程问题频出,以致最终无法达到合同目的,应当承担较大的责任。

【案情摘要】

2016 年 2 月 23 日,原告潍坊金石环保科技有限公司(以下简称金石公司,甲方)与被告山东格润内泽姆环保科技有限公司(以下简称格润公司,乙方)签订《废弃物能源化综合利用项目 EPC 总承包合同》。合同约定:1. 合同总则:本合同用于甲方废弃物能源化综合利用项目,为一套处理能力 400kg/h 废液焚烧系统(含少量固体),配套余热锅炉和烟气处理设施的改造设计、供货及安装,本工程采用 EPC 方式,卖方负责整套装置的设计、供货、施工及调试等。本合同及其附件均为本合同的有效组成部分,当其中相关条款含义有冲突时,甲乙双方协商决定……6. 技术服务和联络:合同生效 15 日内,双方确定技术联络会的次数、时间、地点。会议及其他联络方式双方均应签署纪要,所签纪要作为合同的一部分予以执行……9. 质量与服务保证:乙方保证其供应的本工程设备是全新的,技术水平是先进的、成熟的、质量优良的,设备的选型均符合安全可靠、经济运行和易于维护的要求。乙方有责任更换、修理有缺陷的设备。合同装置性能指标需达到的性能保证值如下:处理废液量:废液:2880t/a;废固:120t/a,排放控制及监测要求:按照国家环保标准《危险废物焚烧污染控制标准》(2014 年征求意见稿)及《山东省区域性大气污染物综合排放标准》(DB 37/2376—2013)实施排放及监测。要求排放指标如下:烟尘 30mg/m³、烟气黑度林格曼级 Ⅰ、一氧化碳 80mg/m³、二氧化硫 200mg/m³……

2016 年 3 月,原告金石公司(甲方)与被告格润公司(乙方)签订《废弃物能源化综合利用项目技术协议》。技术协议约定:14.1　验收方式:该项目验收由甲方组织,通过中国国家规定的项目法定验收程序,并通过国家有关主管部门(质监局、环保局、消防局、安监局)的验收,形成验收文件。14.2　验收时的焚烧物为丙烯腈或醋酸或二者的混合物。14.3　设备调试时间为设备安装完毕后 2 个月内,设备调试完毕,进入 168 小时试运行,试运行结束后,即进行验收,由于甲方原因而造成的延期验收,自设备安装完毕后 3 个月,视同验收。

2018 年 10 月 25 日,双方形成会议纪要,认定存在脱硫氧化机损坏、烟气洗尘循环水液位难保持、石膏压滤机有漏油现象、爬梯和吸收塔直梯不符合环保验收要求、废液焚烧处理量达不到环保验收要求的负荷量等问题。其中第 5 项载明:废液焚烧处理量达不到环保验收要求的负荷量:因本系统设计为丙烯腈及醋酸同时燃烧时的负荷量,而之前的运行经验为单纯醋酸废液无法正常燃烧,丙烯腈在冬季运行条件下可满足 70% 负荷量要求,夏季可满足 50% 负荷量,因醋酸热值低,若能正常燃烧,预计可满足环保验收的负荷要求(合同附件要求 400kg/h 废液,并未约定废液成分),因此双方约定下次点炉运行时,通过调试,达到设计要求,同时金石方需保证稳定的丙烯腈和醋酸废液浓度(醋酸废液成分含量按技术方案金石方给出的相关参数执行),以达到可稳定燃烧的条件。

2019 年 4 月 24 日,被告向原告发送标题为"项目调试总结及改造方案(发航天院)"的电子邮件,对 2019 年 1 月调试运行期间暴露的问题进行了总结和分析,主要包括:粉尘超标、系统负荷无法满足环保要求、设备损耗较大和日常维护水平低等,被告提出了改造思路和改造工程量。

2020 年 7 月 5 日,原告金石公司通过邮寄快递的方式通知被告涉案项目至今未调试成功,排放不达标,无法通过环保部门验收。后经多次通知被告整改,亦未调试成功,要求被告务必在 2020 年 9 月 30 日之前调试成功,否则原告有权解除合。

2020 年 10 月 14 日,潍坊市生态环境局昌邑分局向原告发出《关于对自建危险废物焚烧炉进行拆除的通知》,现要求原告于 10 月底前,将危险废物焚烧炉整体进行拆除。

此外,被告格润公司就涉案工程从案外人宜兴市恒泰环保设备有限公司定作加工废液焚烧炉,双方在履行定作加工合同中就工程款和焚烧炉质量问题发生争议,并提起诉讼。经司法鉴定,涉案焚烧炉存在缺陷,不能达到约定处理量,法院认定合同目的无法实现,判决双方之间的合同解除,由案外人宜兴市恒泰环保设备有限公司返还被告格润公司相应工程款并赔偿经济损失、自行拆除定作物等。

【争议焦点】

1. 焚烧物添加物是否符合技术要求?

2. 工程设计方案是否存在缺陷?

原告金石公司认为:双方履行的是 EPC 合同,验收、调试均需按照合同的指标进行验收,被告格润公司作为一个专业的设计施工单位,在整个合同履行过程中均未对设计指标以及参数提出任何异议,所以被告是知情的。至于环评报告,并非双方验收的标准,本案的标的物就是焚烧炉,焚烧炉已经不合格,其余的有关焚烧炉的相关设计施工都是辅助的。

被告格润公司认为:首先,原告自行委托设计院对整体项目进行设计,并且以此设计方案备案通过项目审批,被告是依据原告委托并认可的设计院出具设计方案进行的供货及安装工作,设计方案合理与否,直接关系设备运行情况,所以本案在监理公司出具项目合格的监理报告情况下,应区分设计因素导致的调试不合格还是设备本身的因素导致的调试不合格,不应将所有的责任全部推卸到被告方。

其次,关于未通过验收的原因,根据环境影响报告书第 2 - 74 页的表 2.2 - 2 进入焚烧装置的危废情况一览表显示:丙烯腈蒸馏废液、醋酸蒸馏废液、甲醇废液这三种危废处理量、百分比、每小时处理量、低位热值等均有明确的参数要求,而该报告第 2-84 页 2.4.3 配伍系统项下的第二段说明也明确记载:"危险废物入炉前,需依其成分、热值等参数进行搭配,尽可能保障焚烧炉稳定运行……(1)要求均衡废物的热值和水分;(2)要求均衡入窑废物的成分:根据焚烧危废的性质,均衡配比……"企业根据生产装置产生的危险废物的性质按照比例进行混合,并委托科标检测(青岛)测试中心对各样品的理化特性指标进行分析化验,掌握一定的数据后才能对物料进行搭配,具体配伍比例见报告第 2-85 页(证据第 372 页)表 2.4-3 和表 2.4-4 拟建项目原料废物组分配伍一览表,该表显示:丙烯腈废液、醋酸废液、甲醇废液的产生量和配伍比例均有明确的参数要求,而且在这三种焚烧物中,甲醇废液的配伍比例要远远高于丙烯腈废液和醋酸废液。但是在实际调试过程中,原告在调试试运行过程中并未使用上述环评报告中的焚烧物进行调试,之前的调试单纯使用的是丙烯腈废液,所以无法正常燃烧。而环评报告要求要将丙烯腈废液、醋酸废液、甲醇废液按照合理的焚烧物配比入炉焚烧才能达到预期的焚烧指标效果。因此,单纯燃烧丙烯腈废液达不到环保验收指标的过错不在被告方。

【法院观点】

首先,关于焚烧物添加物是否符合技术要求?

原告、被告在总承包合同、补充协议、技术方案中只有丙烯腈和醋酸废液的处理能力分析和排放标准的约定,无添加废液配比比例的约定。在技术协议第 14.2款约定验收时的焚烧物为丙烯腈或醋酸或二者的混合物。在 2018 年 10 月 25 日会议纪要中,双方认可达不到环保要求的负荷量是因为"本系统设计为丙烯腈及醋酸同时燃烧时的负荷量,而之前的运行经验为单纯醋酸废液无法正常燃烧"。环境影响报告书第 2.4.3 项载明危险废物入炉前,需依其成分、热值等参数进行搭配,尽可能保障焚烧炉稳定运行,降低焚烧残渣的热灼减率。搭配的过程要特别注意废物之间的相容性,以避免不相容的废物混后产生不良后果。综合各项文件记载来看,技术协议与环境影响报告书对焚烧物的技术要求不一致,后双方在调试过程中对处理量不足的原因进行了分析,并在会议纪要中认可单一焚烧物不能达到验收标准的问题,并对焚烧物标准在会议纪要中进行了约定,即应按照稳定的比例添加焚烧物。结合环境影响报告书对焚烧物配比比例的分析,能够说明从技术上要达到合同约定的处理量,应当按照合理比例混合添加焚烧物。对于该问题导致的责任和后果,一方面,原告未提供证据证明其提供了合理的焚烧物配比比例并向被告披露环评报告的技术要求,以致被告格润公司作为承揽方未全面了解涉案工程的各项技术要求,原告作为定作方对此应承担一定的指示责任。另一方面,被告格润公司作为承揽方,又是专业环保设备公司,负有设计、施工、调试等合同义务,应当对该项目的设计方案、技术方案、环评报告技术要求等各方面进行充分全面的了解和专业审核、提出科学合理的建议,但从双方电子邮件等材料来看,合同履行中出现了包括焚烧物种类及比例在内的多种技术问题,被告甚至未见到环评报告,显然未尽到审慎负责义务,被告在未对涉案项目相关基础技术资料进行深入评判了解的情况下即进行了施工,导致涉案工程问题频出,以致最终无法达到合同目的,应当承担较大的责任。

其次,工程设计方案是否存在缺陷?

从承包合同要求及目的来看,被告对整个系统的设计、供货、施工、调试均有合同义务,双方履行合同的目的是以被告的技术等专业能力达到系统按照合同标准及国家强制性标准正常运行的目标,并非简单的被动的按照原告的要求安装施工。被告在不具备设计能力的情况下,由第三方进行设计并无不当,被告以该系统设计由原告与山东鲁新设计工程有限公司制作出具为由,认为其不应承担设计上的缺陷责任,该主张与合同约定不符,且被告未举证证明调试不成功存在设计缺陷因素。

【案例评析】

因本案二审正在审理中,一审判决并非最终结果,在此仅结合一审判决认定事实作简要评析。

本案为EPC合同纠纷,合同内容为承包人为发包人提供一套处理能力为400kg/h的废液焚烧系统(含配套余热锅炉和烟气处理设施的改造设计、供货、安装),但最终项目未通过竣工验收,发包人起诉合同目的不能实现,要求法院解除合同,并最终获得一审法院支持。

本案就承包人而言需要引起更多的重视,环保类的工程总承包项目,承包人要注意防范试运行中所需发包人所提供的外部条件,注意发包人要求中试运行阶段的质量要求,以避免发包人将因发包人自身未提供符合试运行所需的外部环境、配合资料等原因导致的试运行失败责任归结给承包人。

就本案而言,废液焚烧系统的 EPC 合同,发包人应在招标文件中明确废液焚烧设备入口废液的相关指标和参数以及焚烧处理后的指标要求,避免因入口废液指标或参数变化导致不能达到合同约定的验收条件而产生争议。

第十一节 其 他 要 求

(一)对承包人的主要人员资格要求

条文扩充

(一)对承包人的主要人员资格要求

1. 承包人主要人员范围认定:＿＿＿＿＿＿＿＿＿＿＿＿；

2. 承包人主要人员的确定和变动:＿＿＿＿＿＿＿＿＿＿＿；

3. 承包人主要人员具体信息:＿＿＿＿＿＿＿＿＿＿＿＿；

4. 特定岗位人员最低要求:＿＿＿＿＿＿＿＿＿＿＿＿。

编写说明

工程总承包项目对承包人主要人员的资格要求普遍较高,是由工程总承包模式的特点及该模式下发包人和承包人双方权责范围及风险承担决定的。

工程总承包项目下,业主将设计、采购、施工等内容通过交钥匙合同一并交给承包人,承包人的工作范围包括设计、工程材料和机电设备的采购以及工程施工,直至工程竣工、验收、交付业主后能够立即运行。承包人负责的设计工作不但包括工程图纸的设计,还包括整个设计过程的管理工作。对于工程总承包项目的风险承担,从设计、建造开工日期起到签发全部工程的试运行证书为止,承包人对工程按约交付负全部责任。

为保证承包人主要人员能够胜任项目管理工作,发包人一般通过约定承包人主要人员的范围、承包人主要人员的确定和变动程序、承包人主要人员的具体信息、特定岗位人员的最低要求等内容,对承包人派驻详细设计办公室或施工现场办公室的主要人员进行把控。

1. 承包人主要人员的范围虽然根据具体工程有所差别,但一般会涵盖以下人员:

(1)总部:项目主管及其他成员;

(2)现场:工程总承包项目经理、项目副经理、设计负责人、采购负责人、施工负责人、技术负责人、造价管理人员、质量管理人员、计划管理人员、安全管理人员、环境管理人员等。部分大型项目可根据实际需要决定是否在承包人主要人员范围中增加:界面经理、现场设计经理、主要专业负责人、试运经理等岗位。随着《保障农民工工资支付条例》的实施,项目现场还应配置劳资专管员,协助项目经理进行现场农民工工资支付的管理。

2. 承包人主要人员的确定和变动,一般包括承包人主要人员的资料审核、面试,以及不能胜任具体工作岗位人员的替换等。

3. 承包人主要人员具体信息,可以综合考虑具体项目下特定岗位的管理难度以及具体项目对特定岗位人员资格要求的侧重点等,约定承包人主要人员应报送的信息。这类具体信息一般包括:姓名、性别、民族、职级、项目岗位、资历、项目经历、与岗位相匹配的执业证书等。

4. 特定岗位人员最低要求,在本项中发包人可以根据具体工程项目的执行难度和专业程度对特定岗位主要人员设定最低要求。例如,在特大型油气项目中,发包人可以要求项目设计经理需要具备 10 年以上油气领域设计工作经历和/或三个以上类似项目的设计负责人经历。

注意事项

1. 依据《工程总承包管理办法》第十九条的规定,工程总承包单位应当设立项目管理机构,设置项目经理,配备相应管理人员,加强设计、采购与施工的协调,完善和优化设计,改进施工方案,实现对工程总承包项目的有效管理控制。发包人应在招标阶段将承包人主要人员资格要求在招标文件中明确。

(1)招标文件是总承包人的报价基础,在招标文件中对承包人主要人员资格要求进行明确,既可以统一各投标人的报价基础,又能够督促承包人尽可能早地组织能够胜任岗位的管理人员。

(2)实践中,投标人在投标文件中往往只能提交项目组织架构和投标阶段能够确定的主要管理人员信息,项目执行阶段中,承包人主要人员往往会发生变动。通过在招标文件中明确承包人主要人员资格和变动要求,有利于保障发包人在项目执行阶段对承包人主要人员的管控。

2. 发包人编制承包人主要人员资格要求时不能根据经验"一刀切",而应根据具体工程项目的特点有侧重点地对特定岗位的资格要求作出约定。

(1)发包人要求的高低与工程造价预算息息相关。发包人对承包人主要人员的资格要求过高,会导致造价预算升高;过低则容易导致现场管理能力不足,阻碍项目目的的实现。因此,发包人编制承包人主要人员资格要求时应突出重点、实事求是,对于一般性项目参照行业惯例,对于专业性较高的项目、特定岗位提出适度较高的要求。

(2)发包人编制承包人主要人员资格要求时,需要结合项目的执行特点和难度具体考虑相关资格要求。例如,对于设计内容占比较大、现场安装占比较小的设备安装类项目,应提高对设计经理岗位的资格要求标准;又如,对现场施工在境外东道国进行的项目,则应对现场 HSE、质量、控制等岗位在语言、证书、软件使用方面提出符合东道国标准的要求。

3. 未在招标阶段明确承包人主要人员资格要求的风险。

当发包人在招标文件中未对承包人主要人员的资格要求作出约定时,虽然总承包人作为有经验的承包人有义务提供能够胜任现场管理工作的人员,但是,在发包人认为承包人特定人员不足以胜任当前岗位的情形下,发包人往往缺少要求承包人更换特定主要人员的直接依据。

(二)相关审批、核准和备案手续的办理

■ 条文扩充 ■

(二)相关审批、核准和备案手续的办理

政府投资项目相关审批、核准和备案手续的办理:＿＿＿＿＿＿＿＿＿＿

企业投资项目相关审批、核准和备案手续的办理:＿＿＿＿＿＿＿＿＿＿

编写说明

1.政府投资项目

（1）对于政府投资项目，《政府投资条例》第二条规定了"政府投资"的范围，指在中国境内使用预算安排的资金进行固定资产投资建设活动，包括新建、扩建、改建、技术改造等。《政府投资条例》第九条对其定义为："政府采取直接投资方式、资本金注入方式投资的项目……"政府投资项目中，项目单位应当编制项目建议书、可行性研究报告、初步设计，按照政府投资管理权限和规定的程序，报投资主管部门或者其他有关部门审批。政府投资项目至少应完成初步设计才能发包，并按照规定流程办完相应的审批、核准、备案手续。

《政府投资条例》第十三条第一款规定："对下列政府投资项目，可以按照国家有关规定简化需要报批的文件和审批程序：（一）相关规划中已经明确的项目；（二）部分扩建、改建项目；（三）建设内容单一、投资规模较小、技术方案简单的项目；（四）为应对自然灾害、事故灾难、公共卫生事件、社会安全事件等突发事件需要紧急建设的项目。"但可以预见，至少应当完成可行性研究阶段才可发包。因此，无论政府投资项目手续如何简化，建设范围、建设规模、建设标准、功能要求、技术方案等项目基本条件都是必须要审查的范围。且与企业投资项目相类似，工程总承包项目均需具有明确项目基本条件的实质要求，才能明确合同目的，合理分配风险，从这个意义来说，亦要求完成可行性研究才能发包相应工程。

（2）对于按照法律规定需由发包人办理的审批手续，发包人应及时办理，避免因审批手续办理延迟导致工期延误和费用增加。对于部分需要发包人协助承包人办理的审批手续，发包人需要在能力范围之内给予必要协助，并对协助过程做好记录。

（3）政府投资项目中，项目单位应当严格遵守政府投资决策、政府投资计划、政府投资项目实施（包括建设开工和建设变更）等阶段的审批程序，保证项目各项实施细节符合《政府投资条例》的规定。

（4）项目单位可由投资主管部门和其他有关部门通过在线平台列明的与政府投资有关的规划、产业政策等，公开政府投资项目审批的办理流程、办理时限等信息。

（5）政府投资类项目中，在项目投资、年度计划和项目实施阶段可能发生应审批而未审批的风险。《政府投资条例》第三十四条规定："项目单位有下列情形之一的，责令改正，根据具体情况，暂停、停止拨付资金或者收回已拨付的资金，暂停或者停止建设活动，对负有责任的领导人员和直接责任人员依法给予处分：（一）未经批准或者不符合规定的建设条件开工建设政府投资项目；（二）弄虚作假骗取政府投资项目审批或者投资补助、贷款贴息等政府投资资金；（三）未经批准变更政府投资项目的建设地点或者对建设规模、建设内容等作较大变更；（四）擅自增加投资概算；（五）要求施工单位对政府投资项目垫资建设；（六）无正当理由不实施或者不按照建设工期实施已批准的政府投资项目。"

（6）根据《示范文本》（2020）第 2.4.1 项的约定，"发包人在履行合同过程中应遵守法律，并办理法律规定或合同约定由其办理的许可、批准或备案，包括但不限于建设用地规划许可证、建设工程规划许可证、建设工程施工许可证等许可和批准。对于法律规定或合同约定由承包人负责的有关设计、施工证件、批件或备案，发包人应给予必要的协助"。

发包人在履行审批办理或者协助承包人办理相关审批时，应谨慎履约，以免造成工期延误或者费用增加的后果。

2. 企业投资项目

（1）对于企业投资项目，《企业投资项目核准和备案管理条例》第二条对其定义为"企业在中国境内投资建设的固定资产投资项目"。为加快转变政府的投资管理职能，落实企业投资自主权。只有关系国家安全、涉及全国重大生产力布局、战略性资源开发和重大公共利益等项目，才实行核准管理，具体项目体现在政府核准的投资项目目录；政府核准投资项目目录以外的项目实行备案管理。

（2）对于企业投资项目，发包项目需满足建设内容明确、技术方案成熟的要求。可行性研究报告阶段的目的在于明确工程项目建设范围、建设规模、建设标准、功能要求、技术方案等项目基本条件。故企业投资项目必须完成可行性研究报告才可发包。

（3）对于按照法律规定需由发包人办理的核准和备案手续，发包人应及时办理，避免因核准和备案手续办理延迟导致工期延误和费用增加。对于部分需要发包人协助承包人办理的核准和备案手续，发包人需要在能力范围之内给予必要的协助,并对协助过程做好记录。

(4)企业可以通过核准机关、备案机关在线平台列明与项目有关的产业政策、公开项目核准的办理流程、办理时限等信息。

(5)企业办理项目核准手续,应当向核准机关提交项目申请书。由国务院核准的项目,向国务院投资主管部门提交项目申请书,项目申请书应当包括下列内容:项目单位及拟建项目情况、资源开发及综合利用分析、生态环境影响分析、经济影响分析、社会影响分析。企业应当对项目申请书内容的真实性负责。

(6)实行备案管理的项目,企业应当在开工建设前通过在线平台将下列信息告知备案机关:企业基本情况,项目名称、建设地点、建设规模、建设内容,项目总投资额,项目符合产业政策的声明。企业应当对备案项目信息的真实性负责。

(7)根据《企业投资项目核准和备案管理条例》的规定,企业投资项目应核准而未核准的,将面临停止建设、责令停产、罚款的处罚;应备案而未备案则应当承担责令整改和罚款的处罚。

(8)根据《示范文本》(2020)第2.4.1项的约定,"发包人在履行合同过程中应遵守法律,并办理法律规定或合同约定由其办理的许可、批准或备案,包括但不限于建设用地规划许可证、建设工程规划许可证、建设工程施工许可证等许可和批准。对于法律规定或合同约定由承包人负责的有关设计、施工证件、批件或备案,发包人应给予必要的协助"。发包人在履行审批办理或者协助承包人办理相关审批时,应谨慎履约,以免造成工期延误或者费用增加的后果。

注意事项

1.《政府投资条例》和《工程总承包管理办法》规定,发包人在政府投资决策、政府投资年度计划、项目实施等阶段履行相关审批手续的事宜时,承包人应在承包合同约定的工作范围内协助发包人做好项目审批事宜,协助发包人做好项目审批工作的管理。

2.《企业投资项目核准和备案管理条例》和《工程总承包管理办法》规定,实行核准制和备案制管理的事项,承包人应在承包合同约定的工作范围内协助发包人做好项目核准和备案事宜。

3. 对于承包人设计文件审批、核准和备案手续的办理,承包人应按照《发包人要求》第九条第一款"设计文件,及其相关审批、核准、备案要求"的要求办理。

4. 承包人应保证其所有人员遵守与项目执行有关的法律、法规、规章、条例、法令、司法解释等政府机构颁布的法律文件。对此,承包人应完成与此有关的必要的审批手续,如承包人人员的签证和任何进口货物的入境许可证等。

5. 承包人应保证其为完成本项目所执行的工作符合与项目执行有关的法律、法规、规章、条例、法令、司法解释等政府机构颁布的法律文件。对此,承包人应完成与此有关的必要的审批手续。

6. 除法律有明文规定或合同约定应由发包人办理的审批之外,承包人应负责办理本项目下的必要的审批、核准和备案手续。

(三)对项目业主人员的操作培训

条文扩充

(三)对项目业主人员的操作培训

1. 承包人培训义务

承包人应对发包人人员进行工程操作和维修培训。培训应当在工程接收前进行,在培训结束前,不应认为工程已经按照承包合同约定的接收要求竣工。

2. 培训计划的制订

承包人应在承包合同生效后 3 个月内向发包人提交详细的项目培训计划,发包人有权审核承包人提交的培训计划并向承包人回复审核意见。

培训计划涵盖的范围根据承包合同确定承包人工作范围以及发包人和承包人双方的责任矩阵。

培训计划内典型的培训课程至少包括下列要素:

· 课程名称

· 内容概述

· 培训日期

· 培训地点

· 培训时长

·目标参培人员及参培人员数量

·设备/系统信息

·培训人员信息

鉴于合同生效 3 个月内不能保证所有供应商会被授标,培训计划应当是一个动态的更新过程。

3. 培训管理

承包人应任命一个培训协调员作为协调所有培训活动的唯一联系点。培训协调员应负责制订培训计划,培训计划应涵盖承包合同要求的需要由承包人培训的全部内容。

培训协调员应与发包人一起全面参与承包人制订的培训计划的设置和协调。

承包人的培训协调员应确保培训活动遵守现场程序(如应急响应)、生产线组织职责、设施操作控制、安全标准等。

按科目安排的课程应按顺序安排,而非并行安排,以使发包人人员能够最大限度地参加。培训时间表应考虑所有法定假期。

承包人应在培训计划中包含现场培训设施的详细信息,如必要的培训教室、教具、个人电脑和投影仪以及其他视觉教具,以达到培训活动的水平。只要条件允许,所有培训都要在承包人的现场设施或工作中进行。

4. 培训目标

承包人应在培训计划中列明的课程开始前至少 6 个月,提供与每个培训课程相关的"培训目标",以供发包人审核和批准。上述培训目标应包括课程的整体说明、课程针对的参与者类型(项目经理、主管、操作员、工程师、技术人员等),对应用知识的预期认知,以及课程内容的详细说明和期望输出。

5. 培训报告

承包人应准备一份完整详尽的项目培训报告,项目培训报告应包含在提交给发包人的竣工资料中。该报告将包括承包人在执行项目期间提供的所有培训活动的完整信息,报告至少应包括:

·所有培训课程的描述

·使用的设备和/或系统

·每次培训的日期

·培训期间

·供应商培训课程

·培训者姓名

·培训反馈表

·培训证书示例

·培训签到表

·每门培训课程的培训手册副本

编写说明

本部分《发包人要求》对承包人培训义务的最低要求和相关培训程序进行了释明。发包人应结合承包合同理解本部分内容。在项目执行过程中,发包人可以根据项目实际审核承包人提交的动态培训计划和培训目标,以此真正落实发包人对承包人培训的要求。

注意事项

1. 承包人培训计划的核心在于培训涵盖的范围,因此发包人在审核承包人提交的培训计划时,应当结合承包合同的工作范围和责任矩阵进行,使承包人的培训涵盖各个专业、作业面以及不同的项目执行阶段。

2. 应明确培训计划不是一成不变的,而是随着项目分包、采购事宜的进展不断动态更新的。发包人可以结合承包人提交的分包计划和采购计划,与承包人的培训协调员一起对培训计划进行动态调整,以提高培训的效果和效率。

3. 对于发包人在招标文件中针对"培训"提出的发包人要求,当承包人认为发包人提出的培训要求过于模糊时,可能会在其报价建议书中将承包人的培训义务具体化。对此,为防止在类似情形下,存在承包人在其投标建议书中对培训要求所作的具体化表述会损害发包人合同权利的风险,发包人可选择在招标文件工作内容部分增加相应的责任矩阵,将承包人的培训义务范围纳入责任矩阵中,以此保障发包人的权利。

（四）分包

条文扩充

（四）分包

1. 分包计划：＿＿＿＿＿＿＿＿＿＿＿＿；

2. 分包人资格审查：＿＿＿＿＿＿＿＿＿；

3. 分包人确定及授标：＿＿＿＿＿＿＿＿；

4. 分包合同商务条款：＿＿＿＿＿＿＿；

5. 劳务分包特定要求：＿＿＿＿＿＿＿。

编写说明

分包管理是工程总承包项目全生命周期管理过程中的一项重要内容,承包人分包管理的效果直接关系着项目能否按照约定工期和质量标准完工,施工现场各项作业是否有序,施工现场工作人员能否遵守各项规章制度,以及发包人的项目指标能否顺利实现。分包管理的源头在于分包人选择,承包人选择技术能力和管理能力强、资质信誉好的企业参建本项目,对后续分包管理工作的效果和效率具有重要的保障意义。本项《发包人要求》旨在通过对承包人的分包人选择全流程的关键节点做扼要要求,来把控承包人的分包人选择工作,进而从源头上督促承包人选择具备技术优势并能够遵守项目工期计划的分包人。

1. 分包计划

第一,发包人应在招标文件中对工程项目的"关键性工作"内容作出明确界定,招标文件或合同中约定的"关键性工作"和"主体结构"承包人不得分包。

第二,承包人按照招标或议标程序选取的分包人,应在授标前提交发包人审核和批准,发包人的审核和批准不减轻或免除承包人的任何责任和义务。

第三,承包人应在承包合同生效后的30日内向发包人提交更新的分包计划,用以标识拟分包的全部工作内容。更新后的分包计划应确定所有拟分包工作及其选商和授予的时间表。分包计划是动态的,应按照发包人要求定期更新。

2. 分包人资格审查

承包人可通过资格预审或者资格后审程序对潜在分包人进行资格审查,并将资格审查结果报送发包人。分包人通过资格审查并经发包人审查通过,是承包人最终对其授标的前提。

承包人对分包人进行资格审查时,应审查的项目包括但不限于:

(1)公司注册文件和资质证书。

(2)项目经验和能力要求:

· 可以满足项目执行的组织架构、人力和设备配备

· 近几年直接相关的项目执行经验

· 当前能够投入本项目的可用资源数量

· 质量管理体系文件(根据情况选择质量体系标准)

· HSE 管理体系文件(根据情况选择 HSE 体系标准)

· 良好的安全工时记录。

(3)财务稳定性及偿付能力:

· 公司近 3 年财务报表。

3. 分包人确定及授标

承包人完成分包定商和授标后,应在 3 日内将用以证明分包人符合选商标准的证明文件(如评标细则)提交发包人审核。分包合同签署后 1 周内,承包人应将不带价格版分包合同扫描件及分包人保单扫描件发送发包人备案。

承包人应当遵守工程所在地的法定程序和要求,以使分包人可以不受阻碍地实施分包工作,此方面的疏忽导致工期和费用增加由承包人承担。

4. 分包合同商务条款

一般来说,发包人希望分包合同中包括的商务条款包括:

· 保证条款

· 所有权转移

· 保密

· 知识产权

· 发包人进入权

· 承包合同终止时分包合同转让给发包人(可考虑选择)。

5.劳务分包特定要求

发包人可以将劳务分包事宜纳入分包计划内容当中,要求承包人按时更新劳务分包签订状态,在签订劳务分包合同前上报发包人审核。

鉴于目前很多建设工程项目企业普遍面临着工期方面的巨大压力,以及经济效益方面的高要求。在工期和效益的双重压力之下,很多承包单位会选择劳务分包作为其主要施工方式。从2020年最高人民法院发布的《关于审理建设工程施工合同纠纷案件适用法律问题的解释(一)》第五条的内容来看,劳务分包合同的效力并未被最高人民法院否定。由此可知,劳务分包方式在工程项目实施中具备其合理存在空间。但是,作为承包单位项目经理,应注意合规使用劳务分包,尤其应划清劳务分包与转包和违法分包的区别,避免实施以劳务分包为名的转包或违法分包行为。

发包人应在《发包人要求》中督促承包人对其所在项目的农民工做到实名制管理、开具农民工专管账户并将分包款项中农民工工资部分直接支付至专管账户中,同时配置劳资专管员,对分包单位劳动用工实施监督管理,掌握施工现场用工、考勤、工资支付等情况,审核分包人编制的农民工工资支付表。通过引导承包人落实以上措施,可以很好地改善拖欠农民工工资的现象,进而很大程度上减少拖欠农民工工资带来风险或者不利后果。

注意事项

1.发包人对于承包人分包事宜所作的要求应着眼于整个"项目协议群",包括上层承包合同及下层工程分包合同、劳务分包合同的合法性和稳定性,尽可能地避免"实际施工人"介入项目实施。

"实际施工人"是违法分包、转包、挂靠关系所形成的无效合同中的承包人。"实际施工人"的概念最早出现在2004年9月29日最高人民法院审判委员会通过并颁布的《关于审理建设工程施工合同纠纷案件适用法律问题的解释》(已废止)中。司法解释所称"实际施工人",主要是与合法分包人相对应,合法分包人被称为施工人;而违法分包、转包、挂靠关系下,所订立的施工合同因违反法律关于工程项目发包、承包的强制性规定而无效,故对违法分包、转包、挂靠关系所形成的无效合同中的施工人称为"实际施工人"。

发包人通过要求承包人在分包招标阶段及时报送相关分包计划信息、投标人资格审查文件、招标评标细则、分包合同副本(不带价格版)等文件,能在一定程度上监督和管控承包人分包合同的有效性和稳定性。

2. 发包人应要求承包人严格分包管理,不得将项目转包、违法分包。

无论是工程设计还是工程施工,承包人均可以按照规定进行相应的分包,但不得全部转包或者将全部工程肢解后分包。

无论是工程设计还是工程施工,其分包的只能是非主体、非关键性部分,工程设计和工程施工的主体工程必须由承包单位自行完成,分包人应具备相应的资质,专业分包应经过发包人同意。

3. 发包人应对工程承包中普遍存在的劳务分包合同的潜在合规风险足够重视。

在劳务分包选择环节,与不具备专业作业资质的企业签订劳务分包合同将面临合同无效的风险。按照住房和城乡建设部《关于印发建设工程企业资质管理制度改革方案的通知》对施工劳务企业资质的规定,"将施工劳务企业资质改为专业作业资质,由审批制改为备案制。综合资质和专业作业资质不分等级"。发包人应禁止承包人与不具备相关专业作业资质的施工劳务企业签订劳务合同,并且监督和督促承包人按照相关部门规定对引入的施工劳务企业进行备案。

在施工过程控制环节,劳务分包的主要风险包括:劳务分包合同管理不完善;劳务分包再分包控制不严;承包人控制监督力度不够;劳务合同有关双方的权利和义务界定不明等。

在劳务分包支付环节,国务院于2019年12月颁布的《保障农民工工资支付条例》,旨在规范农民工工资支付行为,保障农民工按时足额获得工资。该条例第三十条第三款和第四款规定,"分包单位拖欠农民工工资的,由施工总承包单位先行清偿,再依法进行追偿";"工程建设项目转包,拖欠农民工工资的,由施工总承包单位先行清偿,再依法进行追偿"。第三十五条规定:"建设单位与施工总承包单位或者承包单位与分包单位因工程数量、质量、造价等产生争议的,建设单位不得因争议不按照本条例第二十四条的规定拨付工程款中的人工费用,施工总承包单位也不得因争议不按照规定代发工资。"

因此,为将劳务分包引发的争议,特别是劳务用工支付争议消弭于萌芽阶段,《发包人要求》应重点关注劳务分包可能引发的风险。

(五)设备供应商

条文扩充

(五)设备供应商

1. 设备采购计划:_____;

2. 供应商资格预审:_____;

3. 设备采购程序文件:_____;

4. 备品备件和专用工具的采购:_____;

5. 技术标评标及授标:_____;

6. 采购合同商务条款:_____。

编写说明

工程总承包模式下,承包人有义务按照承包合同约定完成全部设备采购工作。对于工程建设项目,特别是工艺复杂、建设周期长的大型安装项目,工程设备尤其是长周期设备供应水平的能力,对保障项目工期和工程质量具有举足轻重的作用,甚至会成为进度计划关键路径中的"卡脖子"环节。本部分《发包人要求》中,旨在对影响承包人设备供应管理的关键环节作出要求,以此保障项目设备供应事宜在发包人整体工期和质量管理框架内进行,有效维护发包人权益。

1. 设备采购计划

(1)承包人采购团队的组建,由承包人采购部经理在承包人提交的组织架构基础上组建,采购团队应覆盖现场协调员、物流员、联络(催交)员等关键岗位。

(2)除另有约定外,承包人应在承包合同生效后的 30 日内向发包人提交一份详细的采购计划,采购计划应当涵盖工程项目所有采办包,并且与项目进度计划中各采办包的进度相匹配。采购计划应确定所有拟采购设备的采购时间表,包括:招标时间、订单下达时间、生产周期、运输时间、清关时间(如果有)、运至现场时间等。采购计划是动态的,应按照发包人要求定期更新。

2.供应商资格预审

(1)承包人应当就每个采办包下的潜在设备供应商编制资格预审文件,发送发包人审核和批准。发包人对资格预审文件的批准是承包人与供应商签订供应合同、下发设备订单的前提,但并非对承包人应承担责任的豁免或减轻。

(2)承包人应根据采购计划提前编制供应商资格预审文件,避免因对潜在供应商进行资格预审影响项目采购进程。

(3)承包人对潜在供应商进行资格审查时,应审查的项目包括但不限于:

①公司注册文件和资质证书。

②项目经验和能力要求:

· 可以满足项目执行的组织架构、人力和设备配备

· 近几年类似工作范围的设备供应项目经验

· 与质量、安全、责任、成本、进度相关的良好履约能力记录

· 当前能够投入本项目的可用资源数量

· 质量管理体系文件(根据情况选择质量体系标准)

· HSE管理体系文件(根据情况选择HSE体系标准)

· 良好的安全工时记录

· 承诺在设备生命周期内提供备品备件

· 售后能力承诺

· 将来进行设备更新的技术能力。

③财务稳定性及偿付能力:

· 公司近3年财务报表。

3.设备采购程序文件

承包合同生效后30日内,承包人应向发包人提交下列采购程序文件,程序文件应由发包人审核和批准:

(1)采购程序文件;

(2)联络(催交)程序文件;

(3)检测和测试程序文件;

（4）货运管理和交通运输程序文件；

（5）清关程序文件；

（6）现场采购程序文件；

（7）备品备件和专用工具程序文件；

（8）其他发包人认为必要的程序文件。

上述程序文件应遵守承包合同中的相关约定及《发包人要求》，并且涵盖承包人与发包人之间的工作界面以及双方各自权利义务。

4. 备品备件和专用工具采购

（1）承包人应购买所有备件和专用工具，并在开始调试之前确保其在现场可用；

（2）备件一般包括施工和调试备件、保险备件和两年的运营备件。

5. 技术标评标及授标

（1）承包人应仅对通过资格预审的供应商提交的技术标进行评标。

（2）承包人应对收到的供应商报价进行详细的技术评标，并将详细的技术评标文件提交发包人批准。

（3）承包人应同时将供应商在投标过程中提出的澄清和偏离意见，包括承包人对上述澄清和偏离回复的意见，一起提交发包人审核。

（4）无发包人事先书面同意，承包人无权放弃承包合同关于设备供应的任何要求。

（5）收到发包人不带意见的批复后，承包人有权将该采办包授予任何技术合格的供应商。承包人应在授标后3日内将不带价格版授标函扫描件提交发包人备案。

6. 采购合同商务条款

一般来说，发包人可要求采购合同包括下列条款：

（1）保证；

（2）所有权转移；

（3）保密；

（4）知识产权；

（5）发包人现场进入权；

（6）承包合同终止时采购合同转让给发包人（可考虑选择）；

（7）关税和进口。

注意事项

1.发包人对承包人的设备供应文件进行审核和批准时,应避免作出主动指示承包人进行相关动作的指令,以免被承包人主张相关采购系发包人指定采购。

按照最高人民法院《关于审理建设工程施工合同纠纷案件适用法律问题的解释(一)》第十三条第一款关于发包人指定采购或指定分包情形下工程质量缺陷责任归属的规定,发包人具有下列情形之一,造成建设工程质量缺陷,应当承担过错责任:(一)提供的设计有缺陷;(二)提供或者指定购买的建筑材料、建筑构配件、设备不符合强制性标准;(三)直接指定分包人分包专业工程。

因此,发包人在根据《发包人要求》行使相关审核和批准权利时,应尽最大谨慎避免落入"指定采购"的风险中。

2.设备采购,尤其是通过招标程序进行的设备采购程序复杂,周期较长,容易对进度计划中的关键路径造成影响。

对于上述进度方面的风险,发包人可以从以下两个角度化解或者降低此类风险:

（1）重视采购程序文件的作用。承包人确定供应商并对其进行授标后,承包人应尽快进行相关采购程序文件的编制并报送发包人审核和确认。通过上层制度架构引导承包人按照程序执行每一步采购工作,提高设备采购的效率。

（2）发包人采购代表或工程咨询团队中的采购代表应加强与承包人设计团队和采购团队的沟通,整合相关流程,缩短技术标评标周期。例如,在工艺和技术复杂的设备供应中,发包人代表或工程咨询代表可以会同承包人代表共同参加技术标偏离澄清会,在会议中共同达成相关意见,以此减少文件往来传送的时间,加速授标进程。

（六）缺陷责任期的服务要求

条文扩充

（六）缺陷责任期的服务要求

1. 缺陷责任期内的扫尾工作：＿＿＿＿＿＿＿＿＿＿＿。

2. 缺陷修复的范围和内容：＿＿＿＿＿＿＿＿＿＿。

3. 缺陷修复要求：＿＿＿＿＿＿＿＿＿＿＿＿＿。

编写说明

1. 一般而言，工程总承包合同会对缺陷责任期作较为细致的约定。以 1999 版 FIDIC 银皮书为例，第 11 章"缺陷责任"下包括：11.1 完成扫尾工作和修补缺陷、11.2 修补缺陷的费用、11.3 缺陷通知期限的延长、11.4 未能修补的缺陷、11.5 移出有缺陷的工程、11.6 进一步试验、11.7 进入权、11.8 承包人调查、11.9 履约证书、11.10 未履行的义务、11.11 现场清理。鉴于此，编写本部分《发包人要求》时，可以着重对《示范文本》（2020）通用合同条件中的约定进行查漏补缺，亦可基于特定项目对缺陷责任期内承包人的缺陷责任服务提出特定要求。

2. 缺陷责任期内为了使工程、每个分项工程和承包人文件在相应缺陷通知期限期满日或期后尽快达到合同要求（合理的损耗除外），承包人应在发包人指示的合理时间内，完成接收证书注明日期时尚未完成的任何工作。

3. 承包人在缺陷责任期内，按照有关法律、法规、规章的管理规定和双方约定，承担本工程缺陷修复责任。缺陷修复范围包括但不限于：地基基础工程、主体结构工程、屋面防水工程、有防水要求的卫生间、房间和外墙面的防渗漏，供热与供冷系统、电气管线、给排水管道、设备安装和装修工程，以及双方约定的其他项目。

4. 对于承包人缺陷修复的要求：承包人应不迟于缺陷修复责任期开始前的合理时间内，向发包人提交缺陷修复工作计划，发包人有权对承包人提交的缺陷修复工作计划进行审核和批准。缺陷修复工作计划至少包括以下内容：承包人缺陷责任期组织架构、承包人缺陷责任期内现场人力和设备资源、缺陷修复实施方案等。

属于缺陷修复范围、内容的项目,承包人应当在接到缺陷修复通知之日起的指定时间内派人修复。承包人不在约定期限内派人修复的,发包人可以委托他人修理,所发生的费用由承包人承担。发生紧急抢修事故的,承包人在接到事故通知后,应当立即到达事故现场抢修。

对于涉及结构安全的质量问题,应当按照《房屋建筑工程质量保修办法》的规定,立即向当地建设行政主管部门报告,采取安全防范措施;由原设计单位或者具有相应资质等级的设计单位提出修复方案,承包人实施修复。缺陷修复完成后,由发包人组织验收。

注意事项

1. 应正确理解承包人缺陷修复责任和质量保修责任的区别。

缺陷修复责任是指发包人预留工程质量保证(修)金以保证承包人履行通用合同条件第 11.3 款[缺陷调查]下质量缺陷责任。质量保修责任是指《建设工程质量管理条例》第六章规定的建设工程质量保修制度下的承包人质量保修责任。建设工程承包单位在向建设单位提交工程竣工验收报告时,应当向建设单位出具质量保修书。质量保修书中应当明确建设工程的保修范围、保修期限和保修责任等。

根据《房屋建筑工程质量保修办法》第四条的规定,在工程移交发包人后,因承包人原因产生的质量缺陷,在保修期限和范围内,承包人应承担质量缺陷责任和保修义务。缺陷责任期届满,承包人仍应按合同约定的工程各部位保修年限承担保修义务。

2. 发包人在缺陷责任期内的关注点。

一般而言,工程移交后,发包人希望看到一个性能完整、没有任何缺陷的工程。但作为有经验的管理者,发包人应尽可能找出工程存在的质量瑕疵,并及时通知承包人,尽最大可能主张其在缺陷责任期内的权利。

3. 针对缺陷责任期内工程出现了缺陷,而承包人未能及时修复的风险,发包人可以根据缺陷情况及修复难度给承包人设定一个合理期限,要求承包人在合理期限内完成修复工作。

如果承包人在设定的日期内仍未完成修复工作,发包人可以根据合同约定采取自行或者委托他人修复,或者扣除承包人质保金等策略。

(七)联合体投标

条文扩充

1. 本项目是否接受联合体投标:＿＿＿＿＿＿＿＿＿＿＿＿＿。

2. 联合体的资质要求:＿＿＿＿＿＿＿＿＿＿＿＿＿＿＿ 。

3. 联合体牵头人为:＿＿＿＿＿＿＿＿＿＿＿＿＿＿＿ 。

4. 联合体项目经理的派出单位:＿＿＿＿＿＿＿＿＿＿ 。

编写说明

1. 建设工程领域对于建设周期长技术复杂、要求高的项目往往市场主体会采取联合体的强强联合方式,增加投标优势,更好履行建设工程合同,《建筑法》第二十七条、《招标投标法》第三十一条、《房屋建筑和市政基础设施项目工程总承包管理办法》第十条都有关于联合体投标的相应规定,同时《招标投标法实施条例》第三十七条规定:"招标人应当在资格预审公告、招标公告或者投标邀请书中载明是否接受联合体投标……"由此可见,法律上对于是否接受联合体投标是允许招标人根据项目的复杂情况和技术难度等综合情况自行判断的。为了避免投标过程中引发争议,发包人应当在招标文件的发包人要求中明确是否允许联合体投标。考虑到工程总承包项目不同于传统施工总包项目,招标内容包含了设计和施工工作,当下建筑市场同时具备设计和施工资质且具备相应设计和施工能力的企业并不多,为了增强招标竞争性,更好实现发包人的合同目的,发包人可以在招标文件中允许设计单位和施工单位组成联合体投标,促进设计和施工充分融合。

2. 对于工程总承包单位的资质,《房屋建筑和市政基础设施项目工程总承包管理办法》第十条明确规定:"工程总承包单位应当同时具有与工程规模相适应的工程设计资质和施工资质,或者由具有相应资质的设计单位和施工单位组成联合体……"由此可见,工程总承包如果是联合体投标的,联合体应同时具备设计和施工资质,而不能是设计资质单位之间的联合体或者是施工资质单位之间的联合体。需要特别说明的是,虽然《房屋建筑和市政基础设施项目工程总承包管理办法》并不鼓励发包人将"勘察"纳入工程总承包的招标范围,但根据《建筑法》第二十四条"建筑工程的发包单位可以将建筑工程的勘察、设计、施工、设备采购一并发包给一个工程总承包单位,也可以将建筑工程勘察、设计、施工、设备采购的一项或者多项发包给一个工程总承包单位"的规定,可见,法律并不禁止发包人将勘察工作和设计采购施工一并发包给工程总承包单位,尤其是企业投资项目。在这种情况下,承包人的资质还应包括相应的勘察资质。国内有些地方如上海,《上海市建设项目工程总承包管理办法》第七条(承包人资格)规定:"工程总承包单位应当同时具有与工程规模相适应的工程设计资质(工程设计专业和事务所资质除外)和施工总承包资质,或者由具有相应资质的设计单位和施工单位组成联合体;包含勘察业务的工程总承包项目,工程总承包单位还应具有与工程规模相适应的工程勘察资质或者与具备相应资质的勘察单位组成联合体。建设单位应当根据项目情况和自身管理能力等,合理选择上述承包人资格模式。"

3. 发改委《工程建设项目施工招标投标办法》第四十四条规定:"联合体各方应当指定牵头人,授权其代表所有联合体成员负责投标和合同实施阶段的主办、协调工作,并应当向招标人提交由所有联合体成员法定代表人签署的授权书。"实践中,为了加强对联合体承包人的管理,提高项目管理效率,减少流程干扰,建议发包人在招标文件的发包人要求中明确联合体各方应在投标时指定牵头人,至于牵头人是由联合体的设计单位还是由施工单位担任,也可结合项目工期、技术、质量、管理能力等具体要求和特性,由发包人在招标时明确或由联合体投标人自行协商指定。但明确联合体牵头人并不免除联合体参与方就工程总承包项目的合同履行向发包人承担连带责任。

4. 联合体项目经理的派出,《房屋建筑和市政基础设施项目工程总承包管理办法》第二十条明确了项目经理的任职条件和限制:"工程总承包项目经理宜具备下列条件:(一)取得相应工程建设类注册执业资格,包括注册建筑师、勘察设计注册工程师、注册建造师或者注册监理工程师等;未实施注册执业资格的,取得高级专业技术职称;(二)担任过与拟建项目相类似的工程总承包项目经理、设计项目负责人、施工项目负责人或者项目总监理工程师;(三)熟悉工程技术和工程总承包项目管理知识以及相关法律法规、标准规范;(四)具有较强的组织协调能力和良好的职业道德。工程总承包项目经理不得同时在两个或者两个以上工程项目担任工程总承包项目经理、施工项目负责人。"国内建筑领域目前基于内部激励和责任考虑,往往采取项目经理承包制,由项目经理在建筑企业指导下具体进行项目人、材、机等要素配置,项目经理具有较大的项目管理权限,由此项目经理的综合能力备受关注,尤其是工程总承包项目相对施工总承包模式增加了设计和设备采购(有的还包含勘察、运营等阶段),对工程总承包项目经理要求更高。在具备法律规定和招标文件约定资格条件基础上,对于联合体投标的,为了便于中标后履约过程中发包人的各项管理要求及时落实,加强对联合体参与方的管理,避免设计施工"二张皮"的不当情形,建议发包人可以在《发包人要求》中明确联合体模式下承包人的项目经理由联合体牵头人派出。

5. 对于联合体模式,当下法律规定并不多,除了上述情形还涉及联合体连带责任、工程款收支、发票开具、履约保函开具、农民工工资代付的总承包主体责任、联合体之间分工及变更等更多复杂的问题,这些问题在招标时的《发包人要求》中较为明确,需要发承包双方在签约时具体沟通并在工程总承包合同专用条款或联合体协议中明确。

注意事项

1. 对于联合体资质的理解,根据《招标投标法》第三十一条的规定:"……国家有关规定或者招标文件对投标人资格条件有规定的,联合体各方均应当具备规定的相应资格条件。由同一专业的单位组成的联合体,按照资质等级较低的单位确定资质等级……"实践中有观点认为,从该规定字面理解联合体所有投标人均应同时具备招标文件要求的所有资质,但我们认为这种观点值得商榷,联合体组建目的在于发挥各自优势强强联合,如果要求所有投标人均需同时具备招标文件要求的所有资质,则较大程度上失去了联合体投标的意义,所以我们倾向于将"联合体各方均应当具备规定的相应资格条件"理解为联合体各方应具备其相应分工范围内招标文件要求的资质资格条件,而非任何一方均应具备招标文件要求的所有资质资格条件。《工程总承包管理办法》第十条也规定工程总承包单位应当同时具有与工程规模相适应的工程设计资质和施工资质,或者由具有相应资质的设计单位和施工单位组成联合体,这也能体现了具有单一设计资质单位可以和具有单一施工资质企业组成联合体投标满足法律规定的工程总承包单位应同时具有相应设计资质和施工资质的要求。

2. 工程总承包模式要求同时具备相应设计和施工资质,是否意味着招标人可以在招标文件《发包人要求》中明确投标人必须以设计施工联合体的形式投标?根据《招标投标法》第三十一条第四款规定,"招标人不得强制投标人组成联合体共同投标,不得限制投标人之间的竞争"。由此可见,工程总承包模式下基于设计和施工的融合,招标人可以接受联合体投标,但不得强制投标人必须组成联合体投标,限制排斥同时具备设计施工资质的企业单独投标。

3. 实践中应注意的是,有的工程总承包项目招标投标后,发包人基于传统施工总承包签约意识的影响或者基于税务处理等方面原因,会在中标后同联合体的设计单位和施工单位分别签订设计合同和施工合同,这种做法是不符合法律规定的。《招标投标法》第三十一条、《政府采购法》第二十四条、《工程总承包管理办法》第十条等法律法规均明确规定联合体中标的,中标的联合体应共同与招标人/采购人签订合同,所以工程总承包项目中标后发包人与设计单位和施工单位分别签署设计合同和施工合同是不符合法律规定和招标文件约定的。但也需要注意的是,实践中对于联合体共同与发包人签订合同,可以有两种体现方式:一种方式是联合体各方共同作为合同承包人的乙方与发包人签订工程总承包合同;另一种方式是联合体协议中各方明确授权联合体一方,如牵头人可以代表联合体各方与业主签订合同,此时工程总承包合同的乙方可以是经授权的联合体一方(联合体授权文件应作为工程总承包合同的附件),乙方与业主签订合同也被视为法律上要求的联合体各方共同与业主签订合同。

4.《建筑法》第二十七条、《招标投标法》第三十一条、《工程总承包管理办法》第十条等法律法规规定,联合体各方应对发包人承担连带责任。但司法实践过程中,对于联合体各方对分包人供应商是否需要承担连带责任有不同的理解和司法判例[比如,(2016)鄂09民终1114号案件认为,联合体中其他方不应对一方的分包合同履行承担连带责任;(2015)川民终字第 664 号案件则支持联合体中其他方对一方的分包合同履行承担连带责任],建议联合体各方加强这方面的风险管理。

5.关于联合体分工及其变更的限制,虽然联合体协议是联合体各方签署,属于联合体各方的意思表示,但因为联合体协议是联合体投标的必要组成文件,其投标时的联合体分工是评标过程中的重要考虑因素,如果任由联合体中标后自由变更其投标时分工,将会扰乱招标投标秩序,损害其他投标人利益,且将影响发包人投资目的和合同目的的实现。因此联合体各成员分工承担的工作内容必须与适用法律规定的该成员的资质资格相适应,在履行合同过程中,未经发包人同意,不得变更联合体成员和其负责的工作范围,或者修改联合体协议中与工程总承包合同履行相关的内容。

(八)争议评审

> **条文扩充**

1.争议评审小组成员的人数:＿＿＿＿＿＿＿＿＿＿

2.争议评审小组成员的确定:＿＿＿＿＿＿＿＿＿＿

3.选定争议避免/评审组的期限:＿＿＿＿＿＿＿＿＿＿

4.争议评审员报酬的承担人:＿＿＿＿＿＿＿＿＿＿

> **编写说明**

1.国内在开展工程总承包模式时,在诉讼和仲裁争议解决路径之外,应接轨国际争议解决新经验,全力开辟和推行以"不诉讼、不仲裁、不鉴定"为目标的工程总承包合同争议专家评审裁决新模式,快速低成本高效解决工程总承包项目当事人间的争议。根据 1999 版 FIDIC 银皮书的定义和约定,争端裁决委员会系指在合同中如此指名的一名或三名人员,或根据第 20.2 款[争端裁决委员会的任命]或第 20.3 款[对争端裁决委员会未能取得一致]的规定任命的其他人员。如果双方间发生了有关或起因于合格或工程实施的争端(无论任何种类),包括对雇主的任何证明、确定、指示、意见或估价的任何争端,在已依照第 20.2 款[争端裁决委

员会的任命]和第 20.3 款[对争端裁决委员会未能取得一致]的规定任命 DAB
后,任一方可以将该争端事项以书面形式提交 DAB,并将副本送另一方,委托
DAB 作出裁定。1999 版 FIDIC 银皮书对于争端裁决委员会的约定可作为国内工
程总承包《发包人要求》的编写的参考依据。

2. 争议评审小组的成员数量基于效率和质量,应当由单数构成,可以是一人
或三人,考虑到工程总承包项目及争议的复杂性,在编写《发包人要求》时为了充
分保障发承包各方利益,建议采取三人制的争议评审小组。由双方各自选择一名
争议评审员,并由双方共同选定一名首席评审员。

3. 争议评审小组既可以由双方在签约后组建,也可以在合同履行过程中或者
争议发生后组建,比如本书所提及的"未来建筑研发中心"项目的争议评审小组就
是在履约过程中由双方组建的。

注意事项

1. 为避免合同当事人不能对争议评审小组的首席争议评审员(或一人时的争
议评审员)达成一致,发承包双方还应在专用合同条件中约定评审机构,可在这种
情况出现时由争议评审机构指定首席评审员(或一人时的争议评审员)。

2. 根据《示范文本》(2020)的约定,争议评审小组作出的书面决定经合同当事
人签字确认后,对双方具有约束力,双方应遵照执行。这点需要各方当事人予以
注意。FIDIC 合同下争端裁决委员会或者争端避免与裁决委员会作出的决定,除
非一方在 28 天内发出不满意通知,则对于承发包双方均存在约束力,双方均应当
立即执行决定,直到该决定被修改或者被仲裁推翻。

3. 发承包中任何一方不接受争议评审小组决定或不履行争议评审小组决定
的,双方可选择合同约定的仲裁或诉讼的争议解决方式。但任何一方当事人不接
受争议评审小组的决定,并不影响暂时执行争议评审小组的决定,直到在后续的
仲裁或诉讼程序中对争议评审小组的决定进行改变。

4. 发承包双方对争议评审流程、规则及效力等如需结合项目特殊性作出特别
约定的,应在专用条款中予以明确,以免执行过程中发生争议。

【相关案例】

【案例】陕西森茂闳博建设工程有限公司、李某柱等与山东显通安装有限公司第五分公司、山东显通安装有限公司等建设工程施工合同纠纷案

【基本信息】

审理法院：甘肃省高级人民法院

案号：（2020）甘民终 421 号

【裁判观点】

发包人、总承包人、转包人等是否应对欠付工程款承担连带清偿责任的问题。依据最高人民法院《关于审理建设工程施工合同纠纷案件适用法律问题的解释》（已废止）第二十六条规定："实际施工人以转包人、违法分包人为被告起诉的，人民法院应当依法受理。实际施工人以发包人为被告主张权利的，人民法院可以追加转包人或者违法分包人为本案当事人。发包人只在欠付工程价款范围内对实际施工人承担责任。"本案中发包人甘肃古浪鑫淼化工有限公司（以下简称古浪鑫淼公司）虽支付部分工程款，但其并未提交工程款已付清的证据，且在庭审中认可其欠付工程款近 2 亿元，应承担本案工程欠款的付款义务。违法转包人北京世纪源博公司、山东显通安装有限公司（以下简称山东显通公司）、山东显通安装有限公司第五分公司（以下简称山东显通第五分公司）三家公司与陕西森茂闳博建设工程有限公司、李某柱并无直接合同关系，也非合同相对方，不应过分突破合同相对性而依次承担连带责任。

【案情摘要】

2013 年 8 月 21 日，古浪鑫淼公司与承包方北京世纪源博公司签订了古浪鑫淼公司电石炉废气利用发电项目 EPC 总承包合同，合同价款为 118,800 万元。同年 9 月 10 日，北京世纪源博公司将其承包的部分工程分包给山东显通公司，并与山东显通公司签订了古浪鑫淼公司电石炉废气利用发电项目工程建设安装工程（A 标段）施工合同。合同签订后，山东显通公司对该工程又进行了转包，于 2014 年 2 月，由山东显通第五分公司作为发包人与承包人陕西建工安装集团第一工程公司（以下简称陕西建工一公司）签订古浪鑫淼公司电石炉废气利用发电项目工程建设安装工程（A 标段）施工合同书，合同约定工程内容以工程量清单为准（不包括钢结构部分)。以上 3 份合同均在通用条款中约定不得转包、分包。陕西建工一公司承包该工程后,于 2014 年 4 月 10 日,将涉案工程转包给陕西森茂阂博公司(原宝鸡市森茂安装工程有限公司,以下简称陕西森茂阂博公司),双方签订建安工程劳务分包合同,合同约定工程内容以分包工作明细表为准,工程造价以最终结算为准。后陕西森茂阂博公司又将工程劳务转包给李某柱施工。2014 年 9 月 15 日,北京世纪源博公司向山东显通公司作出停工通知,要求山东显通公司将施工机具、周转材料于 2014 年 9 月 30 日前撤场,自 10 月 1 日起不再承担这部分停工损失,并将北京世纪源博公司提供的钢筋等材料退回。2014 年 10 月实际施工人李某柱与古浪鑫淼公司两者达成合意,李某柱继续进行了后期工程施工,双方因后期施工引起的纠纷已由甘肃省武威市中级人民法院(2016)甘 06 民初 67 号判决作出处理。另,陕西森茂阂博公司与李某柱为承建涉案工程租赁了起重机等建设机具,其中起重机租赁合同约定租赁期限为 2014 年 4 月至 2014 年 10 月;建筑机具租赁合同约定租赁期限为 2014 年 3 月 4 日至 2014 年 9 月 30 日;李某柱签订的建筑机具租赁合同未约定具体期限,约定单次租赁不少于 3 个月,不足 3 个月按 3 个月计算。另查明,北京世纪源博公司已支付山东显通公司工程款 750 万元、劳务费 487,561.86 元;山东显通公司已支付陕西建工一公司工程款 5,609,469 元;陕西建工一公司已支付陕西森茂阂博公司工程款 5,415,672.96 元;古浪鑫淼公司直接支付陕西森茂阂博公司的现场施工班组费 3,896,913.5 元。审理中,经陕西森茂阂博公司与李某柱申请,一审法院对已完工程造价进行鉴定。经鉴定:(1)古浪鑫淼公司电石废气利用发电项目安装建设工程 A 标段 2014 年 3~9 月已施工的工程造价为 8,618,752.92 元(其中:空冷柱 2,455,452.2 元、主厂房 5,159,040.24 元、汽轮机基础 1,004,260.48 元);(2)陕西森茂阂博公司在承建上述工程时垫付材料费 3,050,401.65 元(其中:材料费 2,591,589.65 元、配电设备材料 106,700 元、材料运费 352,112 元);(3)2014 年 6 月至 2017 年 7 月,陕西森茂阂博公司转租给陕西建工一公司的设备、建筑机具租赁费因涉案工程施工无法返还的租赁物的租赁费为 7,129,246.32 元(其中:2014 年 6 月至 2014 年 9 月为 739,643.2 元;2014 年 10 月至 2017 年 7 月为 6,389,603.12 元)。

【争议焦点】

陕西森茂阂博公司、李某柱认为:(1)上诉人在起诉书中并未对陕西建工一公司提出任何诉讼请求。而一审法院径行判决陕西建工一公司对上诉人支付工程款,违反了不告不理的原则,侵害了上诉人民事诉讼的处分权。(2)一审认定基本事实错误。①上诉人与陕西建工一公司系挂靠关系,而非违法转包、分包关系,上诉人有权要求山东显通公司承担支付拖欠的工程款。一审判决与已生效的甘肃省高级人民法院(2018)甘民终483号、武威市中级人民法院(2018)甘06民初39号相矛盾,损害上诉人权益。②北京源博公司作为涉案工程的总承包人应在欠付工程款范围内对山东显通公司及山东显通第五分公司承担连带责任。

陕西建工一公司认为:(1)陕西建工一公司不是本案适格被告,一审判令其承担民事责任与事实不符。(2)陕西建工一公司在一审涉诉案件中是第三人,并非原审被告。一审中陕西森茂闳博公司、李某柱已经确定陕西建工一公司按照合同约定足额支付了工程款。(3)一审法院已查明,案涉工程所涉及的合同从北京世纪源博公司开始以后的各分包、转包合同因违反法律的规定和合同约定而无效。一审判决却依据合同相对性原则,错误认定陕西建工一公司应当作为转包人承担代付款义务。(4)一审法院认定从北京世纪源博公司开始以后的各分包、转包合同均无效。陕西森茂闳博公司、李某柱作为实际施工人,依据最高人民法院《关于审理建设工程施工合同纠纷案件适用法律问题的解释》(已废止)第二十六条的规定,本案中发包人古浪鑫淼公司应当在欠付工程价款范围内对陕西森茂闳博公司、李某柱承担责任;剩余欠付款项,各违法转包人都有向其支付的责任。

山东显通公司认为:陕西森茂闳博公司、李某柱提出的补充意见与上诉状相互矛盾,补充意见认为陕西森茂闳博公司、李某柱与陕西建工一公司系挂靠关系,但上诉状认为是层层转包关系,且陕西森茂闳博公司、李某柱均认可是层层转包关系,一审判决认定,陕西建工一公司对陕西森茂闳博公司是转包关系,并收取了转包费。陕西森茂闳博公司对李某柱也是转包关系,也收取了转包费。

古浪鑫淼公司认为:(1)古浪鑫淼公司与陕西森茂闳博公司、李某柱没有合同关系。(2)古浪鑫淼公司与承包人北京世纪源博公司签订了古浪鑫淼公司电石炉废气利用发电项目EPC总承包合同,总承包人为北京世纪源博公司,古浪鑫淼公司依据合同约定只向北京世纪源博公司支付工程款。(3)本案中陕西森茂闳博公司与李某柱恶意串通,起诉要求古浪鑫淼公司承担责任,不符合法律规定。

【法院观点】

发包人、总承包人、转包人等是否应对欠付工程款承担连带清偿责任的问题。依据最高人民法院《关于审理建设工程施工合同纠纷案件适用法律问题的解释》（已废止）第二十六条的规定："实际施工人以转包人、违法分包人为被告起诉的，人民法院应当依法受理。实际施工人以发包人为被告主张权利的，人民法院可以追加转包人或者违法分包人为本案当事人。发包人只在欠付工程价款范围内对实际施工人承担责任。"本案中发包人古浪鑫淼公司虽支付部分工程款，但其并未提交工程款已付清的证据，且在庭审中认可其欠付工程款近2亿元，应承担本案工程欠款的付款义务；违法转包人北京世纪源博公司、山东显通公司、山东显通第五分公司三家公司与陕西森茂闵博公司、李某柱并无直接合同关系，也非合同相对方，不应过分突破合同相对性而依次承担连带责任。陕西森茂闵博公司、李某柱上诉请求北京世纪源博公司、山东显通公司、山东显通第五分公司与古浪鑫淼公司就欠付工程款承担连带责任的上诉请求不能成立，本院不予支持。陕西建工一公司非法转包涉案工程给陕西森茂闵博公司，根据已查明的事实，其已足额支付工程款，因陕西森茂闵博公司、李某柱未向其提出诉请，依照不告不理的原则，其无须承担欠付工程款的义务。一审判决陕西建工一公司、古浪鑫淼公司向陕西森茂闵博公司、李某柱支付工程款不当，本院予以纠正。

【案例评析】

建筑领域违法分包、转包、挂靠现象一直大量存在，尤其如本案在层层转包的情况下，因参与各方都有利益需求，必将出现偷工减料、以次充好、安全生产文明措施费投入不够等现象，进而产生质量安全隐患甚至导致事故发生，严重扰乱了建筑市场秩序，也影响了发包人利益，同时导致司法审判实践更加复杂。由此，招标人应在《发包人要求》中对于分包进行明确约定，同时对于违法分包、转包、挂靠等违法行为予以明确禁止，并通过合同专用条款设置相应的违约责任，以减少或降低这类违法行为对建筑市场和发包人利益的损害。层层转分包模式，实际施工人是否可以突破合同相对性向业主以外的没有合同关系的转包单位即中间环节当事人主张权利，此前在司法实践中一直存在争议，也有各类不同的判决，《民法典》出台后，最高人民法院发布的《关于审理建设工程施工合同纠纷案件适用法律问题的解释(一)》使目前司法审判实践渐趋统一,即实际施工人即便突破合同相对性也仅应限于对业主在欠付总包的工程款范围内主张权利,而不能随意扩大,故提醒市场主体仍应做好相关的风险管理。

第三章 《发包人要求》示例及争议评审实务操作

第一节 "双特三甲"资质的工程总承包企业
中亿丰建设集团股份有限公司

中亿丰建设集团股份有限公司是江苏建筑行业较早实现整体改制的民营企业。前身创立于1952年,2003年整体改制为苏州二建建筑集团有限公司,2013年更名为中亿丰建设集团股份有限公司(以下简称中亿丰建设),是江苏省首家获得建筑工程和市政公用施工总承包特级资质及市政行业甲级、建筑设计甲级、岩土工程(勘察、设计)甲级的"双特三甲"民营企业,拥有特、一、二级资质20余项,资质结构齐全。

2014年7月,住建部印发《关于推进建筑业发展和改革的若干意见》,要求加快推行工程总承包模式,我国EPC模式进入快速发展期。中亿丰建设顺势而为,进入工程总承包领域。2014年,中亿丰建设中标第一个EPC总承包项目——西部产业园园区建设项目。2017年11月,中亿丰建设成为首批"江苏省工程总承包试点企业"之一。2018年,中亿丰建设在原有甲级设计院基础上成立EPC总承包公司,扎口管理集团工程总承包项目。中亿丰建设EPC项目业务量持续上升,2019年中标额达到42亿元,2020年中标额达到55亿元。中亿丰建设将工程总承包模式作为未来战略发展方向,以"突出设计引领,强化集成管理"为发展理念,以中亿丰设计院为班底组建成立了中亿丰建设EPC总承包公司。并于2020年重新整合资源,EPC总承包公司与狮山公司、方正检测一起组建成为EPC板块,将资源向工程总承包体系的打造倾斜,把工程总承包放在了集团战略发展的高度。中亿丰建设近年承接EPC模式的代表性项目主要有安庆滨江ECD项目、丹阳中医院迁建项目、太仓市高新技术产业园有限公司新建公用设施用房项目、中国移动（苏州）数据机房项目二期工程总承包项目、苏州市相城区一泓污水处理厂改扩建及有机废弃物资源循环利用中心项目等。

中亿丰建设是江苏省建筑行业的先行者和排头兵。成立 69 年来，始终坚持服务国家发展战略，始终坚持"信为本、诚为基、德为源"的核心价值观，始终坚持改革创新发展，打造优质品牌，大力实施全国化发展、全产业协同联动、打造建筑全生命周期服务商的发展战略，积极宣贯执行力文化，传承、弘扬诚信意识和工匠精神。中亿丰建设作为竞争类改制民企，始终积极投入激烈的市场竞争，不断增强企业经营活力，跻身中国民营企业 500 强第 404 位，连续十年被评为全国优秀施工企业、获得全国建筑业竞争力百强企业称号，位列 ENR 中国承包商 80 强第 36 位，是江苏省建筑业综合竞争力百强企业。荣获住房和城乡建设部"创鲁班奖特别荣誉企业"称号、江苏省政府科技进步奖、江苏省质量管理优秀奖等省部级以上荣誉 30 余项，并获评苏州市市长质量奖，是苏州市名牌产品。2020 年，集团董事长宫长义入选"国务院政府特殊津贴专业技术人才"。中亿丰建设获得詹天佑奖 2 项、鲁班奖 12 项、国家优质工程 12 项、华夏建设科学技术奖 3 项，以及各类省市级工程类奖数百项。中亿丰建设聚合了多领域多层次的优秀人才，拥有管理人员 2800 余名，其中本科及以上学历占比超 70%，拥有中高级职称人员 1000 余位，教授级高级工程师 21 名以及博士后 1 名，具备一级建造师执业资格的员工近 500 位。拥有院士工作站、省级企业研究生工作站、省级工程技术中心、博士后工作站和重点实验室五位一体的研发平台。与多所院校、科研单位开展产、学、研合作，通过校企合作，实现资源共享、跨界研发。

中亿丰建设把企业文化作为驱动战略实现的引擎。以习近平新时代中国特色社会主义思想体系为指导，以"红色砼心圆"为企业党建文化工作理念，牢筑党建"根"与"魂"；以"和合"为企业文化核心理念，成立"和合"文化研究院，倡导"以人为本、以和为贵、合作致胜"的经营理念，加强党建引领铸魂，以项目为本，文化为脉，助推企业转型升级、和谐发展。

第二节 "未来建筑研发中心"项目《发包人要求》

一、功能要求

（一）工程目的

本项目所在区域近年不断加大招商引资、招才引智力度，是长三角地区快速崛起的创新创业高地。本区域正以全域城市化的理念，进一步优化空间布局，明晰功能定位，未来继续以创新驱动为核心战略，构建"生态宜居中心、科技创新中心、城市枢纽中心、未来活力中心"新蓝图。本项目的建设是科技产业园区建设，满足建设单位自身创新转型发展需要。

（二）工程规模

1. 总投资：100,800 万元。

2. 总建筑面积：112,000.67m²。

3. 总用地面积：22,304m²。

4. 项目用地规划：建筑底层占地面积：5841.07m²；建筑密度：26.19%。

5. 其他工程规模指标：地上总建筑面积：76,253.35m²；计容积率建筑面积：75,755.13m²；不计容积率建筑面积：36,455.06m²；容积率：3.40；绿地率：30.02%；最大建筑高度：99.9 米（实体女儿墙高度）；机动车停车位：683 辆，其中地上停车位：8 辆，地下停车位：675 辆；非机动车停车位：766 辆，其中地上非机动车停车位：635 辆，地下非机动车停车位：131 辆。

（三）性能保证指标

1. 本项目生活给水系统分 3 个区，−2F～3F 为低区，由市政管网直接供给；4F～14F 为中区，由水箱＋变频机组供给，变频泵参数为：$Q = 10L/S, H = 85m$；15F～23F 为高区，由水箱＋变频机组供给，变频泵参数为：$Q = 5L/S, H = 140m$。

2. 本项目总用电负荷为 9600kW。根据供电规范要求，在地下室内分别设置南北两个变配电所，配电室（南）设备配置有 2 套高压柜（包含进线，计量，压变，出线）共 12 台，2 台 1600kVA 变压器以及 19 台低压柜；配电室（北）设备配置有 4 套环网柜（一进一出）共 8 台，2 台 1600kVA 变压器，2 台 800kVA 变压器以及 29 台低压柜。

3.本项目采用变频多联机系统。空调室外机总制冷量246kW,总制热量276kW;空调内机总制冷量270.6kW,总制热量276kW;新风机制冷量56kW,制热量63kW。

二、工程范围

(一)概述

承包人的承包范围包括:

1.设计(勘察)承包范围:本项目所涵盖的勘察(初勘和详勘)、各专业方案设计及报审、初步设计、初步设计批复后的细化工作、施工图设计,以及工程施工至竣工验收阶段后续服务协调配合、BIM项目全周期设计、绿建设计等(相关配套设施有政府规定的除外,如水电气接入设计)。

2.采购承包范围:包括但不限于电梯、室外小品、雕塑美陈、水处理成套工艺设备、擦窗机、太阳能产品、垃圾(污水)处理装置、直饮水系统、空调、窗帘软装等(范围具体以双方最终确认的采购清单为准)。

3.施工承包范围:本项目涵盖所有施工内容。包括土方、支护及降水、地基及桩基、基础工程、主体结构工程、砌筑及二次结构工程、屋面工程(含保温、隔热、防水、找平等)、外墙保温工程、防水工程、烟气道工程、室内装修工程、外装修工程、金属结构工程、门窗幕墙工程、室内安装(电气、给排水、暖通、消防)、室内精装、室外工程(排水、道路、景观、绿化、水景)、室外安装、智能化弱电、泛光照明、供配电、标识工程等(相关配套设施有政府规定的除外,如水电气接入施工等)。

4.运营承包范围:负责项目后期BIM运维系统的建立及维护(实现包含但不限于能源管理、物业管理、维修事宜、数据分析等功能),竣工后本项目所有设备管线均可通过BIM模型动态监测状态,并可通过可视化控制系统进行操作运营维修及报表分析,运营期限暂定2年,运营期间由承包人负责整体运维系统的建立及日常管理,编制操作手册,培训人员,并需要达到物业管理的要求。

(二)包括的工作

1.永久工程的设计、采购、施工范围

(1)承包人有服从发包人委托的义务,不得借故推托。承包人应按发包人的指令,完成发包人要求的对工程内容任何的增加和删减。

(2)承包人应做好施工场地及其周边现有的地上、地下设施和建筑物,地下管线、构筑物(含文物保护建筑)、古树名木的保护工作,发包人承担由此所发生的相关费用;(①生活区:新租临设用地东距离马路边6米中心有燃气管道,围挡安装应避开燃气管道,加强保护,防止发生意外安全事故;②施工现场:注意地块南侧人行道下面燃气管道,详见燃气管道图,必须加强防护,防止破坏导致意外情况发生),承包人野蛮施工责任自负。承包人自行缴纳涉及承包人承担的规费。

(3)外立面装饰、各类专业安装等工程需要预埋、预留的工作,承包人应做好准备、协调及配合等全部工作,并在预埋、预留工序前1个月内书面报总监工程师。

(4)发包人在本工程建设过程中,对工程进度、质量、安全等进行抽查、检查、检验等管理活动时,承包人应积极配合发包人,并提供一切便利条件。

(5)承包人自行查勘现场,并核对发包人提供的基础资料,因发包人提供的基础资料存在错误、遗漏导致承包人解释或推断失实的,承包人应在自身经验范围内处理。若承包人有不负责任的行为(如未查勘现场、未提请发包人核对勘误),不免除承包人承担相应责任。

(6)因设计变更等影响,承包人应因时制宜及时对施工组织和生产要素(工、料、机等)做好调整安排,避免造成停工停机损失。若承包人未及时做好妥善调整和安排,发包人不承担由此引起的索赔和补偿。

(7)承包人须全面负责施工过程中的安全生产,发包人和监理单位负有监督检查的职责和权利。承包人按有关规定做好施工现场安全管理,加强对电焊、气焊、气割等明火作业的管理,加强防盗、防破坏等安全保卫工作,并承担由于安全管理措施不力所造成事故的一切责任和费用。

(8)承包人必须按国家或地方相关规定为从事危险作业的职工办理意外伤害保险,并为施工场地内自有人员生命财产和施工机械设备办理保险,并承担发包人要求办理的工程险和第三方责任险等保险责任。

2.临时工程的设计与施工范围(可附表)

临时工程的设计:(1)场地合理有效利用;(2)临时设施布置必须满足建筑施工安全标准化管理规定及满足业主要求;(3)避免频繁搬迁及充分考虑现场场地

分布的实际情况;(4)场地配备的二级配电箱可以满足相应功率要求;(5)消防设施的布置满足防火要求;(6)结合工程施工场地的平面布置,办公、生活区与施工区分开;(7)以经济适用为原则,合理地选择临时设施的形式。

施工范围:包括大门、门卫室、办公用房、生活区用房、临时道路及现场硬化、木工棚及木材料场、配电室、生产用房、施工现场临水临电等。

3.竣工验收工作范围(可附表)

附表范例见表1。

表1 竣工验收工作范围

序号	分项验收	工期	开始时间	完成时间
1	消防检测	10天	2023年5月27日	2023年6月5日
2	消防验收	20天	2023年6月6日	2023年6月25日
3	防雷检测	10天	2023年5月27日	2023年6月5日
4	安防验收	10天	2023年5月27日	2023年6月5日
5	人防验收	15天	2023年3月11日	2023年3月25日
6	环保验收	10天	2023年5月27日	2023年6月5日
7	规划验收	15天	2023年6月1日	2023年6月15日
8	节能验收	10天	2023年6月6日	2023年6月15日
9	档案验收	30天	2023年4月10日	2023年5月9日
10	绿化验收	10天	2023年6月1日	2023年6月10日
11	竣工验收	10天	2023年6月26日	2023年7月5日

4.技术服务工作范围(可附表)

(1)与本工程的相关单位进行积极主动的合作,服从业主的统一协调,在设计、设备供货、系统安装调试、技术支持、运行维护等方面相互配合,完成招标文件中规定的各项任务。

(2)在系统设备安装调试及试运行期间,将派有关技术人员到现场提供技术支持服务,现场指导设备的安装、调试直到验收合格。

5.培训工作范围(可附表)

(1)按照工程进度计划,在项目现场施工和系统试运行开始时到实际竣工验收完成后项目移交期间,将按招标文件的要求,对本项目所涉及系统的相关操作、管理及维护人员进行培训。

(2)培训分两个层次:一是培训系统操作人员;二是培训系统管理维护人员。届时将通过与相关人员的协商,确定培训的具体时间、地点、内容和人员。

6. 保修工作范围(可附表)

根据《建设工程质量管理条例》及有关规定,工程的质量保修期如下:

(1)地基基础工程和主体结构工程为设计文件规定的工程合理使用年限;

(2)屋面防水工程、有防水要求的卫生间、房间和外墙面的防渗为5年;

(3)装修工程、电气、家具为2年;

(4)电气管线、给排水管道、设备安装工程为2年;

(5)供热与供冷系统为2个采暖期、供冷期;

(6)给排水设施、道路、绿化等配套工程为2年;

(7)其他项目保修期限约定如下:

按《建设工程质量管理条例》执行。质量保修期自工程竣工验收合格之日起计算。

(1)保修期内,完成承包合同中所有安装工作,并负责合同约定的保修范围内的工程保修工作。

(2)承诺在系统运行过程中,如果出现硬件故障,承包人将提供相应的应急设备确保系统正常运行,同时尽快对发生故障的设备进行诊断和维修或更换。

(三)工作界区

发包人和承包人的工作界区:发包人办理项目立项、环评、用地、规划、开工许可等前期报建及后期竣工、验收、备案等相关手续并交纳相应规费。本项目由发包人负责办理临时用水、临时用电的申请、接入。发包人完成场地平整、绿化迁移、道路开口、路灯移位,以及临时用水、用电和红线外临时用地申请。承包人负责项目设计、采购、施工、运营,具体以工程总承包合同约定为准。

承包人和其他承包人的工作界区:承包人负责项目设计、采购、施工、运营、维护,具体以工程总承包合同约定为准。本项目所有设计、采购、施工、运营工作均包括在总承包范围内,承包人在符合国家法律法规规定的前提下,经发包人同意,可将部分项目进行分包,承包人与分包人工作界区由承包人与分包人签订的合同进行约定。

其他工作界区:暂无

（四）发包人提供的现场条件

1. 施工用电。发包人应在承包人进场前将施工用电接至约定的节点位置,并保证其需要。施工用电的类别为:工业用电,取费单价为:6.4 元/度,发包人按实际计量结果收费。发包人如无法提供施工用电,相关费用由承包人纳入报价并承担相关责任。

2. 施工用水。发包人应在承包人进场前将施工用水接至约定的节点位置,并保证其需要。施工用水的类别为:工业用水,取费单价为:4.1 元/吨,发包人按实际计量结果收费。发包人如无法提供施工用水,相关费用由承包人纳入报价并承担相关责任。

3. 施工排水。发包人应当报批取得临时施工给排水许可,承包人应当遵守国家和地方的规定,按排水许可设置完善的排水系统,保持现场始终处于良好的排水状态,防止降雨径流对现场的冲刷。

4. 施工道路。发包人负责取得因工程实施所需修建施工道路的权利并承担相关手续费用和建设费用,承包人应协助发包人办理修建施工道路的手续。承包人负责修建、维修、养护和管理施工所需的临时道路和交通设施,包括维修、养护和管理发包人提供的道路和交通设施。

5. 其他现场条件。临时用地:已具备交付承包人条件;场地平整:已具备交付承包人条件;通信:由承包人向相关部门申请办理;热力:本项目无需求;燃气:由总承包人向相关部门申请办理;其他:无。

（五）发包人提供的技术文件

1. 勘察任务书。

2. 设计任务书。

3. 发包人已完成的其他文件。

三、工艺安排或要求

（一）工艺方案

承包人提供生产工艺技术和(或)建筑设计方案,经发包人审批。

（二）流程安排

承包人提出工艺试验的施工方案和实施细则并报监理工程师审查批准；工艺试验的机械组合、人员配额、材料、施工程序、预埋观测以及操作方法等应有两组以上方案，以便通过试验作出选定；试验结束后应提交试验报告，并经监理工程师审查批准。

（三）质量要求

按单项工程考核，各单项工程考核保证值和（或）使用功能说明：符合国家、行业相关质量验收标准。

（四）产能要求

_____无_____。

（五）技术要求

技术要求包括控制要求、可操作性、可控制性、先进性等方面。

（六）安全生产要求

建立健全安全生产责任制，特殊工种必须持证上岗，进场工人必须经过三级安全教育并考试合格。配备符合规定人数的专职安全员，建立以项目经理为组长的安全领导小组。临时用电、机械安装、模板、深基坑施工必须有专项施工方案并且经过审批后方可施工。各项安全措施可行，"五小设施"齐全，"三宝防护设施"合格证、准用证齐全有效。必须办理建筑工程意外伤害保险。施工现场必须符合安全生产法律法规要求等。

（七）环保要求

在工程施工期间，对噪声、振动、废水、废气和固体废弃物进行全面控制，尽量减少这些污染物排放所造成的影响，满足国家有关法规的要求，包括：现场管理、水污染防治、大气污染防治、噪声污染防治、固体废弃物污染防治、振动防治、城市生态保护及土方处理等。

（八）经济性和合理性要求

总图布局合理，功能分区合理，内外交通组织有序，竖向设计结合地形紧密，符合规划用地要求，经济、技术等指标具有市场竞争力，能够满足发包人要求。

（九）工艺试验要求

在动工之前对分项工程预先进行工艺试验，然后依其试验结果全面指导施工。

（十）其他要求

_____无_____。

四、时间要求

（一）开始工作时间

开始工作时间:2020 年 7 月 30 日。

施工开工日期(绝对日期或相对日期):2020 年 9 月 15 日。

（二）设计完成时间

设计完成时间:2020 年 9 月 15 日。

1.方案设计完成时间:2020 年 6 月 25 日。

2.初步设计完成时间:2020 年 7 月 30 日。

3.施工图设计完成时间:2020 年 9 月 15 日。

4.专项设计完成时间(根据项目情况确定):见表 2。

表 2 专项设计完成时间

序号	专项设计	完成时间	备注
1	幕墙	2021 年 5 月 25 日	
2	内装	2021 年 5 月 25 日	
3	智能化	2021 年 5 月 25 日	
4	泛光照明	2021 年 5 月 25 日	
5	海绵城市	2021 年 7 月 15 日	
6	室外景观	2021 年 7 月 15 日	

（三）进度计划

1.项目进度计划

项目进度计划中的关键路径及关键路径变化的确定原则:由承包人向发包人提交进度计划变化申请,经发包人确认后执行。

承包人提交项目进度计划的份数和时间:承包人在合同签订后 2 周内向发包人提交 2 份,发包人在收到项目进度计划后 2 周内应向承包人作出批复。

2.采购进度计划

采购进度计划提交的份数和日期:承包人在合同签订后 2 周内向发包人提交

2 份,发包人在收到采购进度计划后 2 周内应向承包人作出批复。

采购开始日期:按照批复确定的采购进度计划载明的开始日期。

3. 施工进度计划

提交关键单项工程施工计划的名称、份数和时间:承包人在合同签订后 2 周内向发包人提交 2 份,发包人在收到施工进度计划后 2 周内应向承包人作出批复。

提交关键分部分项工程施工进度计划的名称、份数和时间:承包人在开工 2 周前向发包人提交 2 份,发包人在收到施工进度计划后 2 周内应向承包人作出批复。

(四)竣工时间

竣工时间:2023 年 6 月 21 日。

1. 单体建筑竣工时间:2023 年 6 月 21 日。

2. 项目整体竣工时间:2023 年 6 月 21 日。

(五)缺陷责任期

工程缺陷责任期为 24 个月,缺陷责任期自工程交工验收合格之日起计算。单位工程先于全部工程进行验收,单位工程缺陷责任期自单位工程验收合格之日起算。

五、技术要求

(一)设计阶段和设计任务

1. 方案设计阶段(如有)

建设用地:22,304m²,具体详见规划地形图(略)。

城市设计要求:现代风格,建筑色彩与周边建筑相协调;应考虑无障碍设计,人行部分用材需防滑,室外停车位建议使用植草砖;充分考虑城市夜景及建筑外立面效果,灯光以暖色为主,灯光设计及景观绿化方案须单独报审。

容积率:2.0≤容积率≤3.5。

檐口高度:≤100 米,绿地率≥30%。

建筑退线:东侧,北侧退用地红线 6 米;南侧退用地红线 10 米;西侧与现有建筑有机结合。

市政交通要求:出入口设置在南侧;停车应满足《苏州市建筑物配建停车位指

标(2020 版)》要求。

市政管线要求:雨污分流,管线入。

区域室内外地坪标高:与周边道路有机衔接并满足该地区防洪要求。

商业服务业用地业态管理要求:(1)配套性的生活服务设施用房建筑面积不得超过总建筑面积的 4% ;(2)可出租、按幢或层且不低于计容面积 1000m² 作为最小分割单元转让,可分割转让的计容面积不超过总计容面积的 50% 。

海绵城市要求:年径流总量控制率:≥70% ,综合净流系数:0.45,单位面积控制容积:≥80 且满足《苏州市海绵城市规划建设管理暂行办法》的相关要求。

装配式建筑要求:装配式建筑满足苏州市住房和城乡建设局、苏州市发展和改革委员会、苏州市经济和信息化委员会、苏州市规划局、苏州市环保局、苏州市质量技术监督局《关于在新建建筑中加快推广应用预制内外墙板预制楼梯板预制楼板的通知》(苏建建〔2017〕43 号)文件要求。

绿色建筑要求:根据《江苏省绿色建筑发展条例》的要求,应就设计方案是否达到绿色建筑等级标准征求建设主管部门意见,并满足江苏省住房城乡建设厅《关于实施民用建筑设计方案绿色设计审查的通知》要求。

电动汽车充电设施:根据住房城乡建设部《关于加强城市电动汽车充电设施规划建设工作的通知》的要求,新建住宅配建停车位应 100% 预留充电设施建设安装条件,新建的大于 2 万平方米的商场、宾馆、医院、办公楼等大型公共建筑配建停车场和社会公共停车场,具有充电设施的停车位应不少于总停车位的 10% ,且满足苏州市政府办公室《关于转发 2016 年市新能源汽车推广应用方案的通知》要求。

电动自行车充电设施要求:满足《关于加强新建住宅小区电动自行车充电设施规划管理的通知》要求。

其他规划要求:

(1)涉及环保、绿化、人防、消防、抗震、节能等方面应满足国家有关规范及相关部门的要求;

(2)建筑设计满足《江苏省城市规划管理技术规定》的要求;

(3)地块南侧需设置开放式出入口,不得设置围墙;

(4)总图设计要求:反映地块周边 50m 范围现状;

（5）方案报审需提供交通影响分析文件；

（6）附图（略）中绿色阴影范围为特定绿化范围，仅可配建服务于城市的市政基础设施，设计风格统一；

（7）若该地块的用地单位与西侧已建地块为同一家用地单位，则两地块相邻边界可不设围墙，本地块建筑后退西侧用地边界不作要求，且出入口可与西侧已建地块统筹考虑设置。

2. 初步设计阶段

细化各单体的建筑平面布置、防火分区、交通和人流动线（包括应急疏散动线）、空间效果、材质选型。建筑专业根据整体规划设计方案，有机处理与西侧现有建筑的关系。考虑整体的沿街办公楼新老衔接、造型效果的确定及细部处理等。

统一规划设计停车指标，有效组织人车分流及停车配比；对比空调系统的形式，并对总部办公楼及研发楼空调系统确认；考虑新建地下车库与现有一层地下车库的连通关系，落实相关的高差处理和排水措施。

根据总图设计统筹规划场地的外部景观环境，保证建筑区域的绿化品质的提升，处理好场区内道路及绿化的排水问题，有效解决标高的矛盾性和局部下沉广场的景观整体性。

结合本院其余工种图纸配合施工，以及相应专业沟通，特别是管线穿越涉及影响建筑的净高等处。

3. 施工图设计阶段

（1）设计要求

节能：根据《江苏省建筑节能管理办法》的要求，应就设计方案是否符合建筑节能强制性标准征求建设主管部门意见。

节水：根据《江苏省节约用水条例》《苏州市节约用水条例》的要求，规划用地面积 20,000m² 以上的新建建筑物，应配套建设雨水净化、渗透和收集利用系统。节约用水措施方案应征求水行政主管部门意见。

排水：根据《苏州市排水管理条例》的要求，核发建设用地规划许可证时，应就建设项目排水方案征求排水主管部门意见。

燃气：根据《城镇燃气管理条例》的要求，核发燃气设施建设工程选址意见书时,应征求燃气管理部门意见。

(2)其他要求

承包人负责收集、整合各专业的专业需求;对于发包人明确的建设需求,功能定位、使用与管理维护要求,如总平面图、分层平面图、层高、水电暖通、弱电智能化、消防等关键方案思路要提供多种可行方案进行利弊分析并及时组织汇报,必须经过发包人确认后方可出图。

承包人应参与设计方案、初步设计及施工图的设计交底、答疑等以及出具后续施工中相关的设计变更;主要包括图纸设计交底,即交代建筑物主要功能和特点、设计意图等;对设计文件中涉及施工安全的重点部位和环节进行说明,并对防范生产安全事故提出有针对性的指导意见。

施工图纸如存在以下情形(包含但不限于缺陷),承包人应无偿予以修改:

①不符合相关国家设计规范要求的;

②与原有建筑的预留、预埋相矛盾的;

③承包人疏忽导致的可见及不可见的缺陷。

对于重大技术问题,承包人确认在接到发包人书面通知后及时到场处理。发包人对工程的局部功能修改,承包人负责积极配合修改与调整设计。

(二)设计标准和规范

1.严格执行工程建设强制性标准。

2.其他应当执行的设计标准和规范:设计成果需获得省优秀设计奖,施工图纸达到指导施工质量评优的要求。提供全套满足施工及报奖要求的 BIM 模型,总部办公楼达到绿色建筑三星设计标识,研发楼达到绿色建筑二星设计标识,综合办公楼达到绿色建筑一星设计标识。

(三)技术标准和要求

1.特殊要求的技术标准。

2.新技术、新材料、新工艺、新设备的技术标准。

(四)质量标准

1.一般要求的设计质量标准:施工图设计质量必须满足国家现行工程设计规范标准及满足发包人设计任务书要求,并通过相关部门的审查。

2.特殊要求的设计质量标准:设计成果需获得省优秀设计奖,施工图纸达到指导施工质量评优的要求。提供全套满足施工及报奖要求的 BIM 模型,总部办公楼达到绿色建筑三星设计标识,研发楼达到绿色建筑二星设计标识,综合办公楼达到绿色建筑一星设计标识。

3.一般要求的设备采购质量标准(如有):项目所有物资(设备等)采购质量需符合有关标准规范的要求,合格率达到 100% 。

4.特殊要求的设备质量采购标准(如有):无。

5.一般要求的施工质量标准:必须满足国家现行工程施工规范要求,并通过相关部门的验收。

6.特殊要求的施工质量标准:确保项目获得江苏省优质工程"扬子杯",其中总部办公楼必须获得创"鲁班奖"(按质论价,金额按照相关文件执行)。

(五)设计、施工和设备监造、试验(如有)

1.设计技术要求:满足业主对功能使用要求;满足建筑绿建星级要求以及设计中科技创新点应用;从绿色、节能、美观、实用多方面打造企业总部园区。

2.施工技术要求:承包人的施工技术方法应符合有关操作规程、安全规程及质量标准;承包人须负责统筹管理和协调各专业分包单位施工技术方案,全过程参与和组织施工图中施工组织设计及各类专项技术方案评审。

3.试验要求:承包人应组织、协调、监督及检查参与试运行与竣工验收的专业合作单位,检查试运行前的准备工作,确保已按设计文件及相关标准完成生产系统、配套系统和辅助系统的施工安装及调试工作,并达到竣工验收标准。

(六)样品

1.涉及结构安全的试块、试件以及有关材料:承包人在项目开工前,提交整个项目的检验批计划(包括试块、试件以及有关材料),报送监理人批准,需经过发包人同意。

2.其他需报送样品的材料或设备(种类、名称、规格、数量):承包人在本项目主要材料和工程设备采购前,将各项主要材料和工程设备的供货商及品种、技术要求、规格、数量和供货时间等相关文件报送监理人批准,监理人在收到文件后于7 日内完成核查,并报发包人同意。承包人应向监理人提交其负责提供的材料和工程设备的质量证明文件,其质量标准应符合国家强制性标准和规范。

（七）发包人提供的其他条件，如发包人或其委托的第三人提供的设计、工艺包、用于试验检验的工器具等，以及据此对承包人提出的予以配套的要求

其他需承包人予以配合的技术要求：暂无。

六、竣工试验

（一）承包人自检

承包人应当对工程隐蔽部位进行自检，并经自检确认是否具备覆盖条件。承包人未通知监理人到场检查，私自将工程隐蔽部位覆盖的，发包人有权指示承包人钻孔探测或揭开检查，无论工程隐蔽部位质量是否合格，由此增加的费用和（或）延误的工期均由承包人承担。

（二）竣工试验

在工程正式竣工报验前，承包人应根据国家相关项目管理规范的要求以及项目设计标准的要求，向发包人报送项目验收前试验项目和试验流程文件，经发包人批准后，按照单项试验规范，进行竣工试验，并及时将试验结果报送至发包人。所有试验项目均完全达标后，经发包人审批同意，承包人再报送竣工验收申请。

（三）不合格项目处理

经试验，发现因承包人原因造成工程不合格的，发包人有权随时要求承包人采取补救措施，直至达到合同要求的质量标准，由此增加的费用和（或）延误的工期由承包人承担。

七、竣工验收

竣工验收报告的格式、份数和提交时间：根据相关规定在竣工验收2周前提供4份。格式按照建设行政主管部门及发包人要求的版本。

完整竣工资料的格式、份数和提交时间：根据相关规定在竣工验收后2周内提供4份。格式按照建设行政主管部门及发包人要求的版本。

发包人应在收到竣工验收报告和完整的竣工资料，并在竣工试验通过后的30日内，组织竣工验收。

隐蔽工程和中间验收：关于需要质检的隐蔽工程和中间验收部位的分类、部位、质检内容、标准、表格和参检方的约定，按国家规范规定执行。

竣工验收程序要求：

1. 提前 24 小时，以书面方式。承包人在自检合格后方可书面通知监理人进行验收，在监理人验收过程中如发现问题，需要以书面形式出具整改要求及整改完成时间（整改完成时间依据出现问题大小由监理人进行判断，最长不可超过 5 个小时，如需要 5 小时以上，则延后一天进行验收）。承包人在自检合格后方可通知监理人进行复验。如再次复验仍未合格，则监理人有权延后一天进行验收。对于由此造成的工期延误、窝工及材料浪费由承包人负责。

2. 承包人必须服从监理人及发包人的管理，隐蔽工程未经验收不得进入下一道工序的施工。

3. 针对工程量发生变化的隐蔽工程及发包人提出的对已完成的分项工程进行变更，承包人应在施工前将施工方案报发包人及监理工程师确认。

4. 监理人不能按时进行检查时，应提前 8 小时提交书面延期要求。

5. 延期最长不得超过 8 小时。

八、竣工后试验

本项目无竣工后试验。

九、文件要求

（一）设计文件及其相关审批、批准、备案要求

1. 设计文件要求：本项目所涵盖的勘察（初勘和详勘）、各专业方案设计、初步设计、初步设计批复后的细化工作、施工图设计、BIM 项目全周期设计、绿建设计等。相关配套设施有政府规定的除外，如水电气接入设计等。

（1）规划设计阶段设计文件、资料和图纸的份数和提交时间：承包人按照批复后的项目进度计划中载明的日期提供方案设计文件 4 份（含 1 份电子文件）。

（2）初步设计阶段设计文件、资料和图纸的份数和提交时间：承包人按照批复后的项目进度计划中载明的日期提供初步设计文件 4 份（含 1 份电子文件）。

（3）施工图设计阶段设计文件、资料和图纸的份数和提交时间：承包人按照批复后的项目进度计划中载明的日期提供施工图设计文件 8 份（含 1 份电子文件及计算数据）。

（4）具体标准如下：

①设计文件的组成：设计说明书、工程设计、设计图纸、工程概（预）算及主要技术经济指标、主要材料及设备设计方案、绿色设计及新技术应用。

②设计文件的深度：初步设计及施工图设计深度，详见规划条件、可行性研究报告及国家、省、市规定的相关规范、标准。

③设计文件的份数要求：施工图8份。

④设计文件的载体要求：蓝图。

⑤设计文件的载体要求：应同时提供纸质版和电子版。

⑥设计文件的展板要求：建筑及装饰效果图及材料样板按照发包人的要求提供。

2.设计文件相关审批、批准、备案要求：设计文件由承包人报设计第三方设计图审核部门通过，审图通过后方可进行施工，并报政府相关管理机关备案。

（1）由发包人对承包人相关设计文件进行审查并提出意见，承包人按该审查意见修改设计并重新报审（包括审图机构及行业主管部门的相关审核）。

（2）承包人向发包人提交相关设计审查阶段的设计文件，并应符合相关规范标准对相关设计阶段的设计文件、图纸和资料的深度规定。承包人须参加发包人组织的设计审查会议、并向发包人介绍、解答、解释相关设计问题，以及提供审查过程中需提供的补充设计资料。

（3）发包人有权在各设计审查阶段之前，对相关设计阶段的设计文件、图纸和资料提出建议和意见，承包人应积极采纳，若承包人对发包人的建议和意见有异议，应提出书面的意见并说明理由。

（4）对于按照审查意见修改后的设计文件，并不减轻和免除承包人的相应设计责任；对于修改超过合同约定的范围及标准以至于提高工程造价的，所需要增加的费用由双方按照变更确定。

（5）设计审核、配合等服务：对项目相关的设计负责。

①完成报批、施工、满足规范要求、专业性功能要求及使用合理性要求的施工图。

②根据各专业要求，审核管线与设备的合理性，并进行合理的整合和调整。

③协调建筑周边管线综合及其他与施工相关的衔接问题。

④出具或审核零星设计图(如场地平整、填土方案、施工围挡图等)。

⑤负责所有管线、设备的综合整合工作。

⑥包含对设计不满足规范要求、专业性功能要求及使用合理性要求的部分进行调整。

⑦设计深化阶段,应根据发包人设计任务书相关要求,提供立项批复建设指标对照表、关键技术指标对照表、合规性负面清单对照表。

(6)承包人具体责任和要求,包括:①承包人应按国家技术规范、标准、规程及发包人提出的设计要求,进行工程设计,按合同约定的进度要求提交质量合格的设计资料,并对其负责。②承包人应按发包人要求的内容、进度及份数向发包人交付设计资料及文件。③承包人交付设计资料及文件后,按约定参加有关的设计审查,并根据审查结论对设计文件进行调整、补充。④承包人按合同约定时限交付设计资料及文件,负责向发包人及施工单位进行设计交底、处理有关设计问题和参加验收,最终提交的设计文件应达到发包人设计任务书及施工图报审政府主管部门的要求。⑤承包人应保护发包人的知识产权,不得向第三人泄露、转让发包人提交的产品图纸等技术经济资料。如发生以上情况并给发包人造成经济损失,发包人有权向承包人索赔。⑥设计过程中承包人与发包人紧密配合,发包人对设计文件的修改意见承包人应予以采纳。⑦设计负责人应全过程服务,平常每月至少到施工现场巡视一次,出现关键性技术问题时,应随叫随到。⑧承包人应办理有关许可、核准或备案手续的,因设计原因造成发包人未能及时办理许可、核准或备案手续,导致设计工作量增加和(或)设计周期延长时,由承包人自行承担由此增加的设计费用和(或)设计周期延长的责任。

(二)沟通计划

1. 与发包人沟通:以承包人项目经理为首的项目部团队应与业主及初步设计单位加强交流沟通,充分理解业主要求及初步设计意图,深入研究设计任务书及初步设计图文,就初步设计中不符合国家及当地政府规定的部分形成书面的合理性建议及优化方案报与业主。

承包人项目经理黄某为项目总联络人,执行经理羊某为项目主要联络人,设计负责人王某为设计沟通联络人,原则上涉及发包人对项目设计要求的落实等事宜均由联络人负责。承包人应主动协助业主与规划、施工图审查中心、消防等相关职能部门沟通交流、解决相关事项。

承包人若需进入已建的机房、楼宇施工,承包人需填写"通信机房、楼宇工程施工审批单",并经发包人审批同意,发包人项目经理应牵头负责承包人与楼宇管理部门的沟通对接,明确具体经办人及承包人需服从出入及施工安全管理。

2. 与政府相关部门沟通:承包人需协助发包人与规划部门沟通(主要包括与规划主管领导、规划方案评审专家之间的沟通),协助发包人解释、获取及分析方案设计报审过程中的意见,进行相关的设计修改,包括提供建筑方案设计图纸、面积计算、效果图及其他所需资料。

执行经理羊某为沟通联络人,协助业主与政府各职能部门进行前置技术交流,及时沟通,对于规划建设、人防、消防、供电、供水等部门进行重点沟通协调,解决初步设计遇到的有关问题。

3. 与分包人沟通:承包人应在项目总承包合同签订后1周内向发包人报送详细的与分包人进行的沟通计划。沟通计划包括项目进度、成本、安全、质量、资源存在问题和采取措施等方面的内容。承包人应在每周例会上以工作报告的形式将上述内容报给发包人。

4. 与供应商沟通:承包人应在项目总承包合同签订后1周内向发包人报送详细的与供应商进行的沟通计划。沟通计划包括合同签订后供应商的详细履约计划,如订单交付时间节点、供货安排、运输计划、交付流程等。承包人应在每周例会上以工作报告的形式将上述内容报给发包人。

5. 与工程师沟通:承包人应在项目总承包合同签订后1周内向发包人报送详细的与工程师进行的沟通计划。根据项目工程师管理方案,报告中明确与工程师沟通的具体行为方式,如工地例行检查、周例会、每日工作日志备案等内容。承包人应在每周例会上以工作报告的形式将上述内容报给发包人。

6. 与设计部门沟通:承包人应安排其所属的设计部门,根据项目进展,每周汇报设计重点工作。承包人应在每周例会上以工作报告的形式将上述内容报给发包人。

7. 与采购部门沟通:承包人应安排其所属的采购部门,制订采购计划及汇总计划执行情况。承包人应在每周例会上以工作报告的形式将上述内容报给发包人。

8.与施工部门沟通:开工前承包人应根据最新的设计和采购进度情况编制项目施工进度计划,以及根据施工进展提前进行各项调整的计划。承包人应在每周例会上以工作报告的形式将上述内容报给发包人。施工计划应得到发包人的书面审批意见后方可实施。

(三)风险管理计划

承包人要对项目进行风险识别,并列出风险管控清单。风险识别包括并不限于以下风险:

1.政治经济风险:法律、法规、政策变化,物资成本变化带来的成本增加,税率变化等。

2.技术与环境风险:新技术和新材料的使用,技术文件和标准规范的变化,设计文件或施工技术专业能力不符合项目建设要求;地质条件风险;勘察资料与现场条件不符;水文气象条件风险,例如,出现异常天气,影响工期。

3.项目管理风险:项目团队人员的稳定性,项目团队人员的经验、专业能力和经营管理水平,施工过程的质量、工期、成本、业主要求的变更及其相互协调等风险。

4.合同风险:合同签订中,会约定一些发包人免责条款或对承包人不利的条款。

5.分包人的风险:项目涉及的技术专业较多,既有项目设计,又有设备采购和施工。因此项目进行过程中会进行专业分包。分包未经业主同意或分包人实力不足、资信差、抗风险能力差都会将承包人置于不利环境中,加大承包人的风险。

6.设计阶段的风险:设计文件是承包人项目管理中采购和施工工作的基础。设计文件不仅要满足发包人合同要求的项目功能和质量要求,还要关注与采购、施工之间进度、质量和造价的衔接问题。

7.设备采购阶段的风险:在EPC总承包项目中采购占有很大一部分,在设备和材料采购中,供货商供货延误、所采购的设备材料规格存在瑕疵、货物在运输途中遭受外力以致发生损坏、灭失等。

设备采购中存在如下风险:(1)设备价格风险。由于利益驱使,材料供应商有可能在投标前互相串通,有意抬高价格,使采购方以高于市场价购买相关设备材料。(2)设备质量风险。在物资采购中,激烈的市场竞争有可能导致供应商实际提供的产品与样品不一致,以次充好,材料质量不符合要求,这些都可能致使采购方承担损失或违约责任。(3)设备贬值风险。采购过程中设备物资因行业技术不断进步,采购人员受专业知识水平限制未能及时掌握和了解,进行大批量的采购而引起设备采购贬值进而造成损失。(4)采购合同欺诈风险。(5)承包人制订的采购计划不科学、不周全等导致采购中发生采购数量不全、供货时间不合理、质量标准不明确等使采购计划发生较大偏差而影响整个采购工作。(6)采购合同订立不严谨,权利义务不明确,合同管理执行混乱等。(7)采购人员风险。采购人员责任心不强,管理水平有限,导致采购的设备不符合合同要求。

8. 施工阶段的风险:施工是工程项目建设过程中的重要阶段,将项目由概念转化为实体。施工过程中存在技术管理、进度、HSE 管理风险等。

9. 调试运行阶段:只有调试运行合格或性能考核合格后,才能验收移交,完成"交钥匙"工程。调试运行阶段主要存在如下风险:设备单机试运是否合格,调试团队能力是否满足工程项目合同需求,设备的性能是否满足设计选型,运行是否稳定。

承包人在识别出上述风险后,需要对其进行风险衡量和风险评价,并就最终的风险评估结果选择合适的风险处理方案,在综合考虑项目的各方面情况后,采取正确的风险管控措施,对项目的风险实施整体、均衡管理。

发包人要求承包人加强对项目管理风险的管控,具体要求如下:

(1)对项目整体风险的管控。优先选择稳定性较强的员工进入项目团队,同时采取各种措施强化团队的稳定性。后续还需加强设计、采购、施工环节的协调,同时加强与设计单位的联系,合理安排设计出图,厘清设备采购和现场施工之间的关系,确保设计图纸、设备、材料满足现场施工进度,降低分包索赔风险。在进行设计优化,满足规范和 EPC 总承包合同要求的情况下,减少工程量,同时加强设计质量,减少设计变更,节省费用,降低项目工期延迟、额外费用产生的风险。

(2)对合同风险的管控。制定合同评审流程及操作细则,在合同签订过程中,按照合同评审流程进行审阅,对合同范围和条款要求明确。关于工期、质量、违约责任等条款对承包人不利的,尽量与发包人协商,按照公平对等原则进行调整。若发包人不同意修改,承包人也愿意承接此项目的,则需在合同履行过程中对每个节点加强控制,避免风险事件发生,增加损失。

（3）对分包人的风险管控。制定分包管理制度，加强对分包人的资信审查。同时选择信誉比较好，实力比较强的分包人合作，在进行分包招标时需要对项目的造价、设备质量、工程质量和工期等关键因素进行有效控制，在分包合同中明确其权利和义务，以保证 EPC 总承包合同的顺利履行。

（4）设计阶段的风险管控。总承包人应加强与设计单位的沟通，在设计方案、初设、施工图阶段对其设计质量与深度、设计资料与进度、设计审查与评审等方面均需加强管理，同时应加强内部设计检查及复核工作；在施工阶段，承包人要求设计单位安排主要设计人员常驻现场，及时进行施工配合和设计修改完善。

（5）设备采购阶段的风险管控。承包人建立自己的合格供应商库，对低价位低风险的常规型设备材料，要多加关注降低采购成本；对于高价位低风险的设备材料，承包人应通过供应商的竞争降低采购价格；对于低价位高风险的设备材料，应该选用质量较好的国内外知名品牌产品；对于高价位高风险的设备材料，倾向于通过和供应商的长期合作来降低成本和风险。同时，承包人还要根据自身的采购管理水平，加强廉政建设和建立反贪污反舞弊的制度，在关键的设备采购过程中增加监察节点。

（6）施工阶段的风险管控。制定项目管理办法，配备行业内高素质优质人才，配合设计单位对项目工程制订出科学优质的设计方案与施工图纸，并对施工单位的各个部门与环节进行责任分配；施工单位需要结合法律法规、部门规章、国家及行业政策，加强项目工程施工安全、质量及进度等方面的管理，并制定相应的监督检查机制，尽可能地降低风险发生的概率以及风险的影响后果。

（7）调控运行阶段的风险管控。在源头上需要选择质量过硬可靠的产品，在施工时要严格按照设计图纸进行安装，最后选择资质可靠、经验丰富的调试团队按照国家规范、合同约定、发包人要求进行调试运行。

（四）竣工文件和工程的其他记录

竣工验收报告的格式、份数和提交时间：根据相关规定在竣工验收 2 周前提供 4 份。按照建设行政主管部门及发包人要求的格式。

完整竣工资料的格式、份数和提交时间：根据相关规定在竣工验收后 2 周内提供 4 份。按照建设行政主管部门及发包人要求的格式。

（五）操作和维修手册

承包单位须于竣工验收前 1 个月内,预先草拟 1 份包含临时图册、专业系统（平台）的操作、维修保养程序和手册草稿(以下简称手册),以便发包人的工程人员能预先对有关装置有所认识,而手册草稿除了一些资料因工程原因需以临时资料替代外,其格式安排应与日后正式手册的编排相同。

呈交手册草稿前 1 个月,承包人应先将手册的编排内容的初稿呈交发包人作审核。

经发包人批准的正式手册必须于缺陷保修期开始后的 2 个月内完善并移交。手册内所有资料应以中文编印。

正式移交的手册内应包括在设计和施工图送审期间所提交及审批的有关文件,为减省翻查旧档案的时间,在编写有关文件时,应采用与手册相同的格式以便成为手册的一部分。至于个别系统设备或装置,亦可以利用厂家提供的技术数据和指南,经索引编排后成为手册的一部分,但其内容和格式必须符合本技术规格说明书的要求,有关资料的装订应与手册相同。

承包人所需提交的手册数量为 8 册(另附 PDF 格式电子文档)。

手册的内容、章节要求:手册应包括"系统说明""技术说明""维修保养""安全保险""供应厂商简介""零备件表""软件系统操作说明"等内容。

需分别详尽介绍每个独立系统如何调节、控制、监察和调校;介绍各系统的主要装置和部件的大小规格和功能;介绍所有设备和部件的技术资料和功能,以及运行维修手册;各项系统操作时的预防、应变和保护措施;主要设备、材料供应厂商的联系方式;软件系统的运行和故障诊断说明等。

（六）其他承包人文件

无。

十、工程项目管理规定

（一）质量

1.质量要求

设计要求的质量标准:施工图设计质量必须满足国家现行工程设计规范标准及满足发包人设计任务书要求,并通过相关部门的审查,设计成果需获得江苏省优秀设计奖,施工图纸达到指导施工质量评优的要求。提供全套 LOD500[①] 满足施工及报奖要求的 BIM 模型,行政总部办公楼达到绿色建筑三星设计标识,研发楼达到绿色建筑二星设计标识,综合办公楼达到绿色建筑一星设计标识。

采购要求的质量标准:项目所有物资(设备等)采购质量需符合有关标准规范的要求,合格率达到100%。

施工要求的质量标准:确保获得江苏省优质工程"扬子杯",其中行政总部办公楼必须获得创"鲁班奖"(按质论价,金额按照相关文件执行)。

运营要求的质量标准:确保达到物业管理的要求,建立稳定可靠的 BIM 运维系统及相关程序,负责对物业人员进行系统操作培训。

承包人应遵守施工质量管理的有关规定,负有对其操作人员进行培训、考核、图纸交底、技术交底、操作规程交底、安全程序交底和质量标准交底,及消除事故隐患的责任。

2. 质量与检验

(1)承包人及其分包人随时接受发包人所进行的安全、质量的监督和检查。承包人应为此类监督、检查提供方便。

(2)发包人委托第三方对施工质量进行检查、检验、检测和试验时,应以书面形式通知承包人。第三方的验收结果视为发包人的验收结果。

(3)承包人应遵守施工质量管理的有关规定,负有对其操作人员进行培训、考核、图纸交底、技术交底、操作规程交底、安全程序交底和质量标准交底,及消除事故隐患的责任。

(4)承包人应按照设计文件、施工标准和合同约定,负责编写施工试验和检测方案,对工程物资(包括建筑构配件)进行检查、检验、检测和试验,不合格的不得使用。承包人有义务自费修复和(或)更换不合格的工程物资,因此造成竣工日期延误的,由承包人负责;发包人提供的工程物资经承包人检查、检验、检测和试验不合格的,发包人应自费修复和(或)更换,因此造成关键路径延误的,竣工日期相应顺延。承包人因此增加的费用,由发包人承担。

(5)承包人的施工应符合合同约定的质量标准。施工质量评定以合同中约定

---

① LOD 是模型黏度,500 是指"竣工模型"。

的质量检验评定标准为依据。对不符合质量标准的施工部位,承包人应自费修复、返工、更换等。因此造成竣工日期延误的,由承包人负责。

(6)质检部位与参检方。质检部位分为:发包人、监理人与承包人三方参检的部位;监理人与承包人两方参检的部位;第三方和(或)承包人一方参检的部位。对施工质量进行检查的部位、检查标准及验收的表格格式在专用条款中约定。

(7)承包人应将按上述约定,经其一方检查合格的部位报发包人或监理人备案。发包人和工程总监有权随时对备案的部位进行抽查或全面检查。

3.通知参检方的参检

承包人自行检查、检验、检测和试验合格的,通知相关参检单位在24小时内参加检查。参检方未能按时参加的,承包人应将自检合格的结果于其后的24小时内送交发包人签字,24小时后未能签字,视为质检结果已被发包人认可。此后3日内,承包人可发出视为发包人已确认该质检结果的通知。

4.质量检查的权利

发包人在不妨碍承包人正常作业的情况下,具有对任何施工区域进行质量监督、检查、检验、检测和试验的权利。承包人应为此类质量检查活动提供便利。经质检发现因承包人原因引起的质量缺陷时,发包人有权下达修复、暂停、拆除、返工、重新施工、更换等指令。由此增加的费用由承包人承担,竣工日期不予延长。

5.重新进行质量检查

经质量检查合格的工程部位,发包人有权在不影响工程正常施工的条件下,重新进行质量检查。检查、检验、检测、试验结果不合格时,因此发生的费用由承包人承担,造成工程关键路径延误的,竣工日期不予延长;检查、检验、检测、试验的结果合格时,承包人增加的费用由发包人承担,工程关键路径延误的,竣工日期相应顺延。

6.隐蔽工程和中间验收

(1)隐蔽工程和中间验收。需要质检的隐蔽工程和中间验收部位的分类、部位、质检内容、质检标准、质检表格和参检方在专用条款中约定。

(2)验收通知和验收。承包人对自检合格的隐蔽工程或中间验收部位,应在隐蔽工程或中间验收前的48小时以书面形式通知发包人验收。通知应包括隐蔽工程和中间验收的内容、验收时间和地点。验收合格,双方在验收记录上签字后,方可覆盖、进行紧后作业,编制并提交隐蔽工程竣工资料以及发包人要求提供的相关资料。

(3)发包人在验收合格24小时后不在验收记录上签字的,视为发包人已经认可验收记录,承包人可隐蔽或进行紧后作业。经发包人验收不合格的,承包人需在发包人限定的时间内修正,重新通知发包人验收。

(4)未能按时参加验收。发包人不能按时参加隐蔽工程或中间验收部位验收的,应在收到验收通知24小时内以书面形式向承包人提出延期要求,延期不能超过48小时。发包人未能按以上时间提出延期验收,又未能参加验收的,承包人可自行组织验收,其验收记录视为已被发包人认可。

(5)因应发包人要求所进行延期验收造成关键路径延误的,竣工日期相应顺延;给承包人造成的停工、窝工损失,由发包人承担。

(6)再检验。发包人在任何时间内,均有权要求对已经验收的隐蔽工程重新检验,承包人应按要求拆除覆盖、剥离或开孔,并在检验后重新覆盖或修复。隐蔽工程经重新检验不合格时,由此发生的费用由承包人承担,竣工日期不予延长;经检验合格时,承包人因此增加的费用由发包人承担,工程关键路径的延误,竣工日期相应顺延。

(二)进度,包括里程碑进度计划

1.承包人在合同签订后2周内向发包人提交2份包括设计、采购、施工、总进度计划和分进度计划的实施性项目管理组织方案。

2.承包人在开工2周前,向监理人提交2份工程施工组织方案。对于关键部位和节点工程,承包人应在施工1周前向监理人提交2份专项施工方案,以备审查批准;每周例会前一天应向监理人提供本周周报及下周计划各2份。

3.工程例会由监理人组织在每周五下午两点召开。承包人必须按发包人、监理工程师确认的进度计划组织施工,接受发包人、监理工程师对进度的检查、监督。工程实际进度与经确认的进度计划不符时,承包人应按发包人、监理工程师的要求提出改进措施,经发包人、监理工程师书面确认后执行。因承包人原因导致实际进度与计划进度不符,承包人无权就改进措施提出追加合同价款。

4.承包人负责编制项目进度计划,项目进度计划中的施工期限(含竣工试验),应符合合同协议书的约定。项目进度计划经发包人批准后实施,但发包人的批准并不能减轻或免除承包人的合同责任。

5. 承包人应在现场施工开工 15 日前向发包人提交包括施工进度计划在内的总体施工组织设计。施工进度计划的开竣工时间,应符合合同协议书对施工开工和工程竣工日期的约定,并与项目进度计划的安排协调一致。发包人需承包人提交关键单项工程和(或)关键分部分项工程施工进度计划的,应在专用条款中约定提交的份数和时间。

6. 施工开工日期延误

施工开工日期延误的,根据下列约定确定延长竣工日期:

(1)因发包人原因造成承包人不能按时开工的,开竣工日期相应顺延。

(2)因承包人原因不能按时开工的,需说明正当理由,自费采取措施及早开工,竣工日期不予延长。由此给发包人造成的损失由承包人承担。

(3)因不可抗力造成施工开工日期延误的,竣工日期相应顺延。

7. 竣工日期

(1)承包项目的实施阶段含竣工试验阶段时,按以下方式确定计划竣工日期和实际竣工日期:

①约定单项工程竣工日期,为单项工程的计划竣工日期;工程中最后一个单项工程的计划竣工日期,为工程的计划竣工日期;

②单项工程中最后一项竣工试验通过的日期,为该单项工程的实际竣工日期;

③工程中最后一个单项工程通过竣工试验的日期,为工程的实际竣工日期。

(2)承包项目的实施阶段不含竣工试验阶段时,按以下方式确定计划竣工日期和实际竣工日期:

①单项工程竣工日期,为单项工程的计划竣工日期;工程中最后一个单项工程的计划竣工日期,为工程的计划竣工日期;

②承包人按合同约定,完成施工图纸约定的单项工程中的全部施工作业,并符合约定的质量标准的日期,为单项工程的实际竣工日期;

③承包人按合同约定,完成施工图纸约定的工程中最后一个单项工程的全部施工作业,且符合合同约定的质量标准的日期,为工程的实际竣工日期。

(3)承包人为竣工试验或竣工后试验预留的施工部位、或发包人要求预留的施工部位、不影响发包人实质操作使用的零星扫尾工程和缺陷修复,不影响竣工日期的确定。

(三)支付

1. 预付款

预付款的金额为:(1)设计部分:按双方约定的付款节点支付。(2)采购部分:双方确定具体材料设备采购价格后 10 日内发包人向承包人支付对应采购费的 20%,作为采购预付款;建议材料、设备列出清单。(3)建安工程费部分:无。(4)运营部分:无。

预付款抵扣:(1)预付款的抵扣方式、抵扣比例和抵扣时间安排:无。(2)采购预付款不扣回。

2. 工程进度款

工程进度款的支付方式、支付条件和支付时间:

(1)设计部分进度款

①方案设计取得工程规划许可证后 10 日内,发包人支付对应设计费的 20%;

②施工图审查通过 10 日内,发包人支付对应设计费的 30%;

③主体验收合格 10 日内,发包人支付对应设计费的 20%;

④竣工验收合格 10 日内,发包人支付对应设计费的 30%。

(2)采购部分进度款

①承包人采购合同签订后 10 日内,发包人支付对应采购费的 10%;

②主要采购设备材料发货到现场后 10 日内,发包人支付对应采购费的 30%;

③相关设备材料安装完工后 10 日内,发包人支付对应采购费的 20%;

④竣工验收合格 10 日内,发包人支付对应采购费的 20%。

(3)建安工程费部分进度款

办理期中结算与支付的时间间隔和要求:

①合同范围内的工程款的期中支付方式:每月 25 日填报本月实际完成的工程量,以双方核定的清单造价为依据,经监理人、跟踪审计和发包人代表审核后,按实际完成的工程量对应造价的 60%,次月 25 日前支付;工程竣工验收合格并且工程档案资料归档合格后,经监理人、跟踪审计和发包人代表审核后支付至审核后的竣工验收价款的 70%。

②最终竣工结算工程价款须以发包人委托的第三方审计的审计结果为准,待审计完成后,发包人根据审定的竣工结算价款,减去已支付价款、工程质量保修金和其他应扣款项后,支付至审定价款的97%。

③工程质量保修金为建安工程费结算价的3%。

④"工程变更价款"的期中支付方式:在工程变更实际发生且确认后,按实际完成的变更价款的60%每年(每年12月)上报一次,支付方式同进度款。

⑤在施工过程中,所有变更、签证、技术核定单、图纸会审、会议纪要等,施工前必须事先编制变更价款及时上报监理、跟踪审计,并符合发包人内部审批流程要求,审核批准时效20日(为不影响工程进度,特殊情况另行处理)。

⑥经发包人核准的罚款和违约金,发包人有权在当期应付工程进度款中直接扣除。

⑦发包人应在期中支付证书签发之日起10个工作日内为承包人办理支付手续,按期中支付证书上列明的款项支付给承包人。

(4)运营部分进度款

运营期每季度支付一次,每次支付金额为【年运营费用×1/4】,并要按照物业的考核进行系数扣减,具体以运营考核结果为准。

3.缺陷责任保修金的暂扣与支付

缺陷责任保修金保函的格式、金额和时间:工程建安工程费结算价的3%,在工程缺陷责任期满后14日内无息支付。

4.按月工程进度申请付款

按月付款申请报告的格式、内容、份数和提交时间:每月25日填报本月实际完成的工程量,一式二份。

5.竣工结算

结算资料包括但不限于结算书、竣工验收报告、开工报告、竣工报告、设计变更、联系单、部分影像资料等。

承包人在竣工验收之后向发包人提交全套竣工结算报告及结算资料,发包人委托有资质的审计单位进行审核,在承包人提交结算报告及结算资料合格且齐全的情况下,发包人按约定的时限(90日)进行审核。若因承包人提交竣工结算报告及资料不全、不及时等原因阻挠或延误竣工验收,由此造成的损失由承包人承担。

6. 安全文明措施费

安全文明施工措施费的总费用,以及费用预付、支付计划和使用要求、调整方式等内容由发包人与承包人在安全文明措施费支付计划协议中约定;合同工期在1年以上的(含1年),预付安全防护、文明施工措施费用不得低于该费用总额的30%,其余费用按照施工进度支付的约定支付。

(四)HSE(健康、安全与环境管理体系)

1. 承包人提交职业健康、安全、环境管理计划的份数和时间:2份,进场施工2周前。

2. 承包人负责工程现场全面管理的工作;承担本工程施工安全保卫和安全施工工作,负责自身人员和分包单位人员的生产、生活管理;承担非夜间施工照明及夜间施工照明工作;加强门卫安全工作,禁止与本工程无关的外单位车辆和人员出入工地;提供并维修非夜间施工使用的照明、围栏设施。承包人应在合同约定的本工程施工用地范围内,按照省级标化工地标准封闭施工管理。本项目要求必须确保创建省级标化工地,相关费用按省计价文件计取。如达不到,同等处罚。

3. 须在进场后或施工合同签署后7日内编写针对本工程的实施性施工组织设计;综合考虑本工程所涉及的一切安全因素编写出施工安全预案,包括但不限于脚手架搭设、临时用电、安全挡护、职工安全教育和安全管理、机电设备使用管理办法、突发情况应急方案、明确提出施工现场规范围挡、控制扬尘、治污减排、降低噪声措施等,报送监理工程师和发包人审批之后严格执行。进驻现场后,承包人应及时、严格地按安全规范和安监部门安全管理要求办理一切安全手续,承包人未按规定办理相关安全手续,应承担由此造成的一切安全后果。

4. 所有的废水、污水应按批准的方法处理后排入排污系统,不得污染环境,由此而引起的后果由承包人自行负责。所有的施工垃圾应按照批准的方法运往批准的地点进行处理,生活垃圾应按照城市规定每天集中,纳入城市垃圾处理系统。

5. 工程施工期间,噪声对环境的影响必须满足国家和地市有关法规要求。施工噪声满足现行建筑施工场界噪声限值要求。在选择施工设备及施工方法时,承包人必须考虑由此产生的噪声标准及对施工人员和周围单位、居民的影响。在工程施工过程中,若发生施工噪声超标扰民事件,由承包人负责解决,发包人予以配合。

6.承包人应按地市有关规定要求办理夜间施工许可证。承包人应充分考虑中考、高考、节假日及城市有关部门重大活动等期间限制夜间施工而对工期造成的影响,由于施工可能对周围居民、企事业等主体造成影响,可能由此引发各种争议,这些争议应由承包人负责协调,发包人尽可能予以协助。

7.职业健康、安全、环境保护管理

(1)遵守有关健康、安全、环境保护的各项法律规定,是双方的义务。

(2)职业健康、安全、环境保护管理实施计划。承包人应在现场开工前或约定的其他时间内,将职业健康、安全、环境保护管理实施计划提交给发包人。该计划的管理、实施费用包括在合同价格中。发包人应在收到该计划后15日内提出建议,并予以确认。承包人应根据发包人的建议自费修正。职业健康、安全、环境保护管理实施计划的提交份数和提交时间,在专用条款中约定。

(3)在承包人实施职业健康、安全、环境保护管理实施计划的过程中,发包人需要在该计划之外采取特殊措施的,按《示范文本》(2020)第13条[变更和合同价格调整]的约定,作变更处理。

(4)承包人应确保其在现场的所有雇员及其分包人的雇员都经过了足够的培训并具有经验,能够胜任职业健康、安全、环境保护管理工作。

(5)承包人应遵守所有与实施本工程和使用施工设备相关的现场职业健康、安全和环境保护的法律规定,并按规定各自办理相关手续。

(6)承包人应为现场开工部分的工程建立职业健康保障条件、搭设安全设施并采取环保措施等,为发包人办理施工许可证提供条件。因承包人原因导致施工许可的批准推迟,造成费用增加或工程关键路径延误时,由承包人负责。

(7)承包人应配备专职工程师或管理人员,负责管理、监督、指导职工职业健康、安全和环境保护工作。承包人应对其分包人的行为负责。

(8)承包人应随时接受政府有关行政部门、行业机构、发包人、监理人的职业健康、安全、环境保护检查人员的监督和检查,并为此提供方便。

8.现场职业健康管理

(1)承包人应遵守适用职业健康的法律和合同约定(包括职业健康、安全、福利等方面的内容),负责现场实施过程中人员的职业健康和保护。

（2）承包人应遵守并适用劳动法规，保护其雇员的合法休假权等合法权益，并为其现场人员提供劳动保护用品、防护器具、防暑降温用品、必要的现场食宿条件和安全生产设施。

（3）承包人应对其施工人员进行相关作业的职业健康知识培训、危险及危害因素交底、安全操作规程交底、采取有效措施，按有关规定提供防范人身伤害的保护用具。

（4）承包人应在有毒有害作业区域设置警示标志和说明。发包人及其委托人员未经承包人允许、未配备相关保护器具，进入该作业区域所造成的伤害，由发包人承担责任和费用。

（5）承包人应对有毒有害岗位进行防治检查，对不合格的防护设施、器具、搭设等及时整改，消除危害职业健康的隐患。

（6）承包人应采取卫生防疫措施，配备医务人员、急救设施，保持食堂的饮食卫生，保持住地及其周围的环境卫生，维护施工人员的健康。

9. 现场安全管理

（1）发包人、监理人应对其在现场的人员进行安全教育，提供必要的个人安全用品，并对他们所造成的安全事故负责。发包人、监理人不得强令承包人违反安全施工、安全操作及竣工试验和（或）竣工后试验等有关的安全规定。因发包人、监理人及其现场工作人员的原因，导致的人身伤害和财产损失，由发包人承担相关责任及所发生的费用，工程关键路径延误时，竣工日期给予顺延。因承包人原因，违反安全施工、安全操作、竣工试验和（或）竣工后试验等有关的安全规定，导致的人身伤害和财产损失，工程关键路径延误时，由承包人承担。

（2）双方人员应遵守有关禁止通行的须知，包括禁止进入工作场地以及临近工作场地的特定区域。未能遵守此约定，造成伤害、损坏和损失的，由未能遵守此项约定的一方负责。

（3）承包人应按合同约定负责现场的安全工作，包括其分包人的现场。对有条件的现场实行封闭管理。应根据工程特点，在施工组织设计文件中制定相应的安全技术措施，并对专业性较强的工程部分编制专项安全施工组织设计，包括维护安全、防范危险和预防火灾等措施。

（4）承包人（包括承包人的分包人、供应商及其运输单位）应对其现场内及进出现场途中的道路、桥梁、地下设施等,采取防范措施使其免遭损坏,专用条款另有约定的除外。因未按约定采取防范措施所造成的损坏和(或)竣工日期延误,由承包人负责。

(5)承包人应对其施工人员进行安全操作培训,安全操作规程交底,采取安全防护措施,设置安全警示标志和说明,进行安全检查,消除事故隐患。

(6)承包人在动力设备、输电线路、地下管道、密封防震车间、高温高压、易燃易爆区域和地段,以及临街交通要道附近作业时,应对施工现场及毗邻的建筑物、构筑物和特殊作业环境可能造成的损害采取安全防护措施。施工开始前承包人须向发包人和(或)监理人提交安全防护措施方案,经认可后实施。发包人和(或)监理人的认可,并不能减轻或免除承包人的责任。

(7)承包人实施爆破、放射性、带电、毒害性及使用易燃易爆、毒害性、腐蚀性物品作业(含运输、储存、保管)时,应在施工10日前以书面形式通知发包人和(或)监理人,并提交相应的安全防护措施方案,经认可后实施。发包人和(或)监理人的认可,并不能减轻或免除承包人的责任。

(8)安全防护检查。承包人应在作业开始前,通知发包人代表和(或)监理人对其提交的安全措施方案,及现场安全设施搭设、安全通道、安全器具和消防器具配置、对周围环境安全可能带来的隐患等进行检查,并根据发包人和(或)监理人提出的整改建议自费整改。发包人和(或)监理人的检查、建议,并不能减轻或免除承包人的责任。

10.现场的环境保护管理

(1)承包人负责在现场施工过程中保护现场周围的建筑物、构筑物、文物建筑、古树、名木,及地下管线、线缆、构筑物、文物、化石和坟墓等。因承包人未能通知发包人,并在未能得到发包人进一步指示的情况下,所造成的损害、损失、赔偿等费用增加和(或)竣工日期延误,由承包人负责。

(2)承包人应采取措施,并负责控制和(或)处理现场的粉尘、废气、废水、固体废物和噪声对环境的污染和危害。因此发生的伤害、赔偿、罚款等费用增加和(或)竣工日期延误,由承包人负责。

(3)承包人及时或定期将施工现场残留、废弃的垃圾运到发包人或当地有关行政部门指定的地点,防止污染周围环境及影响作业。因违反上述约定导致当地行政部门的罚款、赔偿等费用,由承包人承担。

11. 事故处理

(1)承包人(包括其分包人)的人员,在现场作业过程中发生死亡、伤害事件时,承包人应立即采取救护措施,并立即报告发包人和(或)救援单位,发包人有义务为此项抢救提供必要条件。承包人应维护好现场并采取防止事故蔓延的相应措施。

(2)对重大伤亡、重大财产、环境损害及其他安全事故,承包人应按有关规定立即上报有关部门,并立即通知发包人代表和监理人。同时,按政府有关部门的要求处理。

(3)合同双方对事故责任有争议时,依据《示范文本》(2020)第20.3款[争议评审]约定的程序解决。

(4)因承包人的原因致使建筑工程在合理使用期限、设备保证期内造成人身和财产损害的,由承包人承担损害赔偿责任。

(5)因承包人原因发生员工食物中毒及职业健康事件的,承包人应承担相关责任。

(五)沟通

承包人承担现场保安工作的人员需负责与当地有关治安部门联系、沟通和协调,并承担发生的相关费用。

沟通协调工作既是项目管理的重点,也是保证工程顺利实施的关键。在整个工程实施过程中,建设项目组织与外部各关联单位之间,建设项目组织内部各单位、各部门之间,专业与专业间、环节与环节间,以及建设项目与周围环境、其他建设工程间存在相互联系、相互制约的关系和矛盾,特别是在工期紧迫,需进行多头、平行作业的情况下。因此,要取得一个建设项目的成功,就必须通过积极有效的组织协调、排除障碍、解决矛盾,以保证实现建设项目的各项预期目标。

(六)变更

1. 双方根据本工程特点,商定的其他变更范围:

(1)由发包人提出的合同范围以外新增加的工程项目或合同范围内减少的工程项目;

(2)由发包人提出的须由承包人解决的与合同要求无关的工程或其他类似

情况；

（3）因不可抗力因素、政策、法律发生变化或非承包人的原因造成的变更。

2. 变更价款确定

变更价款确定的方法：

（1）合同中已有的适用的综合单价，按合同中已有的综合单价确定；

（2）合同中有类似的综合单价，参照类似的综合单价确定；

（3）合同中没有适用或类似的综合单价，按建设行政主管部门发布的计价办法和计价标准计算后，为结算工程综合单价；

（4）合同中没有适用或类似的综合单价，且无法按照计价办法计算的，由承包人提出综合单价，经跟踪审计及发包人确认后执行。

3. 合同价格调整

合同价格调整包括以下情况：

（1）因规模及功能需求变化，建筑层高、承重变化，因发包人提出的变更，可做价格调整；

（2）材料调差：按照江苏省建设厅《关于加强建筑材料价格风险控制的指导意见》（苏建价〔2008〕67 号）文件相关规定进行调整；

（3）人工调差：人工单价发生变化且符合省级或行业建设主管部门发布的人工费调整规定的，按省级或行业建设主管部门或其授权的工程造价管理机构发布的人工费等文件调整合同价格；

（4）对于合同中未约定的增减款项，发包人不承担调整合同价格的责任。法律另有规定时除外。

十一、其他要求

（一）对承包人的主要人员资格要求

1. 承包人主要人员范围认定

承包人的主要人员指项目经理、设计负责人、施工负责人、施工技术负责人，应与投标时所报的相一致，原则上不得更换，确需更换的，须书面报请发包人同意。

项目经理职责：项目经理是承包人的项目负责人，负责项目实施的计划、组织、协调、领导和控制,对项目的设计、采购、施工、安全生产、文明施工、进度和费用等全面负责。涉及以承包人名义在结算报告、签证和索赔文件等内容上签字确认的,须加盖经承包人确认的单位公章后方可生效。

项目经理权限:项目经理代表承包人对本项目的建设进行全面管理,行使合同约定的承包人权利,全面履行合同约定的承包人义务和责任。

设计负责人负责组织、指导、协调项目的设计工作,确保设计工作按合同要求组织实施,对设计进度、质量和费用进行有效的管理与控制。

施工负责人负责组织、指导、协调项目的现场工作,确保现场工作按合同要求组织实施,对现场进度、质量和费用进行有效的管理与控制。

2. 承包人主要人员的确定和变动

承包人的项目经理、设计负责人、施工负责人、施工技术负责人应与投标时所报的一致,原则上不得更换,确需更换的,须书面报请发包人同意。

项目经理、设计负责人、施工负责人、施工技术负责人必须是本企业正式员工(出具半年以上本企业的劳保统筹交费证明原件),并且上述人员的资质及业绩等不低于本工程招标文件对于投标项目经理、设计负责人、施工负责人、施工技术负责人的要求。

承包人未经发包人许可更换项目经理、施工负责人或项目经理、施工负责人兼职其他项目的,视为承包人违约,承包人承担10万元/人次的违约金。

承包人未经发包人许可更换设计负责人、施工技术负责人的,视为承包人违约,承包人承担5万元/人次的违约金。

承包人派驻现场的项目经理、施工负责人、施工技术负责人、设计负责人需向发包人提供本人的签名印迹留发包人存档,在施工过程中不准由他人顶替签署。

工程相关人员【施工项目部的项目负责人(注册建造师)、项目技术负责人、施工员、安全员、质量员】除法定条件外均不允许变更。承包人如需更换项目经理及团队成员,应至少提前7日以书面形式通知发包人,并取得发包人的书面同意后方可更换。后任继续行使合同文件约定的前任的职权,履行前任的义务。如发包人认为承包人任命的项目经理及团队成员不能胜任此项工作,则承包人需在取得发包人书面更换项目经理通知后7日内更换项目经理。

3. 承包人主要人员具体信息

（1）项目经理

姓名：黄某1；

职称：正高级工程师；

执业资格等级：一级建造师；

执业资格证书号：××；

注册证书号：××；

执业印章号：××；

身份证号：××；

职务：项目经理；

联系电话：××。

（2）设计负责人

姓名：王某；

职称：高级工程师；

执业资格等级：一级注册建筑师；

执业资格证书号：××；

注册证书号：××；

执业印章号：××；

身份证号：××；

职务：设计院副院长；

联系电话：××。

（3）施工负责人

姓名：黄某2；

职称：正高级工程师；

执业资格等级：一级建造师；

执业资格证书号：××；

注册证书号：××；

执业印章号：××；

身份证号：××；

职务:施工负责人;

联系电话:××。

(4)施工技术负责人

姓名:叶某;

执业资格等级:高级工程师;

执业资格证书号:××;

注册证书号:××;

执业印章号:××;

身份证号:××;

职务:工程师;

联系电话:××。

4.特定岗位人员最低要求

(1)项目经理、施工负责人、施工技术负责人每月在现场时间要求:项目经理、施工负责人、施工技术负责人、设计驻场代表每月在现场时间不得少于25日,每周不少于6天,每天不少于8小时。

(2)项目经理、施工负责人、施工技术负责人、设计负责人必须参加每周召开的工程例会。如项目经理、施工负责人、施工技术负责人、设计驻场代表有特殊原因不能保证上述在岗时间或不能参加工程例会的,需以书面形式报监理审核后,再报发包人批准。

(3)项目管理机构主要管理人员的要求:项目管理机构主要管理人员不得同时在两个及以上的建设工程项目中任职,也不得兼任本项目的其他岗位。同时在项目开工之前,乙方必须向甲方提供项目机构人员配备表,其必须满足《江苏省建设工程施工项目经理部和项目监理机构主要管理人员配备办法》文件要求。

(4)项目管理机构:技术负责人须提供中级及以上职称证书及5年以上施工现场管理证明,施工员、安全员、质量员须提供相应的岗位证书以及以上项目管理机构人员身份证。

(5)组成以国家注册一级建筑师为主案设计师的设计团队,设计团队成员不得随意进行更换。主案设计师需具有国家注册一级建筑师职业资格证,并经发包人进行面试通过,工作年限不低于10年,且具有同等项目的设计经历。专业设计师工作年限不低于 5 年。

(二)相关审批、核准和备案手续的办理

1.项目前期的手续办理

(1)规划申报(总平、综合管线、单项管线、正式水电燃气外线、场内外临时设施、临时及正式出入口);

(2)防雷申报;

(3)白蚁防治申报;

(4)安监备案;

(5)质监备案;

(6)人防质监申报;

(7)装配式建筑申报;

(8)节能及绿色建筑报审;

(9)施工许可证办理;

(10)用水用电手续(含临水临电);

(11)现场各类管线(含红线范围内泄洪管)的迁改报批;

(12)土方外运手续办理;

(13)路口开设;

(14)道路占用开挖及绿化占用手续办理。

2.项目竣工验收手续办理

(1)项目规划验收;

(2)环保验收;

(3)人防验收;

(4)消防验收;

(5)防雷验收;

(6)白蚁验收;

(7)城建馆档案验收;

(8)正式水、电、通信、广电申报;

(9)完成竣工备案;

(10)完成绿色建筑评价的创建和申报工作。

3.项目各类检测工作

(1)材料检测;

(2)防雷检测;

(3)室内环境检测;

(4)现场绝缘电阻及通球试验和水电检测;

(5)热工性能检测;

(6)现场建筑保温节能;

(7)现场门窗检测;

(8)幕墙检测;

(9)声学性能检测;

(10)消防检测;

(11)消防系统检测;

(12)装配式结构检测;

(13)环评验收、竣工验收等与本项目相关的一切检测。

(三)对发包人人员的操作培训

承包人须提供所需的培训设施和课程最少2次,以确保业主的工程人员能对承包人所提供的系统、设备和装置的设计、日常的运作、故障和例行维护、事故的处理和解决方面等有全面性的认识和了解。

培训应于课堂及工地现场进行。承包人须预先编制一套详尽的培训计划,列出每项课程的大纲、培训导师资料及培训所需时间,提交发包人审核。同时,承包人应按每项课程建议各接受培训的学员应具备的资历,使有关培训能收到预期的效果。

承包人须委派资深导师进行每项培训工作,培训讲授需使用普通话。所有导师的资历须先提交发包人审核认可。每次培训后应提交出席记录供发包人存档。

承包人应向受训学员提供并解释有关设计资料、文件、图纸等,并附以 U 盘(硬盘)录像,以便学员对整套系统的各个方面都能熟练掌握。

承包人经得发包人同意可以利用已安装、测试和交工试运转的装置和设备对业主的工程人员进行培训,然而承包人不得使用本合同内须提供的备用零部件进行培训。承包人应提供足够的材料、设备、样本、模型、设备内部资料的复印本、影像资料以及其他需要的培训教材文件,以便培训工作的进行。培训课程完成后,有关装备和教材将为业主所有,以便日后发包人自行对其他员工进行辅助性培训。所有教材文件须以中文说明。

上述培训所需的费用应包括在承包人的合同价内。然而培训时产生的额外开支,如受训学员的住宿和交通费之类,则不包括在合同价内。

（四）分包

1. 分包计划:承包人应提交分包管理计划,并根据项目施工进度及分包人的变化定期更新。

2. 分包人资格审查:分包人应具备相应专业承包资质、业绩、信用等级等,符合条件的进入承包人的分包人名录库中,分包人应具备实际履约能力,承包人将部分具备分包条件的项目进行分包时应取得发包人的书面同意,并符合法律、法规和相关规范的要求;承包人对分包人承包范围内的分包工程承担连带责任。

3. 分包定商及授标:承包人应与其分包人签订分包合同后将两份副本分别送监理工程师和发包人备案,分包合同不应与总承包合同有任何抵触或矛盾之处;分包人的材料、设备等采购/买卖合同中不得有供应商/卖方对其材料、设备等设置所有权保留的条款;承包人应保证其分包人不得再分包。

4. 分包合同商务条款:发包人对承包人与分包人之间的纠纷不承担任何责任和义务。承包人在分包工程中应设置以下要求:(1)分包合同价款由承包人与分包人结算,承包人应及时向分包人支付工程款,不得无故拖欠,否则视为承包人的违约;发包人有权从未支付给承包人的工程款中直接向分包单位支付工程款,支付额度如承包人不予确认,以发包人确认的额度支付,承包人不得提出异议。(2)生效法律文书要求发包人向分包人支付分包合同价款的,发包人有权从应付承包人工程款中扣除该部分款项,包括发包人因涉及诉讼而产生的诉讼费、保全费、律师费等费用,并有权解除与承包人的合同。(3)分包人在分包合同项下的义务持续到缺陷责任期届满以后的,发包人有权在缺陷责任期届满前,要求承包人将其在分包合同项下的权益转让给发包人,承包人应当转让。除转让合同另有约定外,转让合同生效后,由分包人向发包人履行义务。如果还存在分包人承诺的超过该保修期限的保修服务,该种保修权益应无条件转让给发包人。(4)发包人有权要求承包人设立项目专款银行账户,专款银行账户由发包人、承包人共同管理,确保专款专用。承包人应确保专业分包的及时支付,承包人应严格遵守国家有关解决拖欠工程款的法律法规等文件要求,及时支付材料、设备、货款等费用,不得拖欠。(5)承包人建立专项分包单位支付表并报给发包人备查。(6)承包人申请付款时,须提供上期分包人付款证明。(7)发包人可以与承包人签订转支付协议,约定由承包人授权发包人将承包人应支付给分包人的款项直接由发包人支付给分包人,但分包人所完成的工程量和应得的款项必须由承包人确认并上报给发包人,并从承包人的进度款中扣除。

承包人及其分包人应保护和保障发包人免于承担由于工程所使用的或与工程有关的或供工程使用的任何承包人/分包人的设备、材料、施工机械、工艺、方法等方面侵犯任何设计、专利权、商标或其他受保护的权利而引起的一切索赔和诉讼/仲裁,并应保护和保障发包人免于承担由此导致或与此有关的一切损害赔偿费、诉讼/仲裁费、律师费和其他费用。

5.劳务分包特定要求:承包人应向发包人报送书面劳务分包计划;分包计划中包括劳务分包单位的应符合本项目的信用、业绩要求,劳务分包合同及其实名制管理要求、工资支付要求。

(五)设备供应商

1.设备采购计划:承包人应提交设备采购管理计划,并根据项目施工进度及分包人的变化定期更新。本项目设备采购包括在承包人承包范围内。

2.供应商资格预审:本项目设备供应应采用公开招标方式,由承包人与发包人共同组成设备供应商招标小组,编制招标文件,对报名的供应商进行资格预审。设备采购招标文件及招标流程由承包人向发包人报送招标文件和流程书面文件。

3.设备采购程序文件:本项目所有工程物资(包括其备品备件、专用工具及厂商提交的技术文件)均由承包人负责运抵现场,并对其需用量、质量检查结果和性能负责。拟建工程使用的主要材料、设备,必须经发包人同意方可采购。

4.技术标评标及授标:承包人在本项目主要材料和工程设备采购前,将各项主要材料和工程设备的供货人及品种、技术要求、规格、数量和供货时间等相关文件报送监理人批准,监理人在收到文件后于7日内完成核查,并报发包人同意。承包人应向监理人提交其负责提供的材料和工程设备的质量证明文件,其质量标准应符合国家强制性标准、规范、施工图审查机构审查合格的图纸等规定。承包人负责进口工程物资的采购,并负责报关、清关和商检。

5.采购合同商务条款:采购合同文本与采购招标文件同时公布。

【价格】

(1)本合同计价货币、结算货币和支付货币均为人民币。

(2)本合同货物单价固定。

(3)合同总金额:合同最终结算总价以发包人、承包人、工程监理依据本合同约定的质量、技术标准等条件共同验收的实际合格供应量乘以本合同单价为准。

(4)上述单价、合同总金额以及最终结算总价都已包括货物价款、税金、包装费、保险费、运输费、装卸费、过江过路过桥费,以及其他运抵至发包人指定交货地点的一切费用;包括货物被允许用于工程前所需进行的试验、检验费用;包括售后服务以及市场价格涨幅等的各类风险费用;以及其他所有相关服务费用。需要经安装、测试、调试才能满足本合同质量标准、技术标准要求的,该单价、合同总金额以及最终结算总价已包括安装、测试、调试直至满足其质量标准、技术标准要求所需的一切工作内容及其费用支出。

(5)如需提高合同价格,只有发包人授权签约的委托代理人另行签署补充合同并加盖本合同公章后才能更改,其他以送货单、进料单、会议纪要等形式对合同价格的提高一律无效。

【支付(根据付款条件)】

(1)承包人应针对当月运抵工地现场并经发包人指定的人员核对货物数量、金额并签字确认,提供对应金额的合规发票,支付按照合同专用条款约定的时限进行。

(2)承包人在投标报价时应考虑因受建材市场原材料波动涨跌影响,该项目以中标单价为准,本合同不做价格调整。但承包人必须满足供货需求,不得故意拖延供应时间,发现类似情况经协调后仍未改善,发包人有权另找供应商进行供货,承包人应承担由此带来的材料差价及相关一切经济损失,在承包人的欠款中扣除。

(3)设备质保期内如出现导致长时间停运的质量问题,则质保期应相应顺延。

【供货时间】

(1)承包人应根据发包人要求的供应时间进行供货(从开始供应至工程结束),供货期内应根据招标文件的规定,不得因弃标或提出任何调价理由而停止供货。为此而影响施工进度的,发包人有权更换其他供应商,承包人承担由此带来的经济损失,具体供货时间以施工现场通知为准。

(2)上款规定的进场时间为拟定供货时间,承包人同意发包人在施工期间根据施工实际进展及现场情况提出"进场计划"确定准确进场时间。

【交货地点】

(1)由承包人自行组织运输工具将物资运到施工现场需方规定的地点并含相应费用等。发包人委派人员与承包人委托(或指定)的交货人共同清点数量,由发包人收货员签署暂收货物数收条(此收条不作为验收、结算依据)后,由承包人(委托或指定的交货人)填署《工程物资采购供应验收合格清单》(附件)并提供随件(机)该批货物/设备质量证明、技术说明等文件,在商定的时间内,由发包人、承包人、工程监理、依据本合同约定的质量、技术标准等条件共同验收,经验收合格的,三方人员共同在验收合格清单上签署日期及姓名后作为价款结算与支付的依据。

(2)对不符合本合同约定要求的货物发包人有权拒绝签收,签收后发现不合格产品的,则有权要求承包人予以重新更换,承包人应立即将该货物全部运离现场,并在供货期限内重新更换符合约定的货物,否则承包人除应承担产品丢失、毁损的风险外,还应向发包人支付每日的场地占用费及合同违约责任。

(3)交货时发包人仅对货物的数量、型号、规格及外观完整性进行检查,发包人对货物的签收不视为免除承包人的质量责任、缺陷责任及保修责任。

【供货方式】

(1)承包人必须配合全部工程的进度计划要求供应合同项下货物。根据本工程施工进度计划及现场存放要求,供货时间可能在工程进行中适当修订,发包人应在计划修订后7日内书面通知承包人。承包人应按照修订后的计划,以发包人说明的次序方式并在不影响工程进度的前提下供应货物,但发包人应给予承包人合理的供货准备时间。

(2)承包人应严格按照发包人最终确定的"进场计划"将货物运抵施工现场指定地点,并履行本合同项下其他义务。

（3）本合同履行过程中，无论承包人因客观阻碍或是其自身原因不能按照合同约定或进度计划的要求按时交货时，承包人均应在相关情况发生后24小时内以传真、电报、微信等书面形式将拖延的事实、原因以及可能拖延的期限和理由通知发包人。发包人在收到通知后，有权视具体情况决定采取以下方式之一进行处理：

①变更、修改合同，酌情延长交货时间；

②解除或部分解除合同，另行采购相关货物。

如因承包人未按合同约定或进度计划的要求按时交货，亦未履行及时通知义务，承包人还应承担发包人在此情况下遭受的工期延误损失及赔偿责任。

（4）发包人需要货物数量多于上述暂估数量时，承包人同意积极配合进行生产、供应质量合格的产品以满足工程施工的实际需要，且单价以本合同确认价或当前市场价中费用较低者为准。

（5）承包人应承担货物运抵指定地点并经发包人检验确认接收前货物毁损灭失的风险。

（6）承包人被认为已经对工地现场的交通情况和工程当地政府运输时限及通道的限制规定（无论是正常的还是临时的）有充分的了解和理解，不应因此提出索赔或要求延长或不合理地变更交货期限。

（7）承包人应承担运输和在指定地点负责卸货、码堆的义务，并承担相关费用。

（8）承包人负责保证装卸、运输过程中的一切人员、机械、车辆安全，应按国家及地方规定办理相关安全手续、责任由承包人承担。

（9）承包人装卸、运输中应做相应的环保措施，应符合国家环保要求，因环保造成的一切罚款由承包人自行承担。

（10）承包人必须对自身出入工地现场的人员进行安全交底，并应自带安全防护用品，因承包人原因造成的各种人员伤害及经济损失由承包人自行承担，并补偿发包人及其他方因此造成的一切损失。

（11）承包人进入工地现场人员必须听从发包人管理人员的管理，进场车辆必须听从调度，遵守发包人现场文明工地等有关管理制度。对不听从发包人管理的人员、车辆，发包人有权清理出场。由此影响施工所造成的一切损失由承包人承担责任。

（12）供应过程中未经发包人同意停止供货或故意拖延供货需求的，发包人出具书面告知后再不执行供货，发包人有权扣除履约保证金或在合同余款中扣除产生的材料差价费用（包括另找供应商产生差价部分）并将通报相关部门进行不良行为记录，情节恶劣的将列入供应商黑名单中，停止对发包人所属单位的供货。

【包装】

（1）除非另有规定和协议要求，承包人提供的全部货物须采用国家或企业标准及惯例要求的保护措施进行包装。这种包装应适于长途及工程所在地短途运输，并有良好的防潮、防震、防锈、防爆炸和利于装卸等保护措施，以确保货物安全无损运抵施工现场。包装也要符合中华人民共和国法律规定并满足发包人要求；承包人应承担由于违反上述规定而引起的一切责任和费用。

（2）承包人应在每一批货物中附至少一份详细装箱单和质量检验合格证书（采用集装箱或中型包装箱装运的，应在每一包装单位中附一详细装箱单和质量检验合格证书）。

（3）装箱单应注明货物名称、规格型号、数量、质量、生产商、供应商、收货人、发货地、交货地、承运人等。有特殊保护措施要求的货物，应在相应位置标示"向上""向下""易碎""防水"等装卸警示标志，以保证装运过程符合保护货物质量的要求。

【违约】

承包人无正当理由迟延交货（约定的不可抗力除外），应承担以下违约责任和不利后果：支付误期违约金，并承担因货物延误而可能造成的工期延误从而给发包人造成的一切损失；同时在发包人确认承包人严重违约并导致发包人无法正常履行合同的情况下，发包人有权书面通知承包人终止合同。

误期违约金从发包人应向承包人支付的合同价款中扣除，不足部分另行追偿。误期违约金比率为：每迟交1日，按合同总金额的0.1%按日计算；误期违约金最高不超过合同总金额的10%。如果承包人达到误期违约金的最高限额后仍不能交货，发包人有权因承包人违约终止合同（或以书面形式告知承包人后单方解除合同）。

【争议解决】

双方约定,在履行本合同过程中发生争议,双方协商解决或者调解不成时,按下列第二种方式解决争议。

(1)将争议提交/仲裁委员会申请仲裁;

(2)依法向工程项目所在地人民法院提起诉讼。

(六)缺陷责任期的服务要求

承包人在缺陷责任期内有保修责任,属于保修范围、内容的项目,承包人应当在接到保修通知之日起 7 日内派人保修。承包人不在约定期限内派人保修的,发包人可以委托他人修理。

发生紧急事故需抢修的,承包人在接到事故通知后,应当立即到达事故现场抢修。

对于涉及结构安全的质量问题,应当按照《建设工程质量管理条例》的规定,立即向当地建设行政主管部门和有关部门报告,采取安全防范措施,并由原设计人或者具有相应资质等级的设计人提出保修方案,承包人实施保修。

质量保修范围包括新建研发大楼项目设计—采购—施工—运营一体化(EPC+O)工程总承包合同内所有项目的施工和设备的质量保修。具体保修的内容按《建设工程质量管理条例》执行。

1.工程质量保修范围和内容

质量保修范围包括地基基础工程、主体结构工程、屋面防水工程和双方约定的其他土建工程,装修工程以及电气管线、上下水管线的安装工程,供热、供冷系统工程等项目。具体质量保修内容为本建设工程合同以及施工图纸约定的所有承包内容。

2.质量保修责任

(1)属于保修范围、内容的项目,承包人应当在接到保修通知之日起 7 日内派人保修。

(2)渗水、漏水,给排水、供电设施及线路出现故障等影响正常使用的情况下,承包人须在发包人通知后 4 小时内赶到现场并于 24 小时内完成维修。发生紧急抢修事故的,承包人在接到事故通知后,应当立即到达事故现场抢修。

(3)如有下列情形之一发生,发包人有权自行另请他人代为维修,且无须征得承包人同意,也并不免除承包人应负的责任。相关费用包括修复费用、赔偿费用,由物业公司签署文件给发包人,经核实由发包人直接从承包人保修金中扣除,不足部分由承包人支付,并书面通知承包人:

①接到发包人(或物业公司)维修通知(口头或书面)后拒不到现场处理问题;

②超过规定的到场时间后12小时仍未赶到现场;

③超过规定的时间仍未完成有关工程返修任务,且不主动向发包人(或物业公司)报告;

④对同一位置经过两次返修仍未彻底解决问题。

(4)对于涉及结构安全的质量问题,应当按照《建设工程质量管理条例》的规定,立即向当地建设行政主管部门和有关部门报告,采取安全防范措施,并由原设计人或者具有相应资质等级的设计人提出保修方案,承包人实施保修。

(5)质量保修完成后,由发包人组织验收。

3.其他

双方约定的其他工程质量保修事项:

如果修补缺陷的必要性是承包人原因造成的,则质量保修的全部工作应由承包人自费承担;如果修补缺陷的必要性是非承包人原因造成的,发包人向承包人支付这部分工作的费用。

在保修期满之前,如工程出现缺陷、差失或其他问题,发包人可指示承包人在发包人的指导下调查原因。如果这种缺陷、差失或其他问题不属于承包人的合同责任,承包人进行这项调查的费用由发包人支付;如果这种缺陷、差失或其他问题属于承包人的合同责任,则上述调查工作的费用由承包人支付,并根据合同约定,承包人应自费修补这种缺陷、差失或其他问题。

工程保修期内,承包人委派专人负责维修协调事宜,若因承包人工程质量原因或维修不及时导致发包人损失的,产生的费用从保修金中提取。若承包人拒绝支付或扣除的则发包人有权从保修金中提取本次费用的违约金,承包人应无条件服从。

承包人负责维修的项目,每个维修项目完成后要经发包人验收签字;维修工作完成后,承包人负责将施工现场清理干净,如维修过程中给发包人造成损失,则承包人应承担相应责任及费用。

在工程质量保修期届满之前,承包人应提交质量保修清单,将质保期内进行过维保的项目列明,并写明保修后的质量情况,移交发包人前由发包人签字确认。质保到期后,承包人仍需对进行过维保的项目质量负责。

对于质保期届满但尚未处理完成的属于承包人质保范围的内容,承包人必须按合同要求完成相关质量保修工作。质保到期不等于对尚未完成的维保工作的免责。

第三节 在建工程总承包合同履行过程中 完善争议评审机制

2021 年 9 月 18 日 15 时,在江苏苏州相城区阳澄湖路正在快速崛起的"长三角"科技创新产业园区兴建的新建未来建筑研发中心项目筹建指挥部,在中亿丰建设董事长宫长义主持下隆重举行争议评审专家聘任仪式。该新建未来建筑研发中心项目,占地 2.2 万 m²,投资 10.8 亿元,建筑面积 11.2 万 m²,以设计、采购、施工、运营一体化工程总承包模式兴建。项目总承包人中亿丰建设系近年来我国工程总承包领域迅速崛起的,具有工程勘察(岩土工程勘察设计)专业甲级、市政行业设计甲级、建筑行业(建筑工程)设计甲级、建筑工程施工总承包特级、市政公用工程总承包特级的"三甲两特"资质企业。2021 年 1 月 1 日起施行《示范文本》(2020)首次提出的争议评审专家裁决新模式,在工程总承包项目中正式创立。该项目随着发承包双方《关于争议解决的补充协议》的顺利签订,由建纬建设争议商事调解中心主导推行的工程总承包合同争议评审专家裁决模式,在工程总承包领域首次实现了实务落地,标志着该争议评审专家裁决模式在操作实践中经提出、论证、确定后步入了一个崭新的实施阶段。

由于我国之前在培育、推行工程总承包模式时尚未建立相关的法规制度,在实践中出现了不少争议和纠纷;且由于工程总承包模式扩大后的项目设计、设备采购和工程施工承包范围,又大大增加了案件裁决处理的疑难复杂程度。对于司法实践中已经越来越多地出现的工程总承包纠纷,一方面,指导诉讼和仲裁案件的审理尚无最高人民法院相应的司法解释;另一方面,扩大承包范围后的设计、采购、施工不同纠纷矛盾和争议的交织,大大增加了案件审理的时间和难度。基于工程总承包模式内部架构的多重层次,发包人的概算控制压力与技术上又依赖总承包人的矛盾,以及总承包人高度的项目实施自主权与总承包人对实现工程目的具有的单一责任之间的矛盾,使案件审理中众多技术和造价结算方面的争议须由司法鉴定程序主导确认,而我国目前并无设计和采购的专门鉴定机构,这又加大了解决工程总承包纠纷案件的疑难复杂程度,由此造成该类案件的审理期限较一般工程纠纷案件更长。一个工程总承包案件的审理动辄 3 年到 5 年,甚至 7 年到 8 年的审理期限,无疑给诉争两方带来沉重的诉累和负担。这是当前工程总承包司法实践最大的难点和痛点。

为有效解决上述难点和痛点,需要创设适合我国新的工程总承包争议解决的司法制度,这可以借鉴域外的成功经验。国际工程承包通行的通用合同条件,多有对争议解决机制即 ADR、争端评审机制即 DRB 或争端裁决机制即 DAB 的约定;其中,适用最为普遍的 DAB(争端裁决委员会),根据 1999 版 FIDIC 银皮书的定义和约定,系指在合同中如此指名的 1 名或 3 名人员,或根据第 20.2 款[争端裁决委员会的任命]或第 20.3 款[对争端裁决委员会未能取得一致]的规定任命的其他人员。如果双方间发生了有关或起因于合格或工程实施的争端(无论任何种类),包括对雇主的任何证明、确定、指示、意见或估价的任何争端,在已依照第 20.2 款[争端裁决委员会的任命]和第 20.3 款[对争端裁决委员会未能取得一致]的规定任命 DAB 后,任一方可以将该争端事项以书面形式提交 DAB,并将副本送另一方,委托 DAB 作出裁定。最新的 2017 版 FIDIC EPC/交钥匙工程合同银皮书通用合同条件第 21 条亦对争端避免/裁决委员会(DAAB)机制作出了具体设置方面的建议。对此,2021 年 1 月 1 日起施行的最高人民法院《关于审理建设工程施工合同纠纷案件适用法律问题的解释(一)》第二十九条规定:"当事人在诉讼前已经对建设工程价款结算达成协议,诉讼中一方当事人申请对工程造价进行鉴定的,人民法院不予准许。"第三十条规定:"当事人在诉讼前共同委托有关机构、人员对建设工程造价出具咨询意见,诉讼中一方当事人不认可该咨询意见申请鉴定的,人民法院应予准许,但双方当事人明确表示受该咨询意见约束的除外。"上述规定借鉴了国际通行的工程总承包争议解决的专家评审机制并确认其可以不鉴定、不诉讼的司法处理原则。同时,2021 年 1 月 1 日起实施的、由住建部和市场监管总局颁布的《示范文本》(2020)第20条[争议解决]第20.3款[争议评审],同样是借鉴了国际通行的工程总承包争议解决的成功经验,首次明确了争议评审的专家裁决机制,并在专用合同条件中要求承发包双方对评审专家所作决定的效力作特别约定。因此,工程总承包合同争议专家评审裁决模式并非脱离我国法律制度的"空中楼阁",相反,作为一种"有约束力的决定作出机制",该模式在吸收域外先进经验的基础上,随着国内建筑市场法规制度的革新和发展应运而生。

第四节 "未来建筑研发中心"
项目争议评审管理办法

苏州新建研发大楼项目设计—采购—施工—运营一体化
工程总承包合同争议评审管理办法

根据《苏州新建研发大楼项目设计—采购—施工—运营一体化(EPC+O)工程总承包合同》(以下简称总承包合同)以及承发包双方已签订的《关于争议解决的补充协议》的约定,并根据双方确定的争议解决不诉讼、不仲裁、不鉴定原则,发包人和总承包人决定采取专家评审裁决方式委托权威专家对因工程项目履行发生的争议进行评审裁处。根据上述决定,经合同发包人和总承包人协商一致,决定组成工程争议评审专家组,就评审小组成立、过程参与以及争议解决规则,制定本项目争议评审管理办法。

第一条 为预防、减少并及时解决本项目合同争议,特制定本办法。本办法旨在为发承包双方选择适用争议评审及裁决提供程序指引,在发承包双方约定适用本办法的情况下,本办法对发承包双方的争议解决具有最终约束力。

第二条 本办法所称争议评审裁决指,根据发承包双方约定,在本项目合同履行发生纠纷时,发承包双方将争议提交专家评审组(以下简称评审组)并由专家按本办法对争议出具评审裁处决定意见、双方均认可专家决定执行的争议解决方式。

第三条 本项目争议评审组由三名具有建设领域争议解决丰富经验的专家组成。发包人选择工程管理专家、东南大学李启明教授为评审员,总承包人选择江苏省工程造价资深专家王如三为评审员,由承发包双方选定的两位专家共同选定上海市建纬律师事务所朱树英律师为首席评审员,并获承发包双方确认。本项目争议评审组由朱树英、李启明、王如三共同组成,由朱树英担任评审专家组组长。

第四条 发承包双方对按本办法选定评审组成员的专家资格予以确认,由承发包双方各自与自行选聘的专家签订评审专家聘请协议,由承发包双方与首席评审员签订首席评审员聘任协议。承发包双方按本办法规定各自向选定的专家支付工作报酬,并各自支付一半,首席专家包括秘书工作报酬。具体费用及支付方式细则由发承包双方另行协商。

第五条 评审专家组成立后,评审专家应当以书面方式向发承包双方共同承诺将独立、客观、平等、公正评审争议。评审专家知悉其与发承包双方存在可能导致发承包双方对其独立性、公正性产生合理怀疑情形的,应当书面向双方当事人披露。除非发承包双方自收到书面披露之日起15日内明确表示同意其继续担任评审专家,否则其应当自行退出评审组。

第六条 如果评审专家在评审过程中因故退出,该评审专家与发承包双方之间的争议评审关系随即终止,选择评审专家退出一方应当按评审专家产生的相同方式重新选定评审专家。

第七条 评审专家因疾病、发承包双方共同要求退出或者其他原因不能正常或者适当履行评审专家职责的,应当退出。新的评审专家应按照本办法规定的方式重新聘任。

第八条 评审专家因故退出前的评审行为有效。评审组由三名评审专家组成而其中一名退出的,另两名应当继续担任评审专家并继续工作,但在新的评审专家产生之前不得进行评审表决活动,除非发承包双方明确表示同意。

第九条 为及时有效、快捷解决争议,本项目争议评审活动要求评审组专家至少每季度到项目所在地进行一次过程评审活动,评审专家有权在工程施工期间定期或者不定期考察施工现场,参加例会讨论,收集相关文件或资料,随时了解工程进展以及承发包双方存在的有关工程质量、工期、造价等方面的矛盾和争议,力争做到履约过程中存在的争议在过程中解决。

为方便评审员及时了解项目进展情况,承发包各方应确定一名工作联系人与各自选聘的评审员保持工作联系,各方联系人与评审员联系的事项须同时知会首席评审员。

第十条 发承包双方在合同履行过程中如遇需要评审组评审解决的争议时,应当书面向对方当事人和评审组提交评审申请报告及相关的证据材料,并转交其他项目管理单位。

评审申请报告包括但不限于下列内容:

1. 争议的事实及相关情况;

2. 提交评审组作出决定的争议请求事项;

3. 申请方及被申请方均明示对争议事项处理服从评审组的决定。

争议评审申请报告应当附有与争议相关的必要文件、图纸以及其他证明材料。

第十一条 发承包一方应自收到评审申请人评审报告之日起 10 日内提交答辩报告,陈述对争议的处理意见并附证明材料。不提交答辩报告,不影响评审程序的进行。

第十二条 评审组应当自发承包任何一方发起及答辩期满后 10 日内召开调查会,并通知发承包双方到场,会议地点由评审组视争议情况决定。发承包双方可以委托代理人参加调查会。

申请评审的申请方无正当理由不参加调查会的,视为撤回本次评审申请;被申请一方无正当理由不参加调查会不影响评审组的评审活动,评审组可以自行作出本次争议评审事项的评审决定。

第十三条 评审专家均应当就每次评审事项参加调查会。除非经发承包双方同意,评审组不得在任何一名评审专家缺席的情况下召开调查会。

第十四条 评审组可以在充分考虑案情、发承包双方意愿以及快速解决争议需要的情况下,采取其认为适当的程序和方式进行调查,包括但不限于:

1. 决定调查会召开的时间地点;

2. 询问发承包双方;

3. 要求发承包双方补充提交材料和书面意见;

4. 进行现场勘查;

5. 采取其他措施保证评审组正常履行评审职责。

第十五条 发承包双方应当配合评审组的工作,并提供必要的工作条件。

第十六条　评审组应当独立、客观、平等、公正对待各方发承包双方,给予发承包双方陈述事实和处理意见或建议的合理机会,并避免不必要的拖延以及费用支出。

评审专家除按照发承包双方的约定或者本办法的规定履行评审职责外,不能向发承包双方提供与评审事项无关的建议,更不能担任发承包双方的顾问。

第十七条　评审组应当在调查会结束后 7 日内作出书面评审决定意见,并说明理由。

第十八条　评审专家对于评审过程中的任何事项均负有保密义务。

评审专家不得在评审活动进行中或评审活动结束后就相同或者相关争议进行的诉讼、仲裁程序中作为仲裁员、证人或者发承包一方的代理人。

第十九条　由三名评审专家组成评审组的评审意见应当按照多数评审专家的意见作出;不能形成多数意见时,应当按照首席评审专家的意见作出。

评审意见由评审专家签名。持不同意见的评审专家,可以不签名,但应当出具单独的个人意见,随评审意见送达发承包双方,但该意见不构成评审意见的一部分。不签名的评审专家不出具个人意见的,不影响评审意见的作出。

第二十条　发承包双方对评审意决定有异议的,可以要求评审组复议一次,有异议一方应当自收到评审意见之日起 7 日内向评审组以及对方以书面提出复议的要求及事实和理由。任何一方在上述期限内提出异议的,评审决定不立即产生约束力,由评审组再次就争议事项重新研究处理,自评审组重新作出裁处决定或者维持原决定之日起对发承包双方产生约束力。未提出异议的,则评审决定在上述期限届满之日起对发承包双方产生约束力。发承包双方均应当按照评审决定执行,按本办法规定不得再行提出仲裁或诉讼。

第二十一条　评审专家不对依据本办法进行的任何评审行为承担赔偿责任,除非有证据表明该行为违反本办法的有关法律规定。

第二十二条　发承包双方应当按照与评审组约定的数额、时间支付评审专家报酬。发承包双方未按约定支付的,评审组可以决定中止评审活动。

第二十三条　本办法自本项目评审专家组成立之日起生效,评审专家聘请协议履行终止之日止。

第二十四条　本办法如有未约定或约定不明事宜,由发承包双方会同评审组共同协商解决。

附件:《建设项目工程总承包合同(示范文本)》(GF-2020-0216)

GF-2020-0216

建设项目工程总承包合同
(示范文本)

中华人民共和国住房和城乡建设部
国家市场监督管理总局　制定

说　明

为指导建设项目工程总承包合同当事人的签约行为,维护合同当事人的合法权益,依据《中华人民共和国民法典》、《中华人民共和国建筑法》、《中华人民共和国招标投标法》以及相关法律、法规,住房和城乡建设部、市场监管总局对《建设项目工程总承包合同示范文本(试行)》(GF-2011-0216)进行了修订,制定了《建设项目工程总承包合同(示范文本)》(GF-2020-0216)(以下简称《示范文本》)。现就有关问题说明如下:

一、《示范文本》的组成

《示范文本》由合同协议书、通用合同条件和专用合同条件三部分组成。

(一)合同协议书

《示范文本》合同协议书共计11条,主要包括:工程概况、合同工期、质量标准、签约合同价与合同价格形式、工程总承包项目经理、合同文件构成、承诺、订立时间、订立地点、合同生效和合同份数,集中约定了合同当事人基本的合同权利义务。

(二)通用合同条件

通用合同条件是合同当事人根据《中华人民共和国民法典》、《中华人民共和国建筑法》等法律法规的规定,就工程总承包项目的实施及相关事项,对合同当事人的权利义务作出的原则性约定。通用合同条件共计 20 条,具体条款分别为:第 1 条　一般约定,第 2 条　发包人,第 3 条　发包人的管理,第 4 条　承包人,第 5 条　设计,第 6 条　材料、工程设备,第 7 条　施工,第 8 条　工期和进度,第 9 条　竣工试验,第 10 条　验收和工程接收,第 11 条　缺陷责任与保修,第 12 条　竣工后试验,第 13 条　变更与调整,第 14 条　合同价格与支付,第 15 条　违约,第 16 条　合同解除,第 17 条　不可抗力,第 18 条　保险,第 19 条　索赔,第 20 条　争议解决。前述条款安排既考虑了现行法律法规对工程总承包活动的有关要求,也考虑了工程总承包项目管理的实际需要。

(三)专用合同条件

专用合同条件是合同当事人根据不同建设项目的特点及具体情况,通过双方的谈判、协商对通用合同条件原则性约定细化、完善、补充、修改或另行约定的合同条件。在编写专用合同条件时,应注意以下事项:

1. 专用合同条件的编号应与相应的通用合同条件的编号一致;

2. 在专用合同条件中有横道线的地方,合同当事人可针对相应的通用合同条件进行细化、完善、补充、修改或另行约定;如无细化、完善、补充、修改或另行约定,则填写"无"或划"/";

3. 对于在专用合同条件中未列出的通用合同条件中的条款,合同当事人根据建设项目的具体情况认为需要进行细化、完善、补充、修改或另行约定的,可在专用合同条件中,以同一条款号增加相关条款的内容。

二、《示范文本》的适用范围

《示范文本》适用于房屋建筑和市政基础设施项目工程总承包承发包活动。

三、《示范文本》的性质

《示范文本》为推荐使用的非强制性使用文本。合同当事人可结合建设工程具体情况,参照《示范文本》订立合同,并按照法律法规和合同约定承担相应的法律责任及合同权利义务。

目　　录

第5条　设计

　5.1　承包人的设计义务

　5.2　承包人文件审查

　5.3　培训

　5.4　竣工文件

　5.5　操作和维修手册

　5.6　承包人文件错误

第6条　材料、工程设备

　6.1　实施方法

　6.2　材料和工程设备

　6.3　样品

　6.4　质量检查

　6.5　由承包人试验和检验

　6.6　缺陷和修补

第7条　施工

　7.1　交通运输

　7.2　施工设备和临时设施

　7.3　现场合作

　7.4　测量放线

　7.5　现场劳动用工

　7.6　安全文明施工

　7.7　职业健康

　7.8　环境保护

　7.9　临时性公用设施

　7.10　现场安保

　7.11　工程照管

第8条　工期和进度

　8.1　开始工作

　8.2　竣工日期

专用合同条件附件

第一部分　合同协议书

发包人(全称)：_____

承包人(全称)：_____

根据《中华人民共和国民法典》、《中华人民共和国建筑法》及有关法律规定，遵循平等、自愿、公平和诚实信用的原则，双方就_____项目的工程总承包及有关事项协商一致，共同达成如下协议：

一、工程概况

1. 工程名称：_____。

2. 工程地点：_____。

3. 工程审批、核准或备案文号：_____。

4. 资金来源：_____。

5. 工程内容及规模：_____。

6. 工程承包范围：_____。

二、合同工期

计划开始工作日期：_____年____月____日。

计划开始现场施工日期：_____年____月____日。

计划竣工日期：_____年____月____日。

工期总日历天数：____天，工期总日历天数与根据前述计划日期计算的工期天数不一致的，以工期总日历天数为准。

三、质量标准

工程质量标准：_____。

四、签约合同价与合同价格形式

1. 签约合同价(含税)为：

人民币(大写)_____(￥_____元)。

具体构成详见价格清单。其中：

（1）设计费（含税）：

人民币（大写）＿＿＿＿＿＿（￥＿＿＿＿＿元）；适用税率：＿＿＿％，税金为人民币（大写）＿＿＿＿＿＿（￥＿＿＿＿＿元）。

（2）设备购置费（含税）：

人民币（大写）＿＿＿＿＿＿（￥＿＿＿＿＿元）；适用税率：＿＿＿％，税金为人民币（大写）＿＿＿＿＿＿（￥＿＿＿＿＿元）。

（3）建筑安装工程费（含税）：

人民币（大写）＿＿＿＿＿＿（￥＿＿＿＿＿元）；适用税率：＿＿＿％，税金为人民币（大写）＿＿＿＿＿＿（￥＿＿＿＿＿元）。

（4）暂估价（含税）：

人民币（大写）＿＿＿＿＿＿（￥＿＿＿＿＿元）。

（5）暂列金额（含税）：

人民币（大写）＿＿＿＿＿＿（￥＿＿＿＿＿元）。

（6）双方约定的其他费用（含税）：

人民币（大写）＿＿＿＿＿＿（￥＿＿＿＿＿元）；适用税率：＿＿＿％，税金为人民币（大写）＿＿＿＿＿＿（￥＿＿＿＿＿元）。

2. 合同价格形式：

合同价格形式为总价合同，除根据合同约定的在工程实施过程中需进行增减的款项外，合同价格不予调整，但合同当事人另有约定的除外。

合同当事人对合同价格形式的其他约定：＿＿＿＿＿＿＿＿＿＿＿＿＿＿。

五、工程总承包项目经理

工程总承包项目经理：＿＿＿＿＿＿＿＿＿＿＿＿＿＿＿＿＿＿＿。

六、合同文件构成

本协议书与下列文件一起构成合同文件：

（1）中标通知书（如果有）；

（2）投标函及投标函附录（如果有）；

（3）专用合同条件及《发包人要求》等附件；

（4）通用合同条件；

（5）承包人建议书；

（6）价格清单；

（7）双方约定的其他合同文件。

上述各项合同文件包括双方就该项合同文件所作出的补充和修改，属于同一类内容的合同文件应以最新签署的为准。专用合同条件及其附件须经合同当事人签字或盖章。

七、承诺

1. 发包人承诺按照法律规定履行项目审批手续、筹集工程建设资金并按照合同约定的期限和方式支付合同价款。

2. 承包人承诺按照法律规定及合同约定组织完成工程的设计、采购和施工等工作，确保工程质量和安全，不进行转包及违法分包，并在缺陷责任期及保修期内承担相应的工程维修责任。

八、订立时间

本合同于_____年____月____日订立。

九、订立地点

本合同在_____订立。

十、合同生效

本合同经双方签字或盖章后成立，并自_____生效。

十一、合同份数

本合同一式____份，均具有同等法律效力，发包人执____份，承包人执____份。

发包人：（公章）　　　　　　　　承包人：（公章）

法定代表人或其委托代理人：　　　法定代表人或其委托代理人：

（签字）　　　　　　　　　　　　（签字）

统一社会信用代码:＿＿＿＿＿＿＿＿　　　统一社会信用代码:＿＿＿＿＿＿＿＿

地址:＿＿＿＿＿＿＿＿＿＿＿＿＿＿　　　地址:＿＿＿＿＿＿＿＿＿＿＿＿＿＿

邮政编码:＿＿＿＿＿＿＿＿＿＿＿＿　　　邮政编码:＿＿＿＿＿＿＿＿＿＿＿＿

法定代表人:＿＿＿＿＿＿＿＿＿＿　　　法定代表人:＿＿＿＿＿＿＿＿＿＿

委托代理人:＿＿＿＿＿＿＿＿＿＿　　　委托代理人:＿＿＿＿＿＿＿＿＿＿

电话:＿＿＿＿＿＿＿＿＿＿＿＿＿＿　　　电话:＿＿＿＿＿＿＿＿＿＿＿＿＿＿

传真:＿＿＿＿＿＿＿＿＿＿＿＿＿＿　　　传真:＿＿＿＿＿＿＿＿＿＿＿＿＿＿

电子信箱:＿＿＿＿＿＿＿＿＿＿＿＿　　　电子信箱:＿＿＿＿＿＿＿＿＿＿＿＿

开户银行:＿＿＿＿＿＿＿＿＿＿＿＿　　　开户银行:＿＿＿＿＿＿＿＿＿＿＿＿

账号:＿＿＿＿＿＿＿＿＿＿＿＿＿＿　　　账号:＿＿＿＿＿＿＿＿＿＿＿＿＿＿

第二部分　通用合同条件

第1条　一般约定

1.1　词语定义和解释

合同协议书、通用合同条件、专用合同条件中的下列词语应具有本款所赋予的含义：

1.1.1　合同

1.1.1.1　合同：是指根据法律规定和合同当事人约定具有约束力的文件，构成合同的文件包括合同协议书、中标通知书（如果有）、投标函及其附录（如果有）、专用合同条件及其附件、通用合同条件、《发包人要求》、承包人建议书、价格清单以及双方约定的其他合同文件。

1.1.1.2　合同协议书：是指构成合同的由发包人和承包人共同签署的称为"合同协议书"的书面文件。

1.1.1.3　中标通知书：是指构成合同的由发包人通知承包人中标的书面文件。中标通知书随附的澄清、说明、补正事项纪要等，是中标通知书的组成部分。

1.1.1.4　投标函：是指构成合同的由承包人填写并签署的用于投标的称为"投标函"的文件。

1.1.1.5　投标函附录：是指构成合同的附在投标函后的称为"投标函附录"的文件。

1.1.1.6　《发包人要求》：指构成合同文件组成部分的名为《发包人要求》的文件，其中列明工程的目的、范围、设计与其他技术标准和要求，以及合同双方当事人约定对其所作的修改或补充。

1.1.1.7　项目清单：是指发包人提供的载明工程总承包项目勘察费（如果有）、设计费、建筑安装工程费、设备购置费、暂估价、暂列金额和双方约定的其他费用的名称和相应数量等内容的项目明细。

1.1.1.8 价格清单:指构成合同文件组成部分的由承包人按发包人提供的项目清单规定的格式和要求填写并标明价格的清单。

1.1.1.9 承包人建议书:指构成合同文件组成部分的名为承包人建议书的文件。承包人建议书由承包人随投标函一起提交。

1.1.1.10 其他合同文件:是指经合同当事人约定的与工程实施有关的具有合同约束力的文件或书面协议。合同当事人可以在专用合同条件中进行约定。

1.1.2 合同当事人及其他相关方

1.1.2.1 合同当事人:是指发包人和(或)承包人。

1.1.2.2 发包人:是指与承包人订立合同协议书的当事人及取得该当事人资格的合法继受人。本合同中"因发包人原因"里的"发包人"包括发包人及所有发包人人员。

1.1.2.3 承包人:是指与发包人订立合同协议书的当事人及取得该当事人资格的合法继受人。

1.1.2.4 联合体:是指经发包人同意由两个或两个以上法人或者其他组织组成的,作为承包人的临时机构。

1.1.2.5 发包人代表:是指由发包人任命并派驻工作现场,在发包人授权范围内行使发包人权利和履行发包人义务的人。

1.1.2.6 工程师:是指在专用合同条件中指明的,受发包人委托按照法律规定和发包人的授权进行合同履行管理、工程监督管理等工作的法人或其他组织;该法人或其他组织应雇用一名具有相应执业资格和职业能力的自然人作为工程师代表,并授予其根据本合同代表工程师行事的权利。

1.1.2.7 工程总承包项目经理:是指由承包人任命的,在承包人授权范围内负责合同履行的管理,且按照法律规定具有相应资格的项目负责人。

1.1.2.8 设计负责人:是指承包人指定负责组织、指导、协调设计工作并具有相应资格的人员。

1.1.2.9 采购负责人:是指承包人指定负责组织、指导、协调采购工作的人员。

1.1.2.10 施工负责人:是指承包人指定负责组织、指导、协调施工工作并具有相应资格的人员。

1.1.2.11　分包人:是指按照法律规定和合同约定,分包部分工程或工作,并与承包人订立分包合同的具有相应资质或资格的法人或其他组织。

1.1.3　工程和设备

1.1.3.1　工程:是指与合同协议书中工程承包范围对应的永久工程和(或)临时工程。

1.1.3.2　工程实施:是指进行工程的设计、采购、施工和竣工以及对工程任何缺陷的修复。

1.1.3.3　永久工程:是指按合同约定建造并移交给发包人的工程,包括工程设备。

1.1.3.4　临时工程:是指为完成合同约定的永久工程所修建的各类临时性工程,不包括施工设备。

1.1.3.5　单位/区段工程:是指在专用合同条件中指明特定范围的,能单独接收并使用的永久工程。

1.1.3.6　工程设备:指构成永久工程的机电设备、仪器装置、运载工具及其他类似的设备和装置,包括其配件及备品、备件、易损易耗件等。

1.1.3.7　施工设备:指为完成合同约定的各项工作所需的设备、器具和其他物品,不包括工程设备、临时工程和材料。

1.1.3.8　临时设施:指为完成合同约定的各项工作所服务的临时性生产和生活设施。

1.1.3.9　施工现场:是指用于工程施工的场所,以及在专用合同条件中指明作为施工场所组成部分的其他场所,包括永久占地和临时占地。

1.1.3.10　永久占地:是指专用合同条件中指明为实施工程需永久占用的土地。

1.1.3.11　临时占地:是指专用合同条件中指明为实施工程需临时占用的土地。

1.1.4　日期和期限

1.1.4.1　开始工作通知:指工程师按第8.1.2项[开始工作通知]的约定通知承包人开始工作的函件。

1.1.4.2　开始工作日期:包括计划开始工作日期和实际开始工作日期。计划开始工作日期是指合同协议书约定的开始工作日期;实际开始工作日期是指工程师按照第8.1款[开始工作]约定发出的符合法律规定的开始工作通知中载明的开始工作日期。

1.1.4.3　开始现场施工日期:包括计划开始现场施工日期和实际开始现场施工日期。计划开始现场施工日期是指合同协议书约定的开始现场施工日期;实际开始现场施工日期是指工程师发出的符合法律规定的开工通知中载明的开始现场施工日期。

1.1.4.4　竣工日期:包括计划竣工日期和实际竣工日期。计划竣工日期是指合同协议书约定的竣工日期;实际竣工日期按照第8.2款[竣工日期]的约定确定。

1.1.4.5　工期:是指在合同协议书约定的承包人完成合同工作所需的期限,包括按照合同约定所作的期限变更及按合同约定承包人有权取得的工期延长。

1.1.4.6　缺陷责任期:是指发包人预留工程质量保证金以保证承包人履行第11.3款[缺陷调查]下质量缺陷责任的期限。

1.1.4.7　保修期:是指承包人按照合同约定和法律规定对工程质量承担保修责任的期限,该期限自缺陷责任期起算之日起计算。

1.1.4.8　基准日期:招标发包的工程以投标截止日前28天的日期为基准日期,直接发包的工程以合同订立日前28天的日期为基准日期。

1.1.4.9　天:除特别指明外,均指日历天。合同中按天计算时间的,开始当天不计入,从次日开始计算。期限最后一天的截止时间为当天24:00。

1.1.4.10　竣工试验:是指在工程竣工验收前,根据第9条[竣工试验]要求进行的试验。

1.1.4.11　竣工验收:是指承包人完成了合同约定的各项内容后,发包人按合同要求进行的验收。

1.1.4.12　竣工后试验:是指在工程竣工验收后,根据第12条[竣工后试验]约定进行的试验。

1.1.5　合同价格和费用

1.1.5.1　签约合同价:是指发包人和承包人在合同协议书中确定的总金额,包括暂估价及暂列金额等。

1.1.5.2 合同价格：是指发包人用于支付承包人按照合同约定完成承包范围内全部工作的金额，包括合同履行过程中按合同约定发生的价格变化。

1.1.5.3 费用：是指为履行合同所发生的或将要发生的所有合理开支，包括管理费和应分摊的其他费用，但不包括利润。

1.1.5.4 人工费：是指支付给直接从事建筑安装工程施工作业的建筑工人的各项费用。

1.1.5.5 暂估价：是指发包人在项目清单中给定的，用于支付必然发生但暂时不能确定价格的专业服务、材料、设备、专业工程的金额。

1.1.5.6 暂列金额：是指发包人在项目清单中给定的，用于在订立协议书时尚未确定或不可预见变更的设计、施工及其所需材料、工程设备、服务等的金额，包括以计日工方式支付的金额。

1.1.5.7 计日工：是指合同履行过程中，承包人完成发包人提出的零星工作或需要采用计日工计价的变更工作时，按合同中约定的单价计价的一种方式。

1.1.5.8 质量保证金：是指按第14.6款[质量保证金]约定承包人用于保证其在缺陷责任期内履行缺陷修复义务的担保。

1.1.6 其他

1.1.6.1 书面形式：指合同文件、信函、电报、传真、数据电文、电子邮件、会议纪要等可以有形地表现所载内容的形式。

1.1.6.2 承包人文件：指由承包人根据合同约定应提交的所有图纸、手册、模型、计算书、软件、函件、洽商性文件和其他技术性文件。

1.1.6.3 变更：指根据第13条[变更与调整]的约定，经指示或批准对《发包人要求》或工程所做的改变。

1.2 语言文字

合同文件以中国的汉语简体语言文字编写、解释和说明。专用术语使用外文的，应附有中文注释。合同当事人在专用合同条件约定使用两种及以上语言时，汉语为优先解释和说明合同的语言。

与合同有关的联络应使用专用合同条件约定的语言。如没有约定，则应使用中国的汉语简体语言文字。

1.3 法律

合同所称法律是指中华人民共和国法律、行政法规、部门规章,以及工程所在地的地方法规、自治条例、单行条例和地方政府规章等。

合同当事人可以在专用合同条件中约定合同适用的其他规范性文件。

1.4 标准和规范

1.4.1 适用于工程的国家标准、行业标准、工程所在地的地方性标准,以及相应的规范、规程等,合同当事人有特别要求的,应在专用合同条件中约定。

1.4.2 发包人要求使用国外标准、规范的,发包人负责提供原文版本和中文译本,并在专用合同条件中约定提供标准规范的名称、份数和时间。

1.4.3 没有相应成文规定的标准、规范时,由发包人在专用合同条件中约定的时间向承包人列明技术要求,承包人按约定的时间和技术要求提出实施方法,经发包人认可后执行。承包人需要对实施方法进行研发试验的,或须对项目人员进行特殊培训及其有特殊要求的,除签约合同价已包含此项费用外,双方应另行订立协议作为合同附件,其费用由发包人承担。

1.4.4 发包人对于工程的技术标准、功能要求高于或严于现行国家、行业或地方标准的,应当在《发包人要求》中予以明确。除专用合同条件另有约定外,应视为承包人在订立合同前已充分预见前述技术标准和功能要求的复杂程度,签约合同价中已包含由此产生的费用。

1.5 合同文件的优先顺序

组成合同的各项文件应互相解释,互为说明。除专用合同条件另有约定外,解释合同文件的优先顺序如下:

(1)合同协议书;

(2)中标通知书(如果有);

(3)投标函及投标函附录(如果有);

(4)专用合同条件及《发包人要求》等附件;

(5)通用合同条件;

(6)承包人建议书;

(7)价格清单;

(8)双方约定的其他合同文件。

上述各项合同文件包括合同当事人就该项合同文件所作出的补充和修改,属于同一类内容的文件,应以最新签署的为准。

在合同订立及履行过程中形成的与合同有关的文件均构成合同文件组成部分,并根据其性质确定优先解释顺序。

1.6　文件的提供和照管

1.6.1　发包人文件的提供

发包人应按照专用合同条件约定的期限、数量和形式向承包人免费提供前期工作相关资料、环境保护、气象水文、地质条件进行工程设计、现场施工等工程实施所需的文件。因发包人未按合同约定提供文件造成工期延误的,按照第8.7.1项[因发包人原因导致工期延误]约定办理。

1.6.2　承包人文件的提供

除专用合同条件另有约定外,承包人文件应包含下列内容,并用第1.2款[语言文字]约定的语言制作:

(1)《发包人要求》中规定的相关文件;

(2)满足工程相关行政审批手续所必需的应由承包人负责的相关文件;

(3)第5.4款[竣工文件]与第5.5款[操作和维修手册]中要求的相关文件。

承包人应按照专用合同条件约定的期限、名称、数量和形式向工程师提供应当由承包人编制的与工程设计、现场施工等工程实施有关的承包人文件。工程师对承包人文件有异议的,承包人应予以修改,并重新报送工程师。合同约定承包人文件应经审查的,工程师应在合同约定的期限内审查完毕,但工程师的审查并不减轻或免除承包人根据合同约定应当承担的责任。承包人文件的提供和审查还应遵守第5.2款[承包人文件审查]和第5.4款[竣工文件]的约定。

1.6.3　文件错误的通知

任何一方发现文件中存在明显的错误或疏忽,应及时通知另一方。

1.6.4　文件的照管

除专用合同条件另有约定外,承包人应在现场保留一份合同、《发包人要求》中列出的所有文件、承包人文件、变更以及其他根据合同收发的往来信函。发包人和工程师有权在任何合理的时间查阅和使用上述所有文件。

1.7　联络

1.7.1　与合同有关的通知、批准、证明、证书、指示、指令、要求、请求、同意、意见、确定和决定等,均应采用书面形式,并应在合同约定的期限内(如无约定,应在合理期限内)通过特快专递或专人、挂号信、传真或双方商定的电子传输方式送达收件地址。

1.7.2　发包人和承包人应在专用合同条件中约定各自的送达方式和收件地址。任何一方合同当事人指定的送达方式或收件地址发生变动的,应提前3天以书面形式通知对方。

1.7.3　发包人和承包人应当及时签收另一方通过约定的送达方式送达收件地址的来往文件。拒不签收的,由此增加的费用和(或)延误的工期由拒绝接收一方承担。

1.7.4　对于工程师向承包人发出的任何通知,均应以书面形式由工程师或其代表签认后送交承包人实施,并抄送发包人;对于合同一方向另一方发出的任何通知,均应抄送工程师。对于由工程师审查后报发包人批准的事项,应由工程师向承包人出具经发包人签认的批准文件。

1.8　严禁贿赂

合同当事人不得以贿赂或变相贿赂的方式,谋取非法利益或损害对方权益。因一方合同当事人的贿赂造成对方损失的,应赔偿损失,并承担相应的法律责任。

承包人不得与工程师或发包人聘请的第三方串通损害发包人利益。未经发包人书面同意,承包人不得为工程师提供合同约定以外的通讯设备、交通工具及其他任何形式的利益,不得向工程师支付报酬。

1.9　化石、文物

在施工现场发掘的所有文物、古迹以及具有地质研究或考古价值的其他遗迹、化石、钱币或物品属于国家所有。一旦发现上述文物,承包人应采取合理有效的保护措施,防止任何人员移动或损坏上述物品,并立即报告有关政府行政管理部门,同时通知工程师。

发包人、工程师和承包人应按有关政府行政管理部门要求采取妥善的保护措施,由此增加的费用和(或)延误的工期由发包人承担。

承包人发现文物后不及时报告或隐瞒不报,致使文物丢失或损坏的,应赔偿损失,并承担相应的法律责任。

1.10　知识产权

1.10.1　除专用合同条件另有约定外,由发包人(或以发包人名义)编制的《发包人要求》和其他文件,就合同当事人之间而言,其著作权和其他知识产权应归发包人所有。承包人可以为实现合同目的而复制、使用此类文件,但不能用于与合同无关的其他事项。未经发包人书面同意,承包人不得为了合同以外的目的而复制、使用上述文件或将之提供给任何第三方。

1.10.2　除专用合同条件另有约定外,由承包人(或以承包人名义)为实施工程所编制的文件、承包人完成的设计工作成果和建造完成的建筑物,就合同当事人之间而言,其著作权和其他知识产权应归承包人享有。发包人可因实施工程的运行、调试、维修、改造等目的而复制、使用此类文件,但不能用于与合同无关的其他事项。未经承包人书面同意,发包人不得为了合同以外的目的而复制、使用上述文件或将之提供给任何第三方。

1.10.3　合同当事人保证在履行合同过程中不侵犯对方及第三方的知识产权。承包人在工程设计、使用材料、施工设备、工程设备或采用施工工艺时,因侵犯他人的专利权或其他知识产权所引起的责任,由承包人承担;因发包人提供的材料、施工设备、工程设备或施工工艺导致侵权的,由发包人承担责任。

1.10.4　除专用合同条件另有约定外,承包人在投标文件中采用的专利、专有技术、商业软件、技术秘密的使用费已包含在签约合同价中。

1.10.5　合同当事人可就本合同涉及的合同一方、或合同双方(含一方或双方相关的专利商或第三方设计单位)的技术专利、建筑设计方案、专有技术、设计文件著作权等知识产权,订立知识产权及保密协议,作为本合同的组成部分。

1.11　保密

合同当事人一方对在订立和履行合同过程中知悉的另一方的商业秘密、技术秘密,以及任何一方明确要求保密的其他信息,负有保密责任。

除法律规定或合同另有约定外,未经对方同意,任何一方当事人不得将对方提供的文件、技术秘密以及声明需要保密的资料信息等商业秘密泄露给第三方或者用于本合同以外的目的。

一方泄露或者在本合同以外使用该商业秘密、技术秘密等保密信息给另一方造成损失的,应承担损害赔偿责任。当事人为履行合同所需要的信息,另一方应予以提供。当事人认为必要时,可订立保密协议,作为合同附件。

1.12　《发包人要求》和基础资料中的错误

承包人应尽早认真阅读、复核《发包人要求》以及其提供的基础资料,发现错误的,应及时书面通知发包人补正。发包人作相应修改的,按照第13条[变更与调整]的约定处理。

《发包人要求》或其提供的基础资料中的错误导致承包人增加费用和(或)工期延误的,发包人应承担由此增加的费用和(或)工期延误,并向承包人支付合理利润。

1.13　责任限制

承包人对发包人的赔偿责任不应超过专用合同条件约定的赔偿最高限额。若专用合同条件未约定,则承包人对发包人的赔偿责任不应超过签约合同价。但对于因欺诈、犯罪、故意、重大过失、人身伤害等不当行为造成的损失,赔偿的责任限度不受上述最高限额的限制。

1.14　建筑信息模型技术的应用

如果项目中拟采用建筑信息模型技术,合同双方应遵守国家现行相关标准的规定,并符合项目所在地的相关地方标准或指南。合同双方应在专用合同条件中就建筑信息模型的开发、使用、存储、传输、交付及费用等相关内容进行约定。除专用合同条件另有约定外,承包人应负责与本项目中其他使用方协商。

第2条　发包人

2.1　遵守法律

发包人在履行合同过程中应遵守法律,并承担因发包人违反法律给承包人造成的任何费用和损失。发包人不得以任何理由,要求承包人在工程实施过程中违反法律、行政法规以及建设工程质量、安全、环保标准,任意压缩合理工期或者降低工程质量。

2.2　提供施工现场和工作条件

2.2.1　提供施工现场

发包人应按专用合同条件约定向承包人移交施工现场,给承包人进入和占用施工现场各部分的权利,并明确与承包人的交接界面,上述进入和占用权可不为承包人独享。如专用合同条件没有约定移交时间的,则发包人应最迟于计划开始现场施工日期 7 天前向承包人移交施工现场,但承包人未能按照第 4.2 款[履约担保]提供履约担保的除外。

2.2.2　提供工作条件

发包人应按专用合同条件约定向承包人提供工作条件。专用合同条件对此没有约定的,发包人应负责提供开展本合同相关工作所需要的条件,包括:

(1)将施工用水、电力、通讯线路等施工所必需的条件接至施工现场内;

(2)保证向承包人提供正常施工所需要的进入施工现场的交通条件;

(3)协调处理施工现场周围地下管线和邻近建筑物、构筑物、古树名木、文物、化石及坟墓等的保护工作,并承担相关费用;

(4)对工程现场临近发包人正在使用、运行、或由发包人用于生产的建筑物、构筑物、生产装置、设施、设备等,设置隔离设施,竖立禁止入内、禁止动火的明显标志,并以书面形式通知承包人须遵守的安全规定和位置范围;

(5)按照专用合同条件约定应提供的其他设施和条件。

2.2.3　逾期提供的责任

因发包人原因未能按合同约定及时向承包人提供施工现场和施工条件的,由发包人承担由此增加的费用和(或)延误的工期。

2.3　提供基础资料

发包人应按专用合同条件和《发包人要求》中的约定向承包人提供施工现场及工程实施所必需的毗邻区域内的供水、排水、供电、供气、供热、通信、广播电视等地上、地下管线和设施资料,气象和水文观测资料,地质勘察资料,相邻建筑物、构筑物和地下工程等有关基础资料,并根据第 1.12 款[《发包人要求》和基础资料中的错误]承担基础资料错误造成的责任。按照法律规定确需在开工后方能提供的基础资料,发包人应尽其努力及时地在相应工程实施前的合理期限内提供,合理期限应以不影响承包人的正常履约为限。因发包人原因未能在合理期限内提供相应基础资料的,由发包人承担由此增加的费用和延误的工期。

2.4　办理许可和批准

2.4.1　发包人在履行合同过程中应遵守法律,并办理法律规定或合同约定由其办理的许可、批准或备案,包括但不限于建设用地规划许可证、建设工程规划许可证、建设工程施工许可证等许可和批准。对于法律规定或合同约定由承包人负责的有关设计、施工证件、批件或备案,发包人应给予必要的协助。

2.4.2　因发包人原因未能及时办理完毕前述许可、批准或备案,由发包人承担由此增加的费用和(或)延误的工期,并支付承包人合理的利润。

2.5　支付合同价款

2.5.1　发包人应按合同约定向承包人及时支付合同价款。

2.5.2　发包人应当制定资金安排计划,除专用合同条件另有约定外,如发包人拟对资金安排做任何重要变更,应将变更的详细情况通知承包人。如发生承包人收到价格大于签约合同价10%的变更指示或累计变更的总价超过签约合同价30%;或承包人未能根据第14条[合同价格与支付]收到付款,或承包人得知发包人的资金安排发生重要变更但并未收到发包人上述重要变更通知的情况,则承包人可随时要求发包人在28天内补充提供能够按照合同约定支付合同价款的相应资金来源证明。

2.5.3　发包人应当向承包人提供支付担保。支付担保可以采用银行保函或担保公司担保等形式,具体由合同当事人在专用合同条件中约定。

2.6　现场管理配合

发包人应负责保证在现场或现场附近的发包人人员和发包人的其他承包人(如有):

(1)根据第7.3款[现场合作]的约定,与承包人进行合作;

(2)遵守第7.5款[现场劳动用工]、第7.6款[安全文明施工]、第7.7款[职业健康]和第7.8款[环境保护]的相关约定。

发包人应与承包人、由发包人直接发包的其他承包人(如有)订立施工现场统一管理协议,明确各方的权利义务。

2.7　其他义务

发包人应履行合同约定的其他义务,双方可在专用合同条件内对发包人应履行的其他义务进行补充约定。

第3条　发包人的管理

3.1　发包人代表

发包人应任命发包人代表,并在专用合同条件中明确发包人代表的姓名、职务、联系方式及授权范围等事项。发包人代表应在发包人的授权范围内,负责处理合同履行过程中与发包人有关的具体事宜。发包人代表在授权范围内的行为由发包人承担法律责任。

除非发包人另行通知承包人,发包人代表应被授予并且被认为具有发包人在授权范围内享有的相应权利,涉及第 16.1 款[由发包人解除合同]的权利除外。

发包人代表(或者在其为法人的情况下,被任命代表其行事的自然人)应:

(1)履行指派给其的职责,行使发包人托付给的权利;

(2)具备履行这些职责、行使这些权利的能力;

(3)作为熟练的专业人员行事。

如果发包人代表为法人且在签订本合同时未能确定授权代表的,发包人代表应在本合同签订之日起 3 日内向双方发出书面通知,告知被任命和授权的自然人以及任何替代人员。此授权在双方收到本通知后生效。发包人代表撤销该授权或者变更授权代表时也应同样发出该通知。

发包人更换发包人代表的,应提前 14 天将更换人的姓名、地址、任务和权利以及任命的日期书面通知承包人。发包人不得将发包人代表更换为承包人根据本款发出通知提出合理反对意见的人员,不论是法人还是自然人。

发包人代表不能按照合同约定履行其职责及义务,并导致合同无法继续正常履行的,承包人可以要求发包人撤换发包人代表。

3.2 发包人人员

发包人人员包括发包人代表、工程师及其他由发包人派驻施工现场的人员,发包人可以在专用合同条件中明确发包人人员的姓名、职务及职责等事项。发包人或发包人代表可随时对一些助手指派和托付一定的任务和权利,也可撤销这些指派和托付。这些助手可包括驻地工程师或担任检验、试验各项工程设备和材料的独立检查员。这些助手应具有适当的资质、履行其任务和权利的能力。以上指派、托付或撤销,在承包人收到通知后生效。承包人对于可能影响正常履约或工程安全质量的发包人人员保有随时提出沟通的权利。

发包人应要求在施工现场的发包人人员遵守法律及有关安全、质量、环境保护、文明施工等规定,因发包人人员未遵守上述要求给承包人造成的损失和责任由发包人承担。

3.3 工程师

3.3.1 发包人需对承包人的设计、采购、施工、服务等工作过程或过程节点实施监督管理的,有权委任工程师。工程师的名称、监督管理范围、内容和权限在专用合同条件中写明。根据国家相关法律法规规定,如本合同工程属于强制监理项目的,由工程师履行法定的监理相关职责,但发包人另行授权第三方进行监理的除外。

3.3.2 工程师按发包人委托的范围、内容、职权和权限,代表发包人对承包人实施监督管理。若承包人认为工程师行使的职权不在发包人委托的授权范围之内的,则其有权拒绝执行工程师的相关指示,同时应及时通知发包人,发包人书面确认工程师相关指示的,承包人应遵照执行。

3.3.3 在发包人和承包人之间提供证明、行使决定权或处理权时,工程师应作为独立专业的第三方,根据自己的专业技能和判断进行工作。但工程师或其人员均无权修改合同,且无权减轻或免除合同当事人的任何责任与义务。

3.3.4 通用合同条件中约定由工程师行使的职权如不在发包人对工程师的授权范围内的,则视为没有取得授权,该职权应由发包人或发包人指定的其他人员行使。若承包人认为工程师的职权与发包人(包括其人员)的职权相重叠或不明确时,应及时通知发包人,由发包人予以协调和明确并以书面形式通知承包人。

3.4 任命和授权

3.4.1 发包人应在发出开始工作通知前将工程师的任命通知承包人。更换工程师的,发包人应提前7天以书面形式通知承包人,并在通知中写明替换者的姓名、职务、职权、权限和任命时间。工程师超过2天不能履行职责的,应委派代表代行其职责,并通知承包人。

3.4.2 工程师可以授权其他人员负责执行其指派的一项或多项工作,但第3.6款[商定或确定]下的权利除外。工程师应将被授权人员的姓名及其授权范围通知承包人。被授权的人员在授权范围内发出的指示视为已得到工程师的同意,与工程师发出的指示具有同等效力。工程师撤销某项授权时,应将撤销授权的决定及时通知承包人。

3.5 指示

3.5.1 工程师应按照发包人的授权发出指示。工程师的指示应采用书面形式,盖有工程师授权的项目管理机构章,并由工程师的授权人员签字。在紧急情况下,工程师的授权人员可以口头形式发出指示或当场签发临时书面指示,承包人应遵照执行。工程师应在授权人员发出口头指示或临时书面指示后24小时内发出书面确认函,在24小时内未发出书面确认函的,该口头指示或临时书面指示应被视为工程师的正式指示。

3.5.2　承包人收到工程师作出的指示后应遵照执行。如果任何此类指示构成一项变更时,应按照第13条[变更与调整]的约定办理。

3.5.3　由于工程师未能按合同约定发出指示、指示延误或指示错误而导致承包人费用增加和(或)工期延误的,发包人应承担由此增加的费用和(或)工期延误,并向承包人支付合理利润。

3.6　商定或确定

3.6.1　合同约定工程师应按照本款对任何事项进行商定或确定时,工程师应及时与合同当事人协商,尽量达成一致。工程师应将商定的结果以书面形式通知发包人和承包人,并由双方签署确认。

3.6.2　除专用合同条件另有约定外,商定的期限应为工程师收到任何一方就商定事由发出的通知后42天内或工程师提出并经双方同意的其他期限。未能在该期限内达成一致的,由工程师按照合同约定审慎做出公正的确定。确定的期限应为商定的期限届满后42天内或工程师提出并经双方同意的其他期限。工程师应将确定的结果以书面形式通知发包人和承包人,并附详细依据。

3.6.3　任何一方对工程师的确定有异议的,应在收到确定的结果后28天内向另一方发出书面异议通知并抄送工程师。除第19.2款[承包人索赔的处理程序]另有约定外,工程师未能在确定的期限内发出确定的结果通知的,或者任何一方发出对确定的结果有异议的通知的,则构成争议并应按照第20条[争议解决]的约定处理。如未在28天内发出上述通知的,工程师的确定应被视为已被双方接受并对双方具有约束力,但专用合同条件另有约定的除外。

3.6.4　在该争议解决前,双方应暂按工程师的确定执行。按照第20条[争议解决]的约定对工程师的确定作出修改的,按修改后的结果执行,由此导致承包人增加的费用和延误的工期由责任方承担。

3.7　会议

3.7.1　除专用合同条件另有约定外,任何一方可向另一方发出通知,要求另一方出席会议,讨论工程的实施安排或与本合同履行有关的其他事项。发包人的其他承包人、承包人的分包人和其他第三方可应任何一方的请求出席任何此类会议。

3.7.2　除专用合同条件另有约定外,发包人应保存每次会议参加人签名的记录,并将会议纪要提供给出席会议的人员。任何根据此类会议以及会议纪要采取的行动应符合本合同的约定。

第4条　承包人

4.1　承包人的一般义务

除专用合同条件另有约定外,承包人在履行合同过程中应遵守法律和工程建设标准规范,并履行以下义务:

(1)办理法律规定和合同约定由承包人办理的许可和批准,将办理结果书面报送发包人留存,并承担因承包人违反法律或合同约定给发包人造成的任何费用和损失;

(2)按合同约定完成全部工作并在缺陷责任期和保修期内承担缺陷保证责任和保修义务,对工作中的任何缺陷进行整改、完善和修补,使其满足合同约定的目的;

(3)提供合同约定的工程设备和承包人文件,以及为完成合同工作所需的劳务、材料、施工设备和其他物品,并按合同约定负责临时设施的设计、施工、运行、维护、管理和拆除;

(4)按合同约定的工作内容和进度要求,编制设计、施工的组织和实施计划,保证项目进度计划的实现,并对所有设计、施工作业和施工方法,以及全部工程的完备性和安全可靠性负责;

(5)按法律规定和合同约定采取安全文明施工、职业健康和环境保护措施,办理员工工伤保险等相关保险,确保工程及人员、材料、设备和设施的安全,防止因工程实施造成的人身伤害和财产损失;

(6)将发包人按合同约定支付的各项价款专用于合同工程,且应及时支付其雇用人员(包括建筑工人)工资,并及时向分包人支付合同价款;

(7)在进行合同约定的各项工作时,不得侵害发包人与他人使用公用道路、水源、市政管网等公共设施的权利,避免对邻近的公共设施产生干扰。

4.2　履约担保

发包人需要承包人提供履约担保的,由合同当事人在专用合同条件中约定履约担保的方式、金额及提交的时间等,并应符合第2.5款[支付合同价款]的规定。履约担保可以采用银行保函或担保公司担保等形式,承包人为联合体的,其履约担保由联合体各方或者联合体中牵头人的名义代表联合体提交,具体由合同当事人在专用合同条件中约定。

承包人应保证其履约担保在发包人竣工验收前一直有效,发包人应在竣工验收合格后7天内将履约担保款项退还给承包人或者解除履约担保。

因承包人原因导致工期延长的,继续提供履约担保所增加的费用由承包人承担;非因承包人原因导致工期延长的,继续提供履约担保所增加的费用由发包人承担。

4.3　工程总承包项目经理

4.3.1　工程总承包项目经理应为合同当事人所确认的人选,并在专用合同条件中明确工程总承包项目经理的姓名、注册执业资格或职称、联系方式及授权范围等事项。工程总承包项目经理应具备履行其职责所需的资格、经验和能力,并为承包人正式聘用的员工,承包人应向发包人提交工程总承包项目经理与承包人之间的劳动合同,以及承包人为工程总承包项目经理缴纳社会保险的有效证明。承包人不提交上述文件的,工程总承包项目经理无权履行职责,发包人有权要求更换工程总承包项目经理,由此增加的费用和(或)延误的工期由承包人承担。同时,发包人有权根据专用合同条件约定要求承包人承担违约责任。

4.3.2　承包人应按合同协议书的约定指派工程总承包项目经理,并在约定的期限内到职。工程总承包项目经理不得同时担任其他工程项目的工程总承包项目经理或施工工程总承包项目经理(含施工总承包工程、专业承包工程)。工程在现场实施的全部时间内,工程总承包项目经理每月在施工现场时间不得少于专用合同条件约定的天数。工程总承包项目经理确需离开施工现场时,应事先通知工程师,并取得发包人的书面同意。工程总承包项目经理未经批准擅自离开施工现场的,承包人应按照专用合同条件的约定承担违约责任。工程总承包项目经理的通知中应当载明临时代行其职责的人员的注册执业资格、管理经验等资料,该人员应具备履行相应职责的资格、经验和能力。

4.3.3 承包人应根据本合同的约定授予工程总承包项目经理代表承包人履行合同所需的权利,工程总承包项目经理权限以专用合同条件中约定的权限为准。经承包人授权后,工程总承包项目经理应按合同约定以及工程师按第3.5款[指示]作出的指示,代表承包人负责组织合同的实施。在紧急情况下,且无法与发包人和工程师取得联系时,工程总承包项目经理有权采取必要的措施保证人身、工程和财产的安全,但须在事后48小时内向工程师送交书面报告。

4.3.4 承包人需要更换工程总承包项目经理的,应提前14天书面通知发包人并抄送工程师,征得发包人书面同意。通知中应当载明继任工程总承包项目经理的注册执业资格、管理经验等资料,继任工程总承包项目经理继续履行本合同约定的职责。未经发包人书面同意,承包人不得擅自更换工程总承包项目经理,在发包人未予以书面回复期间内,工程总承包项目经理将继续履行其职责。工程总承包项目经理突发丧失履行职务能力的,承包人应当及时委派一位具有相应资格能力的人员担任临时工程总承包项目经理,履行工程总承包项目经理的职责,临时工程总承包项目经理将履行职责直至发包人同意新的工程总承包项目经理的任命之日止。承包人擅自更换工程总承包项目经理的,应按照专用合同条件的约定承担违约责任。

4.3.5 发包人有权书面通知承包人要求更换其认为不称职的工程总承包项目经理,通知中应当载明要求更换的理由。承包人应在接到更换通知后14天内向发包人提出书面的改进报告。如承包人没有提出改进报告,应在收到更换通知后28天内更换项目经理。发包人收到改进报告后仍要求更换的,承包人应在接到第二次更换通知的28天内进行更换,并将新任命的工程总承包项目经理的注册执业资格、管理经验等资料书面通知发包人。继任工程总承包项目经理继续履行本合同约定的职责。承包人无正当理由拒绝更换工程总承包项目经理的,应按照专用合同条件的约定承担违约责任。

4.3.6 工程总承包项目经理因特殊情况授权其下属人员履行其某项工作职责的,该下属人员应具备履行相应职责的能力,并应事先将上述人员的姓名、注册执业资格、管理经验等信息和授权范围书面通知发包人并抄送工程师,征得发包人书面同意。

4.4 承包人人员

4.4.1 人员安排

承包人人员的资质、数量、配置和管理应能满足工程实施的需要。除专用合同条件另有约定外,承包人应在接到开始工作通知之日起 14 天内,向工程师提交承包人的项目管理机构以及人员安排的报告,其内容应包括管理机构的设置、各主要岗位的关键人员名单及注册执业资格等证明其具备担任关键人员能力的相关文件,以及设计人员和各工种技术负责人的安排状况。

关键人员是发包人及承包人一致认为对工程建设起重要作用的承包人主要管理人员或技术人员。关键人员的具体范围由发包人及承包人在附件 5[承包人主要管理人员表]中另行约定。

4.4.2 关键人员更换

承包人派驻到施工现场的关键人员应相对稳定。承包人更换关键人员时,应提前 14 天将继任关键人员信息及相关证明文件提交给工程师,并由工程师报发包人征求同意。在发包人未予以书面回复期间内,关键人员将继续履行其职务。关键人员突发丧失履行职务能力的,承包人应当及时委派一位具有相应资格能力的人员临时继任该关键人员职位,履行该关键人员职责,临时继任关键人员将履行职责直至发包人同意新的关键人员任命之日止。承包人擅自更换关键人员,应按照专用合同条件约定承担违约责任。

工程师对于承包人关键人员的资格或能力有异议的,承包人应提供资料证明被质疑人员有能力完成其岗位工作或不存在工程师所质疑的情形。工程师指示撤换不能按照合同约定履行职责及义务的主要施工管理人员的,承包人应当撤换。承包人无正当理由拒绝撤换的,应按照专用合同条件的约定承担违约责任。

4.4.3 现场管理关键人员在岗要求

除专用合同条件另有约定外,承包人的现场管理关键人员离开施工现场每月累计不超过 7 天的,应报工程师同意;离开施工现场每月累计超过 7 天的,应书面通知发包人并抄送工程师,征得发包人书面同意。现场管理关键人员因故离开施工现场的,可授权有经验的人员临时代行其职责,但承包人应将被授权人员信息及授权范围书面通知发包人并取得其同意。现场管理关键人员未经工程师或发包人同意擅自离开施工现场的,应按照专用合同条件约定承担违约责任。

4.5　分包

4.5.1　一般约定

承包人不得将其承包的全部工程转包给第三人,或将其承包的全部工程支解后以分包的名义转包给第三人。承包人不得将法律或专用合同条件中禁止分包的工作事项分包给第三人,不得以劳务分包的名义转包或违法分包工程。

4.5.2　分包的确定

承包人应按照专用合同条件约定对工作事项进行分包,确定分包人。

专用合同条件未列出的分包事项,承包人可在工程实施阶段分批分期就分包事项向发包人提交申请,发包人在接到分包事项申请后的 14 天内,予以批准或提出意见。未经发包人同意,承包人不得将提出的拟分包事项对外分包。发包人未能在 14 天内批准亦未提出意见的,承包人有权将提出的拟分包事项对外分包,但应在分包人确定后通知发包人。

4.5.3　分包人资质

分包人应符合国家法律规定的资质等级,否则不能作为分包人。承包人有义务对分包人的资质进行审查。

4.5.4　分包管理

承包人应当对分包人的工作进行必要的协调与管理,确保分包人严格执行国家有关分包事项的管理规定。承包人应向工程师提交分包人的主要管理人员表,并对分包人的工作人员进行实名制管理,包括但不限于进出场管理、登记造册以及各种证照的办理。

4.5.5　分包合同价款支付

(1)除本项第(2)目约定的情况或专用合同条件另有约定外,分包合同价款由承包人与分包人结算,未经承包人同意,发包人不得向分包人支付分包合同价款;

(2)生效法律文书要求发包人向分包人支付分包合同价款的,发包人有权从应付承包人工程款中扣除该部分款项,将扣款直接支付给分包人,并书面通知承包人。

4.5.6　责任承担

承包人对分包人的行为向发包人负责，承包人和分包人就分包工作向发包人承担连带责任。

4.6　联合体

4.6.1　经发包人同意，以联合体方式承包工程的，联合体各方应共同与发包人订立合同协议书。联合体各方应为履行合同向发包人承担连带责任。

4.6.2　承包人应在专用合同条件中明确联合体各成员的分工、费用收取、发票开具等事项。联合体各成员分工承担的工作内容必须与适用法律规定的该成员的资质资格相适应，并应具有相应的项目管理体系和项目管理能力，且不应根据其就承包工作的分工而减免对发包人的任何合同责任。

4.6.3　联合体协议经发包人确认后作为合同附件。在履行合同过程中，未经发包人同意，不得变更联合体成员和其负责的工作范围，或者修改联合体协议中与本合同履行相关的内容。

4.7　承包人现场查勘

4.7.1　除专用合同条件另有约定外，承包人应对基于发包人提交的基础资料所做出的解释和推断负责，因基础资料存在错误、遗漏导致承包人解释或推断失实的，按照第2.3项［提供基础资料］的规定承担责任。承包人发现基础资料中存在明显错误或疏忽的，应及时书面通知发包人。

4.7.2　承包人应对现场和工程实施条件进行查勘，并充分了解工程所在地的气象条件、交通条件、风俗习惯以及其他与完成合同工作有关的其他资料。承包人提交投标文件，视为承包人已对施工现场及周围环境进行了踏勘，并已充分了解评估施工现场及周围环境对工程可能产生的影响，自愿承担相应风险与责任。在全部合同工作中，视为承包人已充分估计了应承担的责任和风险，但属于4.8款［不可预见的困难］约定的情形除外。

4.8　不可预见的困难

不可预见的困难是指有经验的承包人在施工现场遇到的不可预见的自然物质条件、非自然的物质障碍和污染物，包括地表以下物质条件和水文条件以及专用合同条件约定的其他情形，但不包括气候条件。

承包人遇到不可预见的困难时，应采取克服不可预见的困难的合理措施继续施工,并及时通知工程师并抄送发包人。通知应载明不可预见的困难的内容、承包人认为不可预见的理由以及承包人制定的处理方案。工程师应当及时发出指示,指示构成变更的,按第13条[变更与调整]约定执行。承包人因采取合理措施而增加的费用和(或)延误的工期由发包人承担。

4.9　工程质量管理

4.9.1　承包人应按合同约定的质量标准规范,建立有效的质量管理系统,确保设计、采购、加工制造、施工、竣工试验等各项工作的质量,并按照国家有关规定,通过质量保修责任书的形式约定保修范围、保修期限和保修责任。

4.9.2　承包人按照第8.4款[项目进度计划]约定向工程师提交工程质量保证体系及措施文件,建立完善的质量检查制度,并提交相应的工程质量文件。对于发包人和工程师违反法律规定和合同约定的错误指示,承包人有权拒绝实施。

4.9.3　承包人应对其人员进行质量教育和技术培训,定期考核人员的劳动技能,严格执行相关规范和操作规程。

4.9.4　承包人应按照法律规定和合同约定,对设计、材料、工程设备以及全部工程内容及其施工工艺进行全过程的质量检查和检验,并作详细记录,编制工程质量报表,报送工程师审查。此外,承包人还应按照法律规定和合同约定,进行施工现场取样试验、工程复核测量和设备性能检测,提供试验样品、提交试验报告和测量成果以及其他工作。

第5条　设计

5.1　承包人的设计义务

5.1.1　设计义务的一般要求

承包人应当按照法律规定,国家、行业和地方的规范和标准,以及《发包人要求》和合同约定完成设计工作和设计相关的其他服务,并对工程的设计负责。承包人应根据工程实施的需要及时向发包人和工程师说明设计文件的意图,解释设计文件。

5.1.2　对设计人员的要求

承包人应保证其或其设计分包人的设计资质在合同有效期内满足法律法规、行业标准或合同约定的相关要求,并指派符合法律法规、行业标准或合同约定的资质要求并具有从事设计所必需的经验与能力的设计人员完成设计工作。承包人应保证其设计人员（包括分包人的设计人员）在合同期限内，都能按时参加发包人或工程师组织的工作会议。

5.1.3　法律和标准的变化

除合同另有约定外，承包人完成设计工作所应遵守的法律规定，以及国家、行业和地方的规范和标准，均应视为在基准日期适用的版本。基准日期之后，前述版本发生重大变化，或者有新的法律，以及国家、行业和地方的规范和标准实施的，承包人应向工程师提出遵守新规定的建议。发包人或其委托的工程师应在收到建议后 7 天内发出是否遵守新规定的指示。如果该项建议构成变更的，按照第 13.2 款［承包人的合理化建议］的约定执行。

在基准日期之后，因国家颁布新的强制性规范、标准导致承包人的费用变化的，发包人应合理调整合同价格；导致工期延误的，发包人应合理延长工期。

5.2　承包人文件审查

5.2.1　根据《发包人要求》应当通过工程师报发包人审查同意的承包人文件，承包人应当按照《发包人要求》约定的范围和内容及时报送审查。

除专用合同条件另有约定外，自工程师收到承包人文件以及承包人的通知之日起，发包人对承包人文件审查期不超过 21 天。承包人的设计文件对于合同约定有偏离的，应在通知中说明。承包人需要修改已提交的承包人文件的，应立即通知工程师，并向工程师提交修改后的承包人文件，审查期重新起算。

发包人同意承包人文件的，应及时通知承包人，发包人不同意承包人文件的，应在审查期限内通过工程师以书面形式通知承包人，并说明不同意的具体内容和理由。

承包人对发包人的意见按以下方式处理：

（1）发包人的意见构成变更的，承包人应在 7 天内通知发包人按照第 13 条［变更与调整］中关于发包人指示变更的约定执行，双方对是否构成变更无法达成一致的，按照第 20 条［争议解决］的约定执行；

（2）因承包人原因导致无法通过审查的，承包人应根据发包人的书面说明，对承包人文件进行修改后重新报送发包人审查，审查期重新起算。因此引起的工期延长和必要的工程费用增加，由承包人负责。

合同约定的审查期满，发包人没有做出审查结论也没有提出异议的，视为承包人文件已获发包人同意。

发包人对承包人文件的审查和同意不得被理解为对合同的修改或改变,也并不减轻或免除承包人任何的责任和义务。

5.2.2 承包人文件不需要政府有关部门或专用合同条件约定的第三方审查单位审查或批准的,承包人应当严格按照经发包人审查同意的承包人文件设计和实施工程。

发包人需要组织审查会议对承包人文件进行审查的,审查会议的审查形式、时间安排、费用承担,在专用合同条件中约定。发包人负责组织承包人文件审查会议,承包人有义务参加发包人组织的审查会议,向审查者介绍、解答、解释承包人文件,并提供有关补充资料。

发包人有义务向承包人提供审查会议的批准文件和纪要。承包人有义务按照相关审查会议批准的文件和纪要,并依据合同约定及相关技术标准,对承包人文件进行修改、补充和完善。

5.2.3 承包人文件需政府有关部门或专用合同条件约定的第三方审查单位审查或批准的,发包人应在发包人审查同意承包人文件后7天内,向政府有关部门或第三方报送承包人文件,承包人应予以协助。

对于政府有关部门或第三方审查单位的审查意见,不需要修改《发包人要求》的,承包人需按该审查意见修改承包人的设计文件;需要修改《发包人要求》的,承包人应按第13.2款[承包人的合理化建议]的约定执行。上述情形还应适用第5.1款[承包人的设计义务]和第13条[变更与调整]的有关约定。

政府有关部门或第三方审查单位审查批准后,承包人应当严格按照批准后的承包人文件实施工程。政府有关部门或第三方审查单位批准时间较合同约定时间延长的,竣工日期相应顺延。因此给双方带来的费用增加,由双方在负责的范围内各自承担。

5.3 培训

承包人应按照《发包人要求》,对发包人的雇员或其他发包人指定的人员进行工程操作、维修或其他合同中约定的培训。合同约定接收之前进行培训的,应在第10.1款[竣工验收]约定的竣工验收前或试运行结束前完成培训。

培训的时长应由双方在专用合同条件中约定,承包人应为培训提供有经验的人员、设施和其他必要条件。

5.4 竣工文件

5.4.1 承包人应编制并及时更新反映工程实施结果的竣工记录,如实记载竣工工程的确切位置、尺寸和已实施工作的详细说明。竣工文件的形式、技术标准以及其他相关内容应按照相关法律法规、行业标准与《发包人要求》执行。竣工记录应保存在施工现场,并在竣工试验开始前,按照专用合同条件约定的份数提交给工程师。

5.4.2 在颁发工程接收证书之前,承包人应按照《发包人要求》的份数和形式向工程师提交相应竣工图纸,并取得工程师对尺寸、参照系统及其他有关细节的认可。工程师应按照第 5.2 款[承包人文件审查]的约定进行审查。

5.4.3 除专用合同条件另有约定外,在工程师收到本款下的文件前,不应认为工程已根据第 10.1 款[竣工验收]和第 10.2 款[单位/区段工程的验收]的约定完成验收。

5.5 操作和维修手册

5.5.1 在竣工试验开始前,承包人应向工程师提交暂行的操作和维修手册并负责及时更新,该手册应足够详细,以便发包人能够对工程设备进行操作、维修、拆卸、重新安装、调整及修理,以及实现《发包人要求》。同时,手册还应包含发包人未来可能需要的备品备件清单。

5.5.2 工程师收到承包人提交的文件后,应依据第 5.2 款[承包人文件审查]的约定对操作和维修手册进行审查,竣工试验工程中,承包人应为任何因操作和维修手册错误或遗漏引起的风险或损失承担责任。

5.5.3 除专用合同条件另有约定外,承包人应提交足够详细的最终操作和维修手册,以及在《发包人要求》中明确的相关操作和维修手册。除专用合同条件另有约定外,在工程师收到上述文件前,不应认为工程已根据第 10.1 款[竣工验收]和第 10.2 款[单位/区段工程的验收]的约定完成验收。

5.6 承包人文件错误

承包人文件存在错误、遗漏、含混、矛盾、不充分之处或其他缺陷,无论承包人是否根据本款获得了同意,承包人均应自费对前述问题带来的缺陷和工程问题进行改正,并按照第 5.2 款[承包人文件审查]的要求,重新送工程师审查,审查日期从工程师收到文件开始重新计算。因此款原因重新提交审查文件导致的工程延误和必要费用增加由承包人承担。《发包人要求》的错误导致承包人文件错误、遗漏、含混、矛盾、不充分或其他缺陷的除外。

第6条 材料、工程设备

6.1 实施方法

承包人应按以下方法进行材料的加工、工程设备的采购、制造和安装,以及工程的所有其他实施作业:

(1)按照法律规定和合同约定的方法;

(2)按照公认的良好行业习惯,使用恰当、审慎、先进的方法;

(3)除专用合同条件另有规定外,应使用适当配备的实施方法、设备、设施和无危险的材料。

6.2 材料和工程设备

6.2.1 发包人提供的材料和工程设备

发包人自行供应材料、工程设备的,应在订立合同时在专用合同条件的附件《发包人供应材料设备一览表》中明确材料、工程设备的品种、规格、型号、主要参数、数量、单价、质量等级和交接地点等。

承包人应根据项目进度计划的安排,提前28天以书面形式通知工程师供应材料与工程设备的进场计划。承包人按照第8.4款[项目进度计划]约定修订项目进度计划时,需同时提交经修订后的发包人供应材料与工程设备的进场计划。发包人应按照上述进场计划,向承包人提交材料和工程设备。

发包人应在材料和工程设备到货7天前通知承包人,承包人应会同工程师在约定的时间内,赴交货地点共同进行验收。除专用合同条件另有约定外,发包人提供的材料和工程设备验收后,由承包人负责接收、运输和保管。

发包人需要对进场计划进行变更的,承包人不得拒绝,应根据第13条[变更与调整]的规定执行,并由发包人承担承包人由此增加的费用,以及引起的工期延误。承包人需要对进场计划进行变更的,应事先报请工程师批准,由此增加的费用和(或)工期延误由承包人承担。

发包人提供的材料和工程设备的规格、数量或质量不符合合同要求,或由于发包人原因发生交货日期延误及交货地点变更等情况的,发包人应承担由此增加的费用和(或)工期延误,并向承包人支付合理利润。

6.2.2　承包人提供的材料和工程设备

承包人应按照专用合同条件的约定,将各项材料和工程设备的供货人及品种、技术要求、规格、数量和供货时间等报送工程师批准。承包人应向工程师提交其负责提供的材料和工程设备的质量证明文件,并根据合同约定的质量标准,对材料、工程设备质量负责。

承包人应按照已被批准的第8.4款[项目进度计划]规定的数量要求及时间要求,负责组织材料和工程设备采购(包括备品备件、专用工具及厂商提供的技术文件),负责运抵现场。合同约定由承包人采购的材料、工程设备,除专用合同条件另有约定外,发包人不得指定生产厂家或供应商,发包人违反本款约定指定生产厂家或供应商的,承包人有权拒绝,并由发包人承担相应责任。

对承包人提供的材料和工程设备,承包人应会同工程师进行检验和交货验收,查验材料合格证明和产品合格证书,并按合同约定和工程师指示,进行材料的抽样检验和工程设备的检验测试,检验和测试结果应提交工程师,所需费用由承包人承担。

因承包人提供的材料和工程设备不符合国家强制性标准、规范的规定或合同约定的标准、规范,所造成的质量缺陷,由承包人自费修复,竣工日期不予延长。在履行合同过程中,由于国家新颁布的强制性标准、规范,造成承包人负责提供的材料和工程设备,虽符合合同约定的标准,但不符合新颁布的强制性标准时,由承包人负责修复或重新订货,相关费用支出及导致的工期延长由发包人负责。

6.2.3　材料和工程设备的保管

(1)发包人供应材料与工程设备的保管与使用

发包人供应的材料和工程设备,承包人清点并接收后由承包人妥善保管,保管费用由承包人承担,但专用合同条件另有约定除外。因承包人原因发生丢失毁损的,由承包人负责赔偿。

发包人供应的材料和工程设备使用前,由承包人负责必要的检验,检验费用由发包人承担,不合格的不得使用。

(2)承包人采购材料与工程设备的保管与使用

承包人采购的材料和工程设备由承包人妥善保管,保管费用由承包人承担。

合同约定或法律规定材料和工程设备使用前必须进行检验或试验的,承包人应按工程师的指示进行检验或试验,检验或试验费用由承包人承担,不合格的不得使用。

工程师发现承包人使用不符合设计或有关标准要求的材料和工程设备时,有权要求承包人进行修复、拆除或重新采购,由此增加的费用和(或)延误的工期,由承包人承担。

6.2.4　材料和工程设备的所有权

除本合同另有约定外,承包人根据第6.2.2项[承包人提供的材料和工程设备]约定提供的材料和工程设备后,材料及工程设备的价款应列入第14.3.1项第(2)目的进度款金额中,发包人支付当期进度款之后,其所有权转为发包人所有(周转性材料除外);在发包人接收工程前,承包人有义务对材料和工程设备进行保管、维护和保养,未经发包人批准不得运出现场。

承包人按第6.2.2项提供的材料和工程设备,承包人应确保发包人取得无权利负担的材料及工程设备所有权,因承包人与第三人的物权争议导致的增加的费用和(或)延误的工期,由承包人承担。

6.3　样品

6.3.1　样品的报送与封存

需要承包人报送样品的材料或工程设备,样品的种类、名称、规格、数量等要求均应在专用合同条件中约定。样品的报送程序如下:

(1)承包人应在计划采购前28天向工程师报送样品。承包人报送的样品均应来自供应材料的实际生产地,且提供的样品的规格、数量足以表明材料或工程设备的质量、型号、颜色、表面处理、质地、误差和其他要求的特征。

(2)承包人每次报送样品时应随附申报单,申报单应载明报送样品的相关数据和资料,并标明每件样品对应的图纸号,预留工程师审批意见栏。工程师应在收到承包人报送的样品后7天向承包人回复经发包人签认的样品审批意见。

(3)经工程师审批确认的样品应按约定的方法封样,封存的样品作为检验工程相关部分的标准之一。承包人在施工过程中不得使用与样品不符的材料或工程设备。

(4)工程师对样品的审批确认仅为确认相关材料或工程设备的特征或用途,

不得被理解为对合同的修改或改变,也并不减轻或免除承包人任何的责任和义务。如果封存的样品修改或改变了合同约定,合同当事人应当以书面协议予以确认。

6.3.2 样品的保管

经批准的样品应由工程师负责封存于现场,承包人应在现场为保存样品提供适当和固定的场所并保持适当和良好的存储环境条件。

6.4 质量检查

6.4.1 工程质量要求

工程质量标准必须符合现行国家有关工程施工质量验收规范和标准的要求。有关工程质量的特殊标准或要求由合同当事人在专用合同条件中约定。

因承包人原因造成工程质量未达到合同约定标准的,发包人有权要求承包人返工直至工程质量达到合同约定的标准为止,并由承包人承担由此增加的费用和(或)延误的工期。因发包人原因造成工程质量未达到合同约定标准的,由发包人承担由此增加的费用和(或)延误的工期,并支付承包人合理的利润。

6.4.2 质量检查

发包人有权通过工程师或自行对全部工程内容及其施工工艺、材料和工程设备进行检查和检验。承包人应为工程师或发包人的检查和检验提供方便,包括到施工现场,或制造、加工地点,或专用合同条件约定的其他地方进行察看和查阅施工原始记录。承包人还应按工程师或发包人指示,进行施工现场的取样试验,工程复核测量和设备性能检测,提供试验样品、提交试验报告和测量成果以及工程师或发包人指示进行的其他工作。工程师或发包人的检查和检验,不免除承包人按合同约定应负的责任。

6.4.3 隐蔽工程检查

除专用合同条件另有约定外,工程隐蔽部位经承包人自检确认具备覆盖条件的,承包人应书面通知工程师在约定的期限内检查,通知中应载明隐蔽检查的内容、时间和地点,并应附有自检记录和必要的检查资料。

工程师应按时到场并对隐蔽工程及其施工工艺、材料和工程设备进行检查。经工程师检查确认质量符合隐蔽要求,并在验收记录上签字后,承包人才能进行覆盖。经工程师检查质量不合格的,承包人应在工程师指示的时间内完成修复,并由工程师重新检查，由此增加的费用和（或）延误的工期由承包人承担。

除专用合同条件另有约定外，工程师不能按时进行检查的，应提前向承包人提交书面延期要求，顺延时间不得超过48小时，由此导致工期延误的，工期应予以顺延，顺延超过48小时的，由此导致的工期延误及费用增加由发包人承担。工程师未按时进行检查，也未提出延期要求的，视为隐蔽工程检查合格，承包人可自行完成覆盖工作，并作相应记录报送工程师，工程师应签字确认。工程师事后对检查记录有疑问的，可按下列约定重新检查。

承包人覆盖工程隐蔽部位后，工程师对质量有疑问的，可要求承包人对已覆盖的部位进行钻孔探测或揭开重新检查，承包人应遵照执行，并在检查后重新覆盖恢复原状。经检查证明工程质量符合合同要求的，由发包人承担由此增加的费用和（或）延误的工期，并支付承包人合理的利润；经检查证明工程质量不符合合同要求的，由此增加的费用和（或）延误的工期由承包人承担。

承包人未通知工程师到场检查，私自将工程隐蔽部位覆盖的，工程师有权指示承包人钻孔探测或揭开检查，无论工程隐蔽部位质量是否合格，由此增加的费用和（或）延误的工期均由承包人承担。

6.5 由承包人试验和检验

6.5.1 试验设备与试验人员

（1）承包人根据合同约定或工程师指示进行的现场材料试验，应由承包人提供试验场所、试验人员、试验设备以及其他必要的试验条件。工程师在必要时可以使用承包人提供的试验场所、试验设备以及其他试验条件，进行以工程质量检查为目的的材料复核试验，承包人应予以协助。

（2）承包人应按专用合同条件约定的试验内容、时间和地点提供试验设备、取样装置、试验场所和试验条件，并向工程师提交相应进场计划表。

承包人配置的试验设备要符合相应试验规程的要求并经过具有资质的检测单位检测，且在正式使用该试验设备前，需要经过工程师与承包人共同校定。

（3）承包人应向工程师提交试验人员的名单及其岗位、资格等证明资料，试验人员必须能够熟练进行相应的检测试验，承包人对试验人员的试验程序和试验结果的正确性负责。

6.5.2　取样

试验属于自检性质的,承包人可以单独取样。试验属于工程师抽检性质的,可由工程师取样,也可由承包人的试验人员在工程师的监督下取样。

6.5.3　材料、工程设备和工程的试验和检验

(1)承包人应按合同约定进行材料和工程设备的试验和检验,并为工程师对上述材料、工程设备和工程的质量检查提供必要的试验资料和原始记录。按合同约定应由工程师与承包人共同进行试验和检验的,由承包人负责提供必要的试验资料和原始记录。

(2)试验属于自检性质的,承包人可以单独进行试验。试验属于工程师抽检性质的,工程师可以单独进行试验,也可由承包人与工程师共同进行。承包人对由工程师单独进行的试验结果有异议的,可以申请重新共同进行试验。约定共同进行试验的,工程师未按照约定参加试验的,承包人可自行试验,并将试验结果报送工程师,工程师应承认该试验结果。

(3)工程师对承包人的试验和检验结果有异议的,或为查清承包人试验和检验成果的可靠性要求承包人重新试验和检验的,可由工程师与承包人共同进行。重新试验和检验的结果证明该项材料、工程设备或工程的质量不符合合同要求的,由此增加的费用和(或)延误的工期由承包人承担;重新试验和检验结果证明该项材料、工程设备和工程符合合同要求的,由此增加的费用和(或)延误的工期由发包人承担。

6.5.4　现场工艺试验

承包人应按合同约定进行现场工艺试验。对大型的现场工艺试验,发包人认为必要时,承包人应根据发包人提出的工艺试验要求,编制工艺试验措施计划,报送发包人审查。

6.6　缺陷和修补

6.6.1　发包人可在颁发接收证书前随时指示承包人:

(1)对不符合合同要求的任何工程设备或材料进行修补,或者将其移出现场并进行更换;

(2)对不符合合同的其他工作进行修补,或者将其去除并重新实施;

(3)实施因意外、不可预见的事件或其他原因引起的、为工程的安全迫切需要

的任何修补工作。

6.6.2　承包人应遵守第6.6.1项下指示,并在合理可行的情况下,根据上述指示中规定的时间完成修补工作。除因下列原因引起的第6.6.1项第(3)目下的情形外,承包人应承担所有修补工作的费用:

(1)因发包人或其人员的任何行为导致的情形,且在此情况下发包人应承担因此引起的工期延误和承包人费用损失,并向承包人支付合理的利润。

(2)第17.4款[不可抗力后果的承担]中适用的不可抗力事件的情形。

6.6.3　如果承包人未能遵守发包人的指示,发包人可以自行决定请第三方完成上述修补工作,并有权要求承包人支付因未履行指示而产生的所有费用,但承包人根据第6.6.2项有权就修补工作获得支付的情况除外。

第7条　施工

7.1　交通运输

7.1.1　出入现场的权利

除专用合同条件另有约定外,发包人应根据工程实施需要,负责取得出入施工现场所需的批准手续和全部权利,以及取得因工程实施所需修建道路、桥梁以及其他基础设施的权利,并承担相关手续费用和建设费用。承包人应协助发包人办理修建场内外道路、桥梁以及其他基础设施的手续。

7.1.2　场外交通

除专用合同条件另有约定外,发包人应提供场外交通设施的技术参数和具体条件,场外交通设施无法满足工程施工需要的,由发包人负责承担由此产生的相关费用。承包人应遵守有关交通法规,严格按照道路和桥梁的限制荷载行驶,执行有关道路限速、限行、禁止超载的规定,并配合交通管理部门的监督和检查。承包人车辆外出行驶所需的场外公共道路的通行费、养路费和税款等由承包人承担。

7.1.3　场内交通

除专用合同条件另有约定外,承包人应负责修建、维修、养护和管理施工所需的临时道路和交通设施,包括维修、养护和管理发包人提供的道路和交通设施,并承担相应费用。承包人修建的临时道路和交通设施应免费提供发包人和工程师为实现合同目的使用。场内交通与场外交通的边界由合同当事人在专用合同条件中约定。

7.1.4 超大件和超重件的运输

由承包人负责运输的超大件或超重件,应由承包人负责向交通管理部门办理申请手续,发包人给予协助。运输超大件或超重件所需的道路和桥梁临时加固改造费用和其他有关费用,由承包人承担,但专用合同条件另有约定的除外。

7.1.5 道路和桥梁的损坏责任

因承包人运输造成施工现场内外公共道路和桥梁损坏的,由承包人承担修复损坏的全部费用和可能引起的赔偿。

7.1.6 水路和航空运输

本条上述各款的内容适用于水路运输和航空运输,其中"道路"一词的含义包括河道、航线、船闸、机场、码头、堤防以及水路或航空运输中其他相似结构物;"车辆"一词的含义包括船舶和飞机等。

7.2 施工设备和临时设施

7.2.1 承包人提供的施工设备和临时设施

承包人应按项目进度计划的要求,及时配置施工设备和修建临时设施。进入施工现场的承包人提供的施工设备需经工程师核查后才能投入使用。承包人更换合同约定由承包人提供的施工设备的,应报工程师批准。

除专用合同条件另有约定外,承包人应自行承担修建临时设施的费用,需要临时占地的,应由发包人办理申请手续并承担相应费用。承包人应在专用合同条件第7.2款约定的时间内向发包人提交临时占地资料,因承包人未能按时提交资料,导致工期延误的,由此增加的费用和(或)竣工日期延误,由承包人负责。

7.2.2 发包人提供的施工设备和临时设施

发包人提供的施工设备或临时设施在专用合同条件中约定。

7.2.3 要求承包人增加或更换施工设备

承包人使用的施工设备不能满足项目进度计划和(或)质量要求时,工程师有权要求承包人增加或更换施工设备,承包人应及时增加或更换,由此增加的费用和(或)延误的工期由承包人承担。

7.2.4 施工设备和临时设施专用于合同工程

承包人运入施工现场的施工设备以及在施工现场建设的临时设施必须专用

于工程。未经发包人批准,承包人不得运出施工现场或挪作他用;经发包人批准,承包人可以根据施工进度计划撤走闲置的施工设备和其他物品。

7.3 现场合作

承包人应按合同约定或发包人的指示,与发包人人员、发包人的其他承包人等人员就在现场或附近实施与工程有关的各项工作进行合作并提供适当条件,包括使用承包人设备、临时工程或进入现场等。

承包人应对其在现场的施工活动负责,并应尽合理努力按合同约定或发包人的指示,协调自身与发包人人员、发包人的其他承包人等人员的活动。

除专用合同条件另有约定外,如果承包人提供上述合作、条件或协调在考虑到《发包人要求》所列内容的情况下是不可预见的,则承包人有权就额外费用和合理利润从发包人处获得支付,且因此延误的工期应相应顺延。

7.4 测量放线

7.4.1 除专用合同条件另有约定外,承包人应根据国家测绘基准、测绘系统和工程测量技术规范,按基准点(线)以及合同工程精度要求,测设施工控制网,并在专用合同条件约定的期限内,将施工控制网资料报送工程师。

7.4.2 承包人应负责管理施工控制网点。施工控制网点丢失或损坏的,承包人应及时修复。承包人应承担施工控制网点的管理与修复费用,并在工程竣工后将施工控制网点移交发包人。承包人负责对工程、单位/区段工程、施工部位放线,并对放线的准确性负责。

7.4.3 承包人负责施工过程中的全部施工测量放线工作,并配置具有相应资质的人员、合格的仪器、设备和其他物品。承包人应矫正工程的位置、标高、尺寸或基准线中出现的任何差错,并对工程各部分的定位负责。施工过程中对施工现场内水准点等测量标志物的保护工作由承包人负责。

7.5 现场劳动用工

7.5.1 承包人及其分包人招用建筑工人的,应当依法与所招用的建筑工人订立劳动合同,实行建筑工人劳动用工实名制管理,承包人应当按照有关规定开设建筑工人工资专用账户、存储工资保证金,专项用于支付和保障该工程建设项目建筑工人工资。

7.5.2 承包人应当在工程项目部配备劳资专管员,对分包单位劳动用工及工资发放实施监督管理。承包人拖欠建筑工人工资的,应当依法予以清偿。分包人拖欠建筑工人工资的,由承包人先行清偿,再依法进行追偿。因发包人未按照合同约定及时拨付工程款导致建筑工人工资拖欠的,发包人应当以未结清的工程款为限先行垫付被拖欠的建筑工人工资。合同当事人可在专用合同条件中约定具体的清偿事宜和违约责任。

7.5.3　承包人应当按照相关法律法规的要求,进行劳动用工管理和建筑工人工资支付。

7.6　安全文明施工

7.6.1　安全生产要求

合同履行期间,合同当事人均应当遵守国家和工程所在地有关安全生产的要求,合同当事人有特别要求的,应在专用合同条件中明确安全生产标准化目标及相应事项。承包人有权拒绝发包人及工程师强令承包人违章作业、冒险施工的任何指示。

在工程实施过程中,如遇到突发的地质变动、事先未知的地下施工障碍等影响施工安全的紧急情况,承包人应及时报告工程师和发包人,发包人应当及时下令停工并采取应急措施,按照相关法律法规的要求需上报政府有关行政管理部门的,应依法上报。

因安全生产需要暂停施工的,按照第8.9款[暂停工作]的约定执行。

7.6.2　安全生产保证措施

承包人应当按照法律、法规和工程建设强制性标准进行设计、在设计文件中注明涉及施工安全的重点部位和环节,提出保障施工作业人员和预防安全事故的措施建议,防止因设计不合理导致生产安全事故的发生。

承包人应当按照有关规定编制安全技术措施或者专项施工方案,建立安全生产责任制度、治安保卫制度及安全生产教育培训制度,并按安全生产法律规定及合同约定履行安全职责,如实编制工程安全生产的有关记录,接受发包人、工程师及政府安全监督部门的检查与监督。

承包人应按照法律规定进行施工,开工前做好安全技术交底工作,施工过程中做好各项安全防护措施。承包人为实施合同而雇用的特殊工种的人员应受过专门的培训并已取得政府有关管理机构颁发的上岗证书。承包人应加强施工作业安全管理,特别应加强对于易燃、易爆材料、火工器材、有毒与腐蚀性材料和其他危险品的管理,以及对爆破作业和地下工程施工等危险作业的管理。

7.6.3 文明施工

承包人在工程施工期间,应当采取措施保持施工现场平整,物料堆放整齐。工程所在地有关政府行政管理部门有特殊要求的,按照其要求执行。合同当事人对文明施工有其他要求的,可以在专用合同条件中明确。

在工程移交之前,承包人应当从施工现场清除承包人的全部工程设备、多余材料、垃圾和各种临时工程,并保持施工现场清洁整齐。经发包人书面同意,承包人可在发包人指定的地点保留承包人履行保修期内的各项义务所需要的材料、施工设备和临时工程。

7.6.4 事故处理

工程实施过程中发生事故的,承包人应立即通知工程师。发包人和承包人应立即组织人员和设备进行紧急抢救和抢修,减少人员伤亡和财产损失,防止事故扩大,并保护事故现场。需要移动现场物品时,应作出标记和书面记录,妥善保管有关证据。发包人和承包人应按国家有关规定,及时如实地向有关部门报告事故发生的情况,以及正在采取的紧急措施等。

在工程实施期间或缺陷责任期内发生危及工程安全的事件,工程师通知承包人进行抢救和抢修,承包人声明无能力或不愿立即执行的,发包人有权雇佣其他人员进行抢救和抢修。此类抢救和抢修按合同约定属于承包人义务的,由此增加的费用和(或)延误的工期由承包人承担。

7.6.5 安全生产责任

发包人应负责赔偿以下各种情况造成的损失:

(1)工程或工程的任何部分对土地的占用所造成的第三者财产损失;

(2)由于发包人原因在施工现场及其毗邻地带、履行合同工作中造成的第三者人身伤亡和财产损失;

(3)由于发包人原因对发包人自身、承包人、工程师造成的人身伤害和财产损失。

承包人应负责赔偿由于承包人原因在施工现场及其毗邻地带、履行合同工作中造成的第三者人身伤亡和财产损失。

如果上述损失是由于发包人和承包人共同原因导致的,则双方应根据过错情况按比例承担。

7.7　职业健康

承包人应遵守适用的职业健康的法律和合同约定(包括对雇用、职业健康、安全、福利等方面的规定),负责现场实施过程中其人员的职业健康和保护,包括:

(1)承包人应遵守适用的劳动法规,保护承包人员工及承包人聘用的第三方人员的合法休假权等合法权益,按照法律规定安排现场施工人员的劳动和休息时间,保障劳动者的休息时间,并支付合理的报酬和费用。因工程施工的特殊需要占用休假日或延长工作时间的,应不超过法律规定的限度,并按法律规定给予补休或酬劳。

(2)承包人应依法为承包人员工及承包人聘用的第三方人员办理必要的证件、许可、保险和注册等,承包人应督促其分包人为分包人员工及分包人聘用的第三方人员办理必要的证件、许可、保险和注册等。承包人应为其履行合同所雇用的人员提供必要的膳宿条件和生活环境,必要的现场食宿条件。

(3)承包人应对其施工人员进行相关作业的职业健康知识培训、危险及危害因素交底、安全操作规程交底、采取有效措施,按有关规定为其现场人员提供劳动保护用品、防护器具、防暑降温用品和安全生产设施。采取有效的防止粉尘、降低噪声、控制有害气体和保障高温、高寒、高空作业安全等劳动保护措施。

(4)承包人应在有毒有害作业区域设置警示标志和说明,对有毒有害岗位进行防治检查,对不合格的防护设施、器具、搭设等及时整改,消除危害职业健康的隐患。发包人人员和工程师人员未经承包人允许、未配备相关保护器具,进入该作业区域所造成的伤害,由发包人承担责任和费用。

(5)承包人应采取有效措施预防传染病,保持食堂的饮食卫生,保证施工人员的健康,并定期对施工现场、施工人员生活基地和工程进行防疫和卫生的专业检查和处理,在远离城镇的施工现场,还应配备必要的伤病防治和急救的医务人员与医疗设施。承包人雇佣人员在施工中受到伤害的,承包人应立即采取有效措施进行抢救和治疗。

7.8　环境保护

7.8.1　承包人负责在现场施工过程中对现场周围的建筑物、构筑物、文物建筑、古树、名木，及地下管线、线缆、构筑物、文物、化石和坟墓等进行保护。因承包人未能通知发包人，并在未能得到发包人进一步指示的情况下，所造成的损害、损失、赔偿等费用增加，和（或）竣工日期延误，由承包人负责。如承包人已及时通知发包人，发包人未能及时作出指示的，所造成的损害、损失、赔偿等费用增加，和（或）竣工日期延误，由发包人负责。

7.8.2 承包人应采取措施，并负责控制和（或）处理现场的粉尘、废气、废水、固体废物和噪声对环境的污染和危害。因此发生的伤害、赔偿、罚款等费用增加，和（或）竣工日期延误，由承包人负责。

7.8.3 承包人及时或定期将施工现场残留、废弃的垃圾分类后运到发包人或当地有关行政部门指定的地点，防止对周围环境的污染及对作业的影响。承包人应当承担因其原因引起的环境污染侵权损害赔偿责任，因违反上述约定导致当地行政部门的罚款、赔偿等增加的费用，由承包人承担；因上述环境污染引起纠纷而导致暂停施工的，由此增加的费用和（或）延误的工期由承包人承担。

7.9 临时性公用设施

7.9.1 提供临时用水、用电等和节点铺设

除专用合同条件另有约定外，发包人应在承包人进场前将施工临时用水、用电等接至约定的节点位置，并保证其需要。上述临时使用的水、电等的类别、取费单价在专用合同条件中约定，发包人按实际计量结果收费。发包人无法提供的水、电等在专用合同条件中约定，相关费用由承包人纳入报价并承担相关责任。

发包人未能按约定的类别和时间完成节点铺设，使开工时间延误，竣工日期相应顺延。未能按约定的品质、数量和时间提供水、电等，给承包人造成的损失由发包人承担，导致工程关键路径延误的，竣工日期相应顺延。

7.9.2 临时用水、用电等

承包人应在计划开始现场施工日期28天前或双方约定的其他时间，按专用合同条件中约定的发包人能够提供的临时用水、用电等类别，向发包人提交施工（含工程物资保管）所需的临时用水、用电等的品质、正常用量、高峰用量、使用时间和节点位置等资料。承包人自费负责计量仪器的购买、安装和维护，并依据专用合同条件中约定的单价向发包人交费，合同当事人另有约定时除外。

因承包人未能按合同约定提交上述资料，造成发包人费用增加和竣工日期延

误时,由承包人负责。

7.10　现场安保

承包人承担自发包人向其移交施工现场、进入占有施工现场至发包人接收单位/区段工程或(和)工程之前的现场安保责任,并负责编制相关的安保制度、责任制度和报告制度,提交给发包人。除专用合同条件另有约定外,承包人的该等义务不因其与他人共同合法占有施工现场而减免。承包人有权要求发包人负责协调他人就共同合法占有现场的安保事宜接受承包人的管理。

承包人应将其作业限制在现场区域、合同约定的区域或为履行合同所需的区域内。承包人应采取一切必要的预防措施,以保持承包人的设备和人员处于现场区域内,避免其进入邻近地区。

承包人为履行合同义务而占用的其他场所(如预制加工场所、办公及生活营区)的安保适用本款前述关于现场安保的规定。

7.11　工程照管

自开始现场施工日期起至发包人应当接收工程之日止,承包人应承担工程现场、材料、设备及承包人文件的照管和维护工作。

如部分工程于竣工验收前提前交付发包人的,则自交付之日起,该部分工程照管及维护职责由发包人承担。

如发包人及承包人进行竣工验收时尚有部分未竣工工程的,承包人应负责该未竣工工程的照管和维护工作,直至竣工后移交给发包人。

如合同解除或终止的,承包人自合同解除或终止之日起不再对工程承担照管和维护义务。

第8条　工期和进度

8.1　开始工作

8.1.1　开始工作准备

合同当事人应按专用合同条件约定完成开始工作准备工作。

8.1.2　开始工作通知

经发包人同意后,工程师应提前7天向承包人发出经发包人签认的开始工作通知,工期自开始工作通知中载明的开始工作日期起算。

除专用合同条件另有约定外,因发包人原因造成实际开始现场施工日期迟于计划开始现场施工日期后第84天的,承包人有权提出价格调整要求,或者解除合同。发包人应当承担由此增加的费用和(或)延误的工期,并向承包人支付合理利润。

8.2 竣工日期

承包人应在合同协议书约定的工期内完成合同工作。除专用合同条件另有约定外,工程的竣工日期以第10.1条[竣工验收]的约定为准,并在工程接收证书中写明。

因发包人原因,在工程师收到承包人竣工验收申请报告42天后未进行验收的,视为验收合格,实际竣工日期以提交竣工验收申请报告的日期为准,但发包人由于不可抗力不能进行验收的除外。

8.3 项目实施计划

8.3.1 项目实施计划的内容

项目实施计划是依据合同和经批准的项目管理计划进行编制并用于对项目实施进行管理和控制的文件,应包含概述、总体实施方案、项目实施要点、项目初步进度计划以及合同当事人在专用合同条件中约定的其他内容。

8.3.2 项目实施计划的提交和修改

除专用合同条件另有约定外,承包人应在合同订立后14天内,向工程师提交项目实施计划,工程师应在收到项目实施计划后21天内确认或提出修改意见。对工程师提出的合理意见和要求,承包人应自费修改完善。根据工程实施的实际情况需要修改项目实施计划的,承包人应向工程师提交修改后的项目实施计划。

项目进度计划的编制和修改按照第8.4款[项目进度计划]执行。

8.4 项目进度计划

8.4.1 项目进度计划的提交和修改

承包人应按照第8.3款[项目实施计划]约定编制并向工程师提交项目初步进度计划,经工程师批准后实施。除专用合同条件另有约定外,工程师应在21天内批复或提出修改意见,否则该项目初步进度计划视为已得到批准。对工程师提出的合理意见和要求,承包人应自费修改完善。

经工程师批准的项目初步进度计划称为项目进度计划,是控制合同工程进度的依据,工程师有权按照进度计划检查工程进度情况。承包人还应根据项目进度计划,编制更为详细的分阶段或分项的进度计划,由工程师批准。

8.4.2　项目进度计划的内容

项目进度计划应当包括设计、承包人文件提交、采购、制造、检验、运达现场、施工、安装、试验的各个阶段的预期时间以及设计和施工组织方案说明等,其编制应当符合国家法律规定和一般工程实践惯例。项目进度计划的具体要求、关键路径及关键路径变化的确定原则、承包人提交的份数和时间等,在专用合同条件约定。

8.4.3　项目进度计划的修订

项目进度计划不符合合同要求或与工程的实际进度不一致的,承包人应向工程师提交修订的项目进度计划,并附具有关措施和相关资料。工程师也可以直接向承包人发出修订项目进度计划的通知,承包人如接受,应按该通知修订项目进度计划,报工程师批准。承包人如不接受,应当在 14 天内答复,如未按时答复视作已接受修订项目进度计划通知中的内容。

除专用合同条件另有约定外,工程师应在收到修订的项目进度计划后 14 天内完成审批或提出修改意见,如未按时答复视作已批准承包人修订后的项目进度计划。工程师对承包人提交的项目进度计划的确认,不能减轻或免除承包人根据法律规定和合同约定应承担的任何责任或义务。

除合同当事人另有约定外,项目进度计划的修订并不能减轻或者免除双方按第 8.7 款[工期延误]、第 8.8 款[工期提前]、第 8.9 款[暂停工作]应承担的合同责任。

8.5　进度报告

项目实施过程中,承包人应进行实际进度记录,并根据工程师的要求编制月进度报告,并提交给工程师。进度报告应包含以下主要内容:

(1)工程设计、采购、施工等各个工作内容的进展报告;

(2)工程施工方法的一般说明;

(3)当月工程实施介入的项目人员、设备和材料的预估明细报告;

(4)当月实际进度与进度计划对比分析,以及提出未来可能引起工期延误的情形,同时提出应对措施;需要修订项目进度计划的,应对项目进度计划的修订部分进行说明;

(5)承包人对于解决工期延误所提出的建议;

(6)其他与工程有关的重大事项。

进度报告的具体要求等,在专用合同条件约定。

8.6 提前预警

任何一方应当在下列情形发生时尽快书面通知另一方:

(1)该情形可能对合同的履行或实现合同目的产生不利影响;

(2)该情形可能对工程完成后的使用产生不利影响;

(3)该情形可能导致合同价款增加;

(4)该情形可能导致整个工程或单位/区段工程的工期延长。

发包人有权要求承包人根据第13.2款[承包人的合理化建议]的约定提交变更建议,采取措施尽量避免或最小化上述情形的发生或影响。

8.7 工期延误

8.7.1 因发包人原因导致工期延误

在合同履行过程中,因下列情况导致工期延误和(或)费用增加的,由发包人承担由此延误的工期和(或)增加的费用,且发包人应支付承包人合理的利润:

(1)根据第13条[变更与调整]的约定构成一项变更的;

(2)发包人违反本合同约定,导致工期延误和(或)费用增加的;

(3)发包人、发包人代表、工程师或发包人聘请的任意第三方造成或引起的任何延误、妨碍和阻碍;

(4)发包人未能依据第6.2.1项[发包人提供的材料和工程设备]的约定提供材料和工程设备导致工期延误和(或)费用增加的;

(5)因发包人原因导致的暂停施工;

(6)发包人未及时履行相关合同义务,造成工期延误的其他原因。

8.7.2 因承包人原因导致工期延误

由于承包人的原因,未能按项目进度计划完成工作,承包人应采取措施加快进度,并承担加快进度所增加的费用。

由于承包人原因造成工期延误并导致逾期竣工的,承包人应支付逾期竣工违约金。逾期竣工违约金的计算方法和最高限额在专用合同条件中约定。承包人支付逾期竣工违约金,不免除承包人完成工作及修补缺陷的义务,且发包人有权从工程进度款、竣工结算款或约定提交的履约担保中扣除相当于逾期竣工违约金的金额。

8.7.3　行政审批迟延

合同约定范围内的工作需国家有关部门审批的,发包人和(或)承包人应按照专用合同条件约定的职责分工完成行政审批报送。因国家有关部门审批迟延造成工期延误的,竣工日期相应顺延。造成费用增加的,由双方在负责的范围内各自承担。

8.7.4　异常恶劣的气候条件

异常恶劣的气候条件是指在施工过程中遇到的,有经验的承包人在订立合同时不可预见的,对合同履行造成实质性影响的,但尚未构成不可抗力事件的恶劣气候条件。合同当事人可以在专用合同条件中约定异常恶劣的气候条件的具体情形。

承包人应采取克服异常恶劣的气候条件的合理措施继续施工,并及时通知工程师。工程师应当及时发出指示,指示构成变更的,按第13条[变更与调整]约定办理。承包人因采取合理措施而延误的工期由发包人承担。

8.8　工期提前

8.8.1　发包人指示承包人提前竣工且被承包人接受的,应与承包人共同协商采取加快工程进度的措施和修订项目进度计划。发包人应承担承包人由此增加的费用,增加的费用按第13条[变更与调整]的约定执行;发包人不得以任何理由要求承包人超过合理限度压缩工期。承包人有权不接受提前竣工的指示,工期按照合同约定执行。

8.8.2　承包人提出提前竣工的建议且发包人接受的,应与发包人共同协商采取加快工程进度的措施和修订项目进度计划。发包人应承担承包人由此增加的费用,增加的费用按第13条[变更与调整]的约定执行,并向承包人支付专用合同条件约定的相应奖励金。

8.9　暂停工作

8.9.1　由发包人暂停工作

发包人认为必要时,可通过工程师向承包人发出经发包人签认的暂停工作通知,应列明暂停原因、暂停的日期及预计暂停的期限。承包人应按该通知暂停工作。

承包人因执行暂停工作通知而造成费用的增加和(或)工期延误由发包人承担,并有权要求发包人支付合理利润,但由于承包人原因造成发包人暂停工作的除外。

8.9.2　由承包人暂停工作

因承包人原因所造成部分或全部工程的暂停,承包人应采取措施尽快复工并赶上进度,由此造成费用的增加或工期延误由承包人承担。因此造成逾期竣工的,承包人应按第8.7.2项[因承包人原因导致工期延误]承担逾期竣工违约责任。

合同履行过程中发生下列情形之一的,承包人可向发包人发出通知,要求发包人采取有效措施予以纠正。发包人收到承包人通知后的28天内仍不予以纠正,承包人有权暂停施工,并通知工程师。承包人有权要求发包人延长工期和(或)增加费用,并支付合理利润:

(1)发包人拖延、拒绝批准付款申请和支付证书,或未能按合同约定支付价款,导致付款延误的;

(2)发包人未按约定履行合同其他义务导致承包人无法继续履行合同的,或者发包人明确表示暂停或实质上已暂停履行合同的。

8.9.3　除上述原因以外的暂停工作,双方应遵守第17条[不可抗力]的相关约定。

8.9.4　暂停工作期间的工程照管

不论由于何种原因引起暂停工作的,暂停工作期间,承包人应负责对工程、工程物资及文件等进行照管和保护,并提供安全保障,由此增加的费用按第8.9.1项[由发包人暂停工作]和第8.9.2项[由承包人暂停工作]的约定承担。

因承包人未能尽到照管、保护的责任造成损失的,使发包人的费用增加,(或)竣工日期延误的,由承包人按本合同约定承担责任。

8.9.5　拖长的暂停

根据第8.9.1项[由发包人暂停工作]暂停工作持续超过56天的,承包人可向发包人发出要求复工的通知。如果发包人没有在收到书面通知后28天内准许已暂停工作的全部或部分继续工作,承包人有权根据第13条[变更与调整]的约定,要求以变更方式调减受暂停影响的部分工程。发包人的暂停超过56天且暂停影响到整个工程的,承包人有权根据第16.2款[由承包人解除合同]的约定,发出解除合同的通知。

8.10　复工

8.10.1　收到发包人的复工通知后,承包人应按通知时间复工;发包人通知的复工时间应当给予承包人必要的准备复工时间。

8.10.2　不论由于何种原因引起暂停工作,双方均可要求对方一同对受暂停影响的工程、工程设备和工程物资进行检查,承包人应将检查结果及需要恢复、修复的内容和估算通知发包人。

8.10.3　除第17条[不可抗力]另有约定外,发生的恢复、修复价款及工期延误的后果由责任方承担。

第9条　竣工试验

9.1　竣工试验的义务

9.1.1　承包人完成工程或区段工程进行竣工试验所需的作业,并根据第5.4款[竣工文件]和第5.5款[操作和维修手册]提交文件后,进行竣工试验。

9.1.2　承包人应在进行竣工试验之前,至少提前42天向工程师提交详细的竣工试验计划,该计划应载明竣工试验的内容、地点、拟开展时间和需要发包人提供的资源条件。工程师应在收到计划后的14天内进行审查,并就该计划不符合合同的部分提出意见,承包人应在收到意见后的14天内自费对计划进行修正。工程师逾期未提出意见的,视为竣工试验计划已得到确认。除提交竣工试验计划外,承包人还应提前21天将可以开始进行各项竣工试验的日期通知工程师,并在该日期后的14天内或工程师指示的日期进行竣工试验。

9.1.3　承包人应根据经确认的竣工试验计划以及第6.5款[由承包人试验和检验]进行竣工试验。除《发包人要求》中另有说明外,竣工试验应按以下顺序分阶段进行,即只有在工程或区段工程已通过上一阶段试验的情况下,才可进行下一阶段试验:

(1)承包人进行启动前试验,包括适当的检查和功能性试验,以证明工程或区段工程的每一部分均能够安全地承受下一阶段试验;

(2)承包人进行启动试验,以证明工程或区段工程能够在所有可利用的操作

条件下安全运行,并按照专用合同条件和《发包人要求》中的规定操作;

(3)承包人进行试运行试验。当工程或区段工程能稳定安全运行时,承包人应通知工程师,可以进行其他竣工试验,包括各种性能测试,以证明工程或区段工程符合《发包人要求》中列明的性能保证指标。

进行上述试验不应构成第10条[验收和工程接收]规定的接收,但试验所产生的任何产品或其他收益均应归属于发包人。

9.1.4 完成上述各阶段竣工试验后,承包人应向工程师提交试验结果报告,试验结果须符合约定的标准、规范和数据。工程师应在收到报告后14天内予以回复,逾期未回复的,视为认可竣工试验结果。但在考虑工程或区段工程是否通过竣工试验时,应适当考虑发包人对工程或其任何部分的使用,对工程或区段工程的性能、特性和试验结果产生的影响。

9.2 延误的试验

9.2.1 如果承包人已根据第9.1款[竣工试验的义务]就可以开始进行各项竣工试验的日期通知工程师,但该等试验因发包人原因被延误14天以上的,发包人应承担由此增加的费用和工期延误,并支付承包人合理利润。同时,承包人应在合理可行的情况下尽快进行竣工试验。

9.2.2 承包人无正当理由延误进行竣工试验的,工程师可向其发出通知,要求其在收到通知后的21天内进行该项竣工试验。承包人应在该21天的期限内确定进行试验的日期,并至少提前7天通知工程师。

9.2.3 如果承包人未在该期限内进行竣工试验,则发包人有权自行组织该项竣工试验,由此产生的合理费用由承包人承担。发包人应在试验完成后28天内向承包人发送试验结果。

9.3 重新试验

如果工程或区段工程未能通过竣工试验,则承包人应根据第6.6款[缺陷和修补]修补缺陷。发包人或承包人可要求按相同的条件,重新进行未通过的试验以及相关工程或区段工程的竣工试验。该等重新进行的试验仍应适用本条对于竣工试验的规定。

9.4 未能通过竣工试验

9.4.1 因发包人原因导致竣工试验未能通过的,承包人进行竣工试验的费用由发包人承担,竣工日期相应顺延。

9.4.2 如果工程或区段工程未能通过根据第9.3款[重新试验]重新进行的竣工试验的,则:

(1)发包人有权要求承包人根据第6.6款[缺陷和修补]继续进行修补和改正,并根据第9.3款[重新试验]再次进行竣工试验;

(2)未能通过竣工试验,对工程或区段工程的操作或使用未产生实质性影响的,发包人有权要求承包人自费修复,承担因此增加的费用和误期损害赔偿责任,并赔偿发包人的相应损失;无法修复时,发包人有权扣减该部分的相应付款,同时视为通过竣工验收;

(3)未能通过竣工试验,使工程或区段工程的任何主要部分丧失了生产、使用功能时,发包人有权指令承包人更换相关部分,承包人应承担因此增加的费用和误期损害赔偿责任,并赔偿发包人的相应损失;

(4)未能通过竣工试验,使整个工程或区段工程丧失了生产、使用功能时,发包人可拒收工程或区段工程,或指令承包人重新设计、重置相关部分,承包人应承担因此增加的费用和误期损害赔偿责任,并赔偿发包人的相应损失。同时发包人有权根据第16.1款[由发包人解除合同]的约定解除合同。

第10条 验收和工程接收

10.1 竣工验收

10.1.1 竣工验收条件

工程具备以下条件的,承包人可以申请竣工验收:

(1)除因第13条[变更与调整]导致的工程量删减和第14.5.3项[扫尾工作清单]列入缺陷责任期内完成的扫尾工程和缺陷修补工作外,合同范围内的全部单位/区段工程以及有关工作,包括合同要求的试验和竣工试验均已完成,并符合合同要求;

(2)已按合同约定编制了扫尾工作和缺陷修补工作清单以及相应实施计划;

(3)已按合同约定的内容和份数备齐竣工资料;

(4)合同约定要求在竣工验收前应完成的其他工作。

10.1.2 竣工验收程序

除专用合同条件另有约定外,承包人申请竣工验收的,应当按照以下程序進行：

（1）承包人向工程师报送竣工验收申请报告，工程师应在收到竣工验收申请报告后 14 天内完成审查并报送发包人。工程师审查后认为尚不具备竣工验收条件的，应在收到竣工验收申请报告后的 14 天内通知承包人，指出在颁发接收证书前承包人还需进行的工作内容。承包人完成工程师通知的全部工作内容后，应再次提交竣工验收申请报告，直至工程师同意为止。

（2）工程师同意承包人提交的竣工验收申请报告的，或工程师收到竣工验收申请报告后 14 天内不予答复的，视为发包人收到并同意承包人的竣工验收申请，发包人应在收到该竣工验收申请报告后的 28 天内进行竣工验收。工程经竣工验收合格的，以竣工验收合格之日为实际竣工日期，并在工程接收证书中载明；完成竣工验收但发包人不予签发工程接收证书的，视为竣工验收合格，以完成竣工验收之日为实际竣工日期。

（3）竣工验收不合格的，工程师应按照验收意见发出指示，要求承包人对不合格工程返工、修复或采取其他补救措施，由此增加的费用和（或）延误的工期由承包人承担。承包人在完成不合格工程的返工、修复或采取其他补救措施后，应重新提交竣工验收申请报告，并按本项约定的程序重新进行验收。

（4）因发包人原因，未在工程师收到承包人竣工验收申请报告之日起 42 天内完成竣工验收的，以承包人提交竣工验收申请报告之日作为工程实际竣工日期。

（5）工程未经竣工验收，发包人擅自使用的，以转移占有工程之日为实际竣工日期。

除专用合同条件另有约定外，发包人不按照本项和第 10.4 款［接收证书］约定组织竣工验收、颁发工程接收证书的，每逾期一天，应以签约合同价为基数，按照贷款市场报价利率（LPR）支付违约金。

10.2 单位/区段工程的验收

10.2.1 发包人根据项目进度计划安排，在全部工程竣工前需要使用已经竣工的单位/区段工程时，或承包人提出经发包人同意时，可进行单位/区段工程验收。验收的程序可参照第 10.1 款［竣工验收］的约定进行。验收合格后，由工程师向承包人出具经发包人签认的单位/区段工程验收证书。单位/区段工程的验收成果和结论作为全部工程竣工验收申请报告的附件。

10.2.2　发包人在全部工程竣工前,使用已接收的单位/区段工程导致承包人费用增加的,发包人应承担由此增加的费用和(或)工期延误,并支付承包人合理利润。

10.3　工程的接收

10.3.1　根据工程项目的具体情况和特点,可按工程或单位/区段工程进行接收,并在专用合同条件约定接收的先后顺序、时间安排和其他要求。

10.3.2　除按本条约定已经提交的资料外,接收工程时承包人需提交竣工验收资料的类别、内容、份数和提交时间,在专用合同条件中约定。

10.3.3　发包人无正当理由不接收工程的,发包人自应当接收工程之日起,承担工程照管、成品保护、保管等与工程有关的各项费用,合同当事人可以在专用合同条件中另行约定发包人逾期接收工程的违约责任。

10.3.4　承包人无正当理由不移交工程的,承包人应承担工程照管、成品保护、保管等与工程有关的各项费用,合同当事人可以在专用合同条件中另行约定承包人无正当理由不移交工程的违约责任。

10.4　接收证书

10.4.1　除专用合同条件另有约定外,承包人应在竣工验收合格后向发包人提交第14.6款[质量保证金]约定的质量保证金,发包人应在竣工验收合格且工程具备接收条件后的14天内向承包人颁发工程接收证书,但承包人未提交质量保证金的,发包人有权拒绝颁发。发包人拒绝颁发工程接收证书的,应向承包人发出通知,说明理由并指出在颁发接收证书前承包人需要做的工作,需要修补的缺陷和承包人需要提供的文件。

10.4.2　发包人向承包人颁发的接收证书,应注明工程或单位/区段工程经验收合格的实际竣工日期,并列明不在接收范围内的,在收尾工作和缺陷修补完成之前对工程或单位/区段工程预期使用目的没有实质影响的少量收尾工作和缺陷。

10.4.3　竣工验收合格而发包人无正当理由逾期不颁发工程接收证书的,自验收合格后第15天起视为已颁发工程接收证书。

10.4.4　工程未经验收或验收不合格,发包人擅自使用的,应在转移占有工程后7天内向承包人颁发工程接收证书;发包人无正当理由逾期不颁发工程接收证书的,自转移占有后第 15 天起视为已颁发工程接收证书。

10.4.5　存在扫尾工作的,工程接收证书中应当将第 14.5.3 项[扫尾工作清单]中约定的扫尾工作清单作为工程接收证书附件。

10.5　竣工退场

10.5.1　竣工退场

颁发工程接收证书后,承包人应对施工现场进行清理,并撤离相关人员,使得施工现场处于以下状态,直至工程师检验合格为止:

(1)施工现场内残留的垃圾已全部清除出场;

(2)临时工程已拆除,场地已按合同约定进行清理、平整或复原;

(3)按合同约定应撤离的人员、承包人提供的施工设备和剩余的材料,包括废弃的施工设备和材料,已按计划撤离施工现场;

(4)施工现场周边及其附近道路、河道的施工堆积物,已全部清理;

(5)施工现场其他竣工退场工作已全部完成。

施工现场的竣工退场费用由承包人承担。承包人应在专用合同条件约定的期限内完成竣工退场,逾期未完成的,发包人有权出售或另行处理承包人遗留的物品,由此支出的费用由承包人承担,发包人出售承包人遗留物品所得款项在扣除必要费用后应返还承包人。

10.5.2　地表还原

承包人应按合同约定和工程师的要求恢复临时占地及清理场地,否则发包人有权委托其他人恢复或清理,所发生的费用由承包人承担。

10.5.3　人员撤离

除了经工程师同意需在缺陷责任期内继续工作和使用的人员、施工设备和临时工程外,承包人应按专用合同条件约定和工程师的要求将其余的人员、施工设备和临时工程撤离施工现场或拆除。除专用合同条件另有约定外,缺陷责任期满时,承包人的人员和施工设备应全部撤离施工现场。

第 11 条　缺陷责任与保修

11.1　工程保修的原则

在工程移交发包人后,因承包人原因产生的质量缺陷,承包人应承担质量缺陷责任和保修义务。缺陷责任期届满,承包人仍应按合同约定的工程各部位保修年限承担保修义务。

11.2　缺陷责任期

缺陷责任期原则上从工程竣工验收合格之日起计算,合同当事人应在专用合同条件约定缺陷责任期的具体期限,但该期限最长不超过 24 个月。

单位/区段工程先于全部工程进行验收,经验收合格并交付使用的,该单位/区段工程缺陷责任期自单位/区段工程验收合格之日起算。因发包人原因导致工程未在合同约定期限进行验收,但工程经验收合格的,以承包人提交竣工验收报告之日起算;因发包人原因导致工程未能进行竣工验收的,在承包人提交竣工验收报告 90 天后,工程自动进入缺陷责任期;发包人未经竣工验收擅自使用工程的,缺陷责任期自工程转移占有之日起开始计算。

由于承包人原因造成某项缺陷或损坏使某项工程或工程设备不能按原定目标使用而需要再次检查、检验和修复的,发包人有权要求承包人延长该项工程或工程设备的缺陷责任期,并应在原缺陷责任期届满前发出延长通知。但缺陷责任期最长不超过 24 个月。

11.3　缺陷调查

11.3.1　承包人缺陷调查

如果发包人指示承包人调查任何缺陷的原因,承包人应在发包人的指导下进行调查。承包人应在发包人指示中说明的日期或与发包人达成一致的其他日期开展调查。除非该缺陷应由承包人负责自费进行修补,承包人有权就调查的成本和利润获得支付。

如果承包人未能根据本款开展调查,该调查可由发包人开展。但应将上述调查开展的日期通知承包人,承包人可自费参加调查。如果该缺陷应由承包人自费进行修补,则发包人有权要求承包人支付发包人因调查产生的合理费用。

11.3.2　缺陷责任

缺陷责任期内,由承包人原因造成的缺陷,承包人应负责维修,并承担鉴定及维修费用。如承包人不维修也不承担费用,发包人可按合同约定从质量保证金中扣除,费用超出质量保证金金额的,发包人可按合同约定向承包人进行索赔。承包人维修并承担相应费用后,不免除对工程的损失赔偿责任。发包人在使用过程中,发现已修补的缺陷部位或部件还存在质量缺陷的,承包人应负责修复,直至检验合格为止。

11.3.3 修复费用

发包人和承包人应共同查清缺陷或损坏的原因。经查明属承包人原因造成的,应由承包人承担修复的费用。经查验非承包人原因造成的,发包人应承担修复的费用,并支付承包人合理利润。

11.3.4 修复通知

在缺陷责任期内,发包人在使用过程中,发现已接收的工程存在缺陷或损坏的,应书面通知承包人予以修复,但情况紧急必须立即修复缺陷或损坏的,发包人可以口头通知承包人并在口头通知后48小时内书面确认,承包人应在专用合同条件约定的合理期限内到达工程现场并修复缺陷或损坏。

11.3.5 在现场外修复

在缺陷责任期内,承包人认为设备中的缺陷或损害不能在现场得到迅速修复,承包人应当向发包人发出通知,请求发包人同意把这些有缺陷或者损害的设备移出现场进行修复,通知应当注明有缺陷或者损害的设备及维修的相关内容,发包人可要求承包人按移出设备的全部重置成本增加质量保证金的数额。

11.3.6 未能修复

因承包人原因造成工程的缺陷或损坏,承包人拒绝维修或未能在合理期限内修复缺陷或损坏,且经发包人书面催告后仍未修复的,发包人有权自行修复或委托第三方修复,所需费用由承包人承担。但修复范围超出缺陷或损坏范围的,超出范围部分的修复费用由发包人承担。

如果工程或工程设备的缺陷或损害使发包人实质上失去了工程的整体功能,发包人有权向承包人追回已支付的工程款项,并要求其赔偿发包人相应损失。

11.4 缺陷修复后的进一步试验

任何一项缺陷修补后的7天内,承包人应向发包人发出通知,告知已修补的情况。如根据第9条[竣工试验]或第12条[竣工后试验]的规定适用重新试验的,还应建议重新试验。发包人应在收到重新试验的通知后14天内答复,逾期未进行答复的视为同意重新试验。承包人未建议重新试验的,发包人也可在缺陷修补后的14天内指示进行必要的重新试验,以证明已修复的部分符合合同要求。

所有的重复试验应按照适用于先前试验的条款进行,但应由责任方承担修补工作的成本和重新试验的风险和费用。

11.5 承包人出入权

在缺陷责任期内，为了修复缺陷或损坏，承包人有权出入工程现场，除情况紧急必须立即修复缺陷或损坏外，承包人应提前 24 小时通知发包人进场修复的时间。承包人进入工程现场前应获得发包人同意，且不应影响发包人正常的生产经营，并应遵守发包人有关安保和保密等规定。

11.6 缺陷责任期终止证书

除专用合同条件另有约定外，承包人应于缺陷责任期届满前 7 天内向发包人发出缺陷责任期即将届满通知，发包人应在收到通知后 7 天内核实承包人是否履行缺陷修复义务，承包人未能履行缺陷修复义务的，发包人有权扣除相应金额的维修费用。发包人应在缺陷责任期届满之日，向承包人颁发缺陷责任期终止证书，并按第 14.6.3 项[质量保证金的返还]返还质量保证金。

如根据第 10.5.3 项[人员撤离]承包人在施工现场还留有人员、施工设备和临时工程的，承包人应当在收到缺陷责任期终止证书后 28 天内，将上述人员、施工设备和临时工程撤离施工现场。

11.7 保修责任

因承包人原因导致的质量缺陷责任，由合同当事人根据有关法律规定，在专用合同条件和工程质量保修书中约定工程质量保修范围、期限和责任。

第 12 条 竣工后试验

本合同工程包含竣工后试验的，遵守本条约定。

12.1 竣工后试验的程序

12.1.1 工程或区段工程被发包人接收后，在合理可行的情况下应根据合同约定尽早进行竣工后试验。

12.1.2 除专用合同条件另有约定外，发包人应提供全部电力、水、污水处理、燃料、消耗品和材料，以及全部其他仪器、协助、文件或其他信息、设备、工具、劳力，启动工程设备，并组织安排有适当资质、经验和能力的工作人员实施竣工后试验。

12.1.3 除《发包人要求》另有约定外，发包人应在合理可行的情况下尽快进行每项竣工后试验，并至少提前 21 天将该项竣工后试验的内容、地点和时间，以及显示其他竣工后试验拟开展时间的竣工后试验计划通知承包人。

12.1.4 发包人应根据《发包人要求》、承包人按照第5.5款[操作和维修手册]提交的文件,以及承包人被要求提供的指导进行竣工后试验。如承包人未在发包人通知的时间和地点参加竣工后试验,发包人可自行进行,该试验应被视为是承包人在场的情况下进行的,且承包人应视为认可试验数据。

12.1.5 竣工后试验的结果应由双方进行整理和评价,并应适当考虑发包人对工程或其任何部分的使用,对工程或区段工程的性能、特性和试验结果产生的影响。

12.2 延误的试验

12.2.1 如果竣工后试验因发包人原因被延误的,发包人应承担承包人由此增加的费用并支付承包人合理利润。

12.2.2 如果因承包人以外的原因,导致竣工后试验未能在缺陷责任期或双方另行同意的其他期限内完成,则相关工程或区段工程应视为已通过该竣工后试验。

12.3 重新试验

如工程或区段工程未能通过竣工后试验,则承包人应根据第11.3款[缺陷调查]的规定修补缺陷,以达到合同约定的要求;并按照第11.4款[缺陷修复后的进一步试验]重新进行竣工后试验以及承担风险和费用。如未通过试验和重新试验是承包人原因造成的,则承包人还应承担发包人因此增加的费用。

12.4 未能通过竣工后试验

12.4.1 工程或区段工程未能通过竣工后试验,且合同中就该项未通过的试验约定了性能损害赔偿违约金及其计算方法的,或者就该项未通过的试验另行达成补充协议的,承包人在缺陷责任期内向发包人支付相应违约金或按补充协议履行后,视为通过竣工后试验。

12.4.2 对未能通过竣工后试验的工程或区段工程,承包人可向发包人建议,由承包人对该工程或区段工程进行调整或修补。发包人收到建议后,可向承包人发出通知,指示其在发包人方便的合理时间进入工程或区段工程进行调查、调整或修补,并为承包人的进入提供方便。承包人提出建议,但未在缺陷责任期内收到上述发包人通知的,相关工程或区段工程应视为已通过该竣工后试验。

12.4.3 发包人无故拖延给予承包人进行调查、调整或修补所需的进入工程或区段工程的许可,并造成承包人费用增加的,应承担由此增加的费用并支付承包人合理利润。

第13条 变更与调整

13.1 发包人变更权

13.1.1 变更指示应经发包人同意,并由工程师发出经发包人签认的变更指示。除第11.3.6项[未能修复]约定的情况外,变更不应包括准备将任何工作删减并交由他人或发包人自行实施的情况。承包人收到变更指示后,方可实施变更。未经许可,承包人不得擅自对工程的任何部分进行变更。发包人与承包人对某项指示或批准是否构成变更产生争议的,按第20条[争议解决]处理。

13.1.2 承包人应按照变更指示执行,除非承包人及时向工程师发出通知,说明该项变更指示将降低工程的安全性、稳定性或适用性;涉及的工作内容和范围不可预见;所涉设备难以采购;导致承包人无法执行第7.5款[现场劳动用工]、第7.6款[安全文明施工]、第7.7款[职业健康]或第7.8款[环境保护]内容;将造成工期延误;与第4.1款[承包人的一般义务]相冲突等无法执行的理由。工程师接到承包人的通知后,应作出经发包人签认的取消、确认或改变原指示的书面回复。

13.2 承包人的合理化建议

13.2.1 承包人提出合理化建议的,应向工程师提交合理化建议说明,说明建议的内容、理由以及实施该建议对合同价格和工期的影响。

13.2.2 除专用合同条件另有约定外,工程师应在收到承包人提交的合理化建议后7天内审查完毕并报送发包人,发现其中存在技术上的缺陷,应通知承包人修改。发包人应在收到工程师报送的合理化建议后7天内审批完毕。合理化建议经发包人批准的,工程师应及时发出变更指示,由此引起的合同价格调整按照第13.3.3项[变更估价]约定执行。发包人不同意变更的,工程师应书面通知承包人。

13.2.3 合理化建议降低了合同价格、缩短了工期或者提高了工程经济效益的,双方可以按照专用合同条件的约定进行利益分享。

13.3　变更程序

13.3.1　发包人提出变更

发包人提出变更的,应通过工程师向承包人发出书面形式的变更指示,变更指示应说明计划变更的工程范围和变更的内容。

13.3.2　变更执行

承包人收到工程师下达的变更指示后,认为不能执行,应在合理期限内提出不能执行该变更指示的理由。承包人认为可以执行变更的,应当书面说明实施该变更指示需要采取的具体措施及对合同价格和工期的影响,且合同当事人应当按照第13.3.3项[变更估价]约定确定变更估价。

13.3.3　变更估价

13.3.3.1　变更估价原则

除专用合同条件另有约定外,变更估价按照本款约定处理:

(1)合同中未包含价格清单,合同价格应按照所执行的变更工程的成本加利润调整;

(2)合同中包含价格清单,合同价格按照如下规则调整:

1)价格清单中有适用于变更工程项目的,应采用该项目的费率和价格;

2)价格清单中没有适用但有类似于变更工程项目的,可在合理范围内参照类似项目的费率或价格;

3)价格清单中没有适用也没有类似于变更工程项目的,该工程项目应按成本加利润原则调整适用新的费率或价格。

13.3.3.2　变更估价程序

承包人应在收到变更指示后14天内,向工程师提交变更估价申请。工程师应在收到承包人提交的变更估价申请后7天内审查完毕并报送发包人,工程师对变更估价申请有异议,通知承包人修改后重新提交。发包人应在承包人提交变更估价申请后14天内审批完毕。发包人逾期未完成审批或未提出异议的,视为认可承包人提交的变更估价申请。

因变更引起的价格调整应计入最近一期的进度款中支付。

13.3.4　变更引起的工期调整

因变更引起工期变化的,合同当事人均可要求调整合同工期,由合同当事人按照第3.6款[商定或确定]并参考工程所在地的工期定额标准确定增减工期天数。

13.4　暂估价

13.4.1　依法必须招标的暂估价项目

对于依法必须招标的暂估价项目,专用合同条件约定由承包人作为招标人的,招标文件、评标方案、评标结果应报送发包人批准。与组织招标工作有关的费用应当被认为已经包括在承包人的签约合同价中。

专用合同条件约定由发包人和承包人共同作为招标人的,与组织招标工作有关的费用在专用合同条件中约定。

具体的招标程序以及发包人和承包人权利义务关系可在专用合同条件中约定。暂估价项目的中标金额与价格清单中所列暂估价的金额差以及相应的税金等其他费用应列入合同价格。

13.4.2　不属于依法必须招标的暂估价项目

对于不属于依法必须招标的暂估价项目,承包人具备实施暂估价项目的资格和条件的,经发包人和承包人协商一致后,可由承包人自行实施暂估价项目,具体的协商和估价程序以及发包人和承包人权利义务关系可在专用合同条件中约定。确定后的暂估价项目金额与价格清单中所列暂估价的金额差以及相应的税金等其他费用应列入合同价格。

因发包人原因导致暂估价合同订立和履行迟延的,由此增加的费用和(或)延误的工期由发包人承担,并支付承包人合理的利润。因承包人原因导致暂估价合同订立和履行迟延的,由此增加的费用和(或)延误的工期由承包人承担。

13.5　暂列金额

除专用合同条件另有约定外,每一笔暂列金额只能按照发包人的指示全部或部分使用,并对合同价格进行相应调整。付给承包人的总金额应仅包括发包人已指示的,与暂列金额相关的工作、货物或服务的应付款项。

对于每笔暂列金额,发包人可以指示用于下列支付:

(1)发包人根据第13.1款[发包人变更权]指示变更,决定对合同价格和付款计划表(如有)进行调整的、由承包人实施的工作(包括要提供的工程设备、材料和服务);

(2)承包人购买的工程设备、材料、工作或服务,应支付包括承包人已付(或应付)的实际金额以及相应的管理费等费用和利润[管理费和利润应以实际金额为基数根据合同约定的费率(如有)或百分比计算]。

发包人根据上述(1)和(或)(2)指示支付暂列金额的,可以要求承包人提交其供应商提供的全部或部分要实施的工程或拟购买的工程设备、材料、工作或服务的项目报价单。发包人可以发出通知指示承包人接受其中的一个报价或指示撤销支付,发包人在收到项目报价单的 7 天内未作回应的,承包人应有权自行接受其中任何一个报价。

每份包含暂列金额的文件还应包括用以证明暂列金额的所有有效的发票、凭证和账户或收据。

13.6 计日工

13.6.1 需要采用计日工方式的,经发包人同意后,由工程师通知承包人以计日工计价方式实施相应的工作,其价款按列入价格清单或预算书中的计日工计价项目及其单价进行计算;价格清单或预算书中无相应的计日工单价的,按照合理的成本与利润构成的原则,由工程师按照第 3.6 款[商定或确定]确定计日工的单价。

13.6.2 采用计日工计价的任何一项工作,承包人应在该项工作实施过程中,每天提交以下报表和有关凭证报送工程师审查:

(1)工作名称、内容和数量;

(2)投入该工作的所有人员的姓名、专业、工种、级别和耗用工时;

(3)投入该工作的材料类别和数量;

(4)投入该工作的施工设备型号、台数和耗用台时;

(5)其他有关资料和凭证。

计日工由承包人汇总后,列入最近一期进度付款申请单,由工程师审查并经发包人批准后列入进度付款。

13.7 法律变化引起的调整

13.7.1 基准日期后,法律变化导致承包人在合同履行过程中所需要的费用发生除第 13.8 款[市场价格波动引起的调整]约定以外的增加时,由发包人承担由此增加的费用;减少时,应从合同价格中予以扣减。基准日期后,因法律变化造成工期延误时,工期应予以顺延。

13.7.2　因法律变化引起的合同价格和工期调整,合同当事人无法达成一致的,由工程师按第 3.6 款[商定或确定]的约定处理。

13.7.3　因承包人原因造成工期延误,在工期延误期间出现法律变化的,由此增加的费用和(或)延误的工期由承包人承担。

13.7.4　因法律变化而需要对工程的实施进行任何调整的,承包人应迅速通知发包人,或者发包人应迅速通知承包人,并附上详细的辅助资料。发包人接到通知后,应根据第 13.3 款[变更程序]发出变更指示。

13.8　市场价格波动引起的调整

13.8.1　主要工程材料、设备、人工价格与招标时基期价相比,波动幅度超过合同约定幅度的,双方按照合同约定的价格调整方式调整。

13.8.2　发包人与承包人在专用合同条件中约定采用《价格指数权重表》的,适用本项约定。

13.8.2.1　双方当事人可以将部分主要工程材料、工程设备、人工价格及其他双方认为应当根据市场价格调整的费用列入附件 6[价格指数权重表],并根据以下公式计算差额并调整合同价格:

(1)价格调整公式

$$\Delta P = P_0 \left[A + \left(B_1 \times \frac{F_{t1}}{F_{01}} + B_2 \times \frac{F_{t2}}{F_{02}} + B_3 \times \frac{F_{t3}}{F_{03}} + \ldots + B_n \times \frac{F_{tn}}{F_{0n}} \right) - 1 \right]$$

公式中:ΔP——需调整的价格差额;

P_0——付款证书中承包人应得到的已完成工作量的金额。此项金额应不包括价格调整、不计质量保证金的预留和支付、预付款的支付和扣回。第 13 条[变更与调整]约定的变更及其他金额已按当期价格计价的,也不计在内;

A——定值权重(即不调部分的权重);

$B_1;B_2;B_3;\ldots B_n$——各可调因子的变值权重(即可调部分的权重)为各可调因子在投标函投标总报价中所占的比例,且 $A + B_1 + B_2 + B_3 + \ldots + B_n = 1$;

$F_{t1};F_{t2};F_{t3};\ldots F_{tn}$——各可调因子的当期价格指数,指付款证书相关周期最后一天的前 42 天的各可调因子的价格指数;

$F_{01};F_{02};F_{03};\ldots F_{0n}$——各可调因子的基本价格指数,指基准日期的各可调因子的价格指数。

以上价格调整公式中的各可调因子、定值和变值权重,以及基本价格指数及其来源在投标函附录价格指数和权重表中约定。价格指数应首先采用投标函附录中载明的有关部门提供的价格指数,缺乏上述价格指数时,可采用有关部门提供的价格代替。

(2)暂时确定调整差额

在计算调整差额时得不到当期价格指数的,可暂用上一次价格指数计算,并在以后的付款中再按实际价格指数进行调整。

(3)权重的调整

按第13.1款[发包人变更权]约定的变更导致原定合同中的权重不合理的,由工程师与承包人和发包人协商后进行调整。

(4)承包人原因工期延误后的价格调整

因承包人原因未在约定的工期内竣工的,则对原约定竣工日期后继续施工的工程,在使用本款第(1)项价格调整公式时,应采用原约定竣工日期与实际竣工日期的两个价格指数中较低的一个作为当期价格指数。

(5)发包人引起的工期延误后的价格调整

由于发包人原因未在约定的工期内竣工的,则对原约定竣工日期后继续施工的工程,在使用本款第(1)目价格调整公式时,应采用原约定竣工日期与实际竣工日期的两个价格指数中较高的一个作为当期价格指数。

13.8.2.2 未列入《价格指数权重表》的费用不因市场变化而调整。

13.8.3 双方约定采用其他方式调整合同价款的,以专用合同条件约定为准。

第14条 合同价格与支付

14.1 合同价格形式

14.1.1 除专用合同条件中另有约定外,本合同为总价合同,除根据第13条[变更与调整],以及合同中其他相关增减金额的约定进行调整外,合同价格不做调整。

14.1.2 除专用合同条件另有约定外:

(1)工程款的支付应以合同协议书约定的签约合同价格为基础,按照合同约定进行调整；

（2）承包人应支付根据法律规定或合同约定应由其支付的各项税费，除第13.7款［法律变化引起的调整］约定外，合同价格不应因任何这些税费进行调整；

（3）价格清单列出的任何数量仅为估算的工作量，不得将其视为要求承包人实施的工程的实际或准确的工作量。在价格清单中列出的任何工作量和价格数据应仅限用于变更和支付的参考资料，而不能用于其他目的。

14.1.3 合同约定工程的某部分按照实际完成的工程量进行支付的，应按照专用合同条件的约定进行计量和估价，并据此调整合同价格。

14.2 预付款

14.2.1 预付款支付

预付款的额度和支付按照专用合同条件约定执行。预付款应当专用于承包人为合同工程的设计和工程实施购置材料、工程设备、施工设备、修建临时设施以及组织施工队伍进场等合同工作。

除专用合同条件另有约定外，预付款在进度付款中同比例扣回。在颁发工程接收证书前，提前解除合同的，尚未扣完的预付款应与合同价款一并结算。

发包人逾期支付预付款超过7天的，承包人有权向发包人发出要求预付的催告通知，发包人收到通知后7天内仍未支付的，承包人有权暂停施工，并按第15.1.1项［发包人违约的情形］执行。

14.2.2 预付款担保

发包人指示承包人提供预付款担保的，承包人应在发包人支付预付款7天前提供预付款担保，专用合同条件另有约定除外。预付款担保可采用银行保函、担保公司担保等形式，具体由合同当事人在专用合同条件中约定。在预付款完全扣回之前，承包人应保证预付款担保持续有效。

发包人在工程款中逐期扣回预付款后，预付款担保额度应相应减少，但剩余的预付款担保金额不得低于未被扣回的预付款金额。

14.3 工程进度款

14.3.1 工程进度付款申请

（1）人工费的申请

人工费应按月支付，工程师应在收到承包人人工费付款申请单以及相关资料后 7 天内完成审查并报送发包人,发包人应在收到后 7 天内完成审批并向承包人签发人工费支付证书,发包人应在人工费支付证书签发后 7 天内完成支付。已支付的人工费部分,发包人支付进度款时予以相应扣除。

(2)除专用合同条件另有约定外,承包人应在每月月末向工程师提交进度付款申请单,该进度付款申请单应包括下列内容:

1)截至本次付款周期内已完成工作对应的金额;

2)扣除依据本款第(1)目约定中已扣除的人工费金额;

3)根据第 13 条[变更与调整]应增加和扣减的变更金额;

4)根据第 14.2 款[预付款]约定应支付的预付款和扣减的返还预付款;

5)根据第 14.6.2 项[质量保证金的预留]约定应预留的质量保证金金额;

6)根据第 19 条[索赔]应增加和扣减的索赔金额;

7)对已签发的进度款支付证书中出现错误的修正,应在本次进度付款中支付或扣除的金额;

8)根据合同约定应增加和扣减的其他金额。

14.3.2　进度付款审核和支付

除专用合同条件另有约定外,工程师应在收到承包人进度付款申请单以及相关资料后 7 天内完成审查并报送发包人,发包人应在收到后 7 天内完成审批并向承包人签发进度款支付证书。发包人逾期(包括因工程师原因延误报送的时间)未完成审批且未提出异议的,视为已签发进度款支付证书。

工程师对承包人的进度付款申请单有异议的,有权要求承包人修正和提供补充资料,承包人应提交修正后的进度付款申请单。工程师应在收到承包人修正后的进度付款申请单及相关资料后 7 天内完成审查并报送发包人,发包人应在收到工程师报送的进度付款申请单及相关资料后 7 天内,向承包人签发无异议部分的进度款支付证书。存在争议的部分,按照第 20 条[争议解决]的约定处理。

除专用合同条件另有约定外,发包人应在进度款支付证书签发后 14 天内完成支付,发包人逾期支付进度款的,按照贷款市场报价利率(LPR)支付利息;逾期支付超过 56 天的,按照贷款市场报价利率(LPR)的两倍支付利息。

发包人签发进度款支付证书,不表明发包人已同意、批准或接受了承包人完成的相应部分的工作。

14.3.3　进度付款的修正

在对已签发的进度款支付证书进行阶段汇总和复核中发现错误、遗漏或重复的,发包人和承包人均有权提出修正申请。经发包人和承包人同意的修正,应在下期进度付款中支付或扣除。

14.4　付款计划表

14.4.1　付款计划表的编制要求

除专用合同条件另有约定外,付款计划表按如下要求编制:

(1)付款计划表中所列的每期付款金额,应为第14.3.1项[工程进度付款申请]每期进度款的估算金额;

(2)实际进度与项目进度计划不一致的,合同当事人可按照第3.6款[商定或确定]修改付款计划表;

(3)不采用付款计划表的,承包人应向工程师提交按季度编制的支付估算付款计划表,用于支付参考。

14.4.2　付款计划表的编制与审批

(1)除专用合同条件另有约定外,承包人应根据第8.4款[项目进度计划]约定的项目进度计划、签约合同价和工程量等因素对总价合同进行分解,确定付款期数、计划每期达到的主要形象进度和(或)完成的主要计划工程量(含设计、采购、施工、竣工试验和竣工后试验等)等目标任务,编制付款计划表。其中人工费应按月确定付款期和付款计划。承包人应当在收到工程师和发包人批准的项目进度计划后7天内,将付款计划表及编制付款计划表的支持性资料报送工程师。

(2)工程师应在收到付款计划表后7天内完成审核并报送发包人。发包人应在收到经工程师审核的付款计划表后7天内完成审批,经发包人批准的付款计划表为有约束力的付款计划表。

(3)发包人逾期未完成付款计划表审批的,也未及时要求承包人进行修正和提供补充资料的,则承包人提交的付款计划表视为已经获得发包人批准。

14.5　竣工结算

14.5.1　竣工结算申请

除专用合同条件另有约定外,承包人应在工程竣工验收合格后42天内向工程师提交竣工结算申请单,并提交完整的结算资料,有关竣工结算申请单的资料清单和份数等要求由合同当事人在专用合同条件中约定。

除专用合同条件另有约定外,竣工结算申请单应包括以下内容:

(1)竣工结算合同价格;

(2)发包人已支付承包人的款项;

(3)采用第14.6.1项[承包人提供质量保证金的方式]第(2)种方式提供质量保证金的,应当列明应预留的质量保证金金额;采用第14.6.1项[承包人提供质量保证金的方式]中其他方式提供质量保证金的,应当按第14.6款[质量保证金]提供相关文件作为附件;

(4)发包人应支付承包人的合同价款。

14.5.2 竣工结算审核

(1)除专用合同条件另有约定外,工程师应在收到竣工结算申请单后14天内完成核查并报送发包人。发包人应在收到工程师提交的经审核的竣工结算申请单后14天内完成审批,并由工程师向承包人签发经发包人签认的竣工付款证书。工程师或发包人对竣工结算申请单有异议的,有权要求承包人进行修正和提供补充资料,承包人应提交修正后的竣工结算申请单。

发包人在收到承包人提交竣工结算申请书后28天内未完成审批且未提出异议的,视为发包人认可承包人提交的竣工结算申请单,并自发包人收到承包人提交的竣工结算申请单后第29天起视为已签发竣工付款证书。

(2)除专用合同条件另有约定外,发包人应在签发竣工付款证书后的14天内,完成对承包人的竣工付款。发包人逾期支付的,按照贷款市场报价利率(LPR)支付违约金;逾期支付超过56天的,按照贷款市场报价利率(LPR)的两倍支付违约金。

(3)承包人对发包人签认的竣工付款证书有异议的,对于有异议部分应在收到发包人签认的竣工付款证书后7天内提出异议,并由合同当事人按照专用合同条件约定的方式和程序进行复核,或按照第20条[争议解决]约定处理。对于无异议部分,发包人应签发临时竣工付款证书,并按本款第(2)项完成付款。承包人逾期未提出异议的,视为认可发包人的审批结果。

14.5.3 扫尾工作清单

经双方协商,部分工作在工程竣工验收后进行的,承包人应当编制扫尾工清单,扫尾工作清单中应当列明承包人应当完成的扫尾工作的内容及完成时间。

承包人完成扫尾工作清单中的内容应取得的费用包含在第 14.5.1 项[竣工结算申请]及第 14.5.2 项[竣工结算审核]中一并结算。

扫尾工作的缺陷责任期按第 11 条[缺陷责任与保修]处理。承包人未能按照扫尾工作清单约定的完成时间完成扫尾工作的,视为承包人原因导致的工程质量缺陷按照第 11.3 款[缺陷调查]处理。

14.6　质量保证金

经合同当事人协商一致提供质量保证金的,应在专用合同条件中予以明确。在工程项目竣工前,承包人已经提供履约担保的,发包人不得同时要求承包人提供质量保证金。

14.6.1　承包人提供质量保证金的方式

承包人提供质量保证金有以下三种方式:

(1)提交工程质量保证担保;

(2)预留相应比例的工程款;

(3)双方约定的其他方式。

除专用合同条件另有约定外,质量保证金原则上采用上述第(1)种方式,且承包人应在工程竣工验收合格后 7 天内,向发包人提交工程质量保证担保。承包人提交工程质量保证担保时,发包人应同时返还预留的作为质量保证金的工程价款(如有)。但不论承包人以何种方式提供质量保证金,累计金额均不得高于工程价款结算总额的 3%。

14.6.2　质量保证金的预留

双方约定采用预留相应比例的工程款方式提供质量保证金的,质量保证金的预留有以下三种方式:

(1)按专用合同条件的约定在支付工程进度款时逐次预留,直至预留的质量保证金总额达到专用合同条件约定的金额或比例为止。在此情形下,质量保证金的计算基数不包括预付款的支付、扣回以及价格调整的金额;

(2)工程竣工结算时一次性预留质量保证金;

(3)双方约定的其他预留方式。

除专用合同条件另有约定外,质量保证金的预留原则上采用上述第(1)种方式。如承包人在发包人签发竣工付款证书后 28 天内提交工程质量保证担保,发包人应同时返还预留的作为质量保证金的工程价款。发包人在返还本条款项下的质量保证金的同时,按照中国人民银行同期同类存款基准利率支付利息。

14.6.3　质量保证金的返还

缺陷责任期内,承包人认真履行合同约定的责任,缺陷责任期满,发包人根据第 11.6 款[缺陷责任期终止证书]向承包人颁发缺陷责任期终止证书后,承包人可向发包人申请返还质量保证金。

发包人在接到承包人返还质量保证金申请后,应于 7 天内将质量保证金返还承包人,逾期未返还的,应承担违约责任。发包人在接到承包人返还质量保证金申请后 7 天内不予答复,视同认可承包人的返还质量保证金申请。

发包人和承包人对质量保证金预留、返还以及工程维修质量、费用有争议的,按本合同第 20 条[争议解决]约定的争议和纠纷解决程序处理。

14.7　最终结清

14.7.1　最终结清申请单

(1)除专用合同条件另有约定外,承包人应在缺陷责任期终止证书颁发后 7 天内,按专用合同条件约定的份数向发包人提交最终结清申请单,并提供相关证明材料。

除专用合同条件另有约定外,最终结清申请单应列明质量保证金、应扣除的质量保证金、缺陷责任期内发生的增减费用。

(2)发包人对最终结清申请单内容有异议的,有权要求承包人进行修正和提供补充资料,承包人应向发包人提交修正后的最终结清申请单。

14.7.2　最终结清证书和支付

(1)除专用合同条件另有约定外,发包人应在收到承包人提交的最终结清申请单后 14 天内完成审批并向承包人颁发最终结清证书。发包人逾期未完成审批,又未提出修改意见的,视为发包人同意承包人提交的最终结清申请单,且自发包人收到承包人提交的最终结清申请单后 15 天起视为已颁发最终结清证书。

(2)除专用合同条件另有约定外,发包人应在颁发最终结清证书后 7 天内完成支付。发包人逾期支付的,按照贷款市场报价利率(LPR)支付利息;逾期支付超过 56 天的,按照贷款市场报价利率(LPR)的两倍支付利息。

（3）承包人对发包人颁发的最终结清证书有异议的，按第 20 条［争议解决］的约定办理。

第 15 条　违约

15.1　发包人违约

15.1.1　发包人违约的情形

除专用合同条件另有约定外，在合同履行过程中发生的下列情形，属于发包人违约：

（1）因发包人原因导致开始工作日期延误的；

（2）因发包人原因未能按合同约定支付合同价款的；

（3）发包人违反第 13.1.1 项约定，自行实施被取消的工作或转由他人实施的；

（4）因发包人违反合同约定造成工程暂停施工的；

（5）工程师无正当理由没有在约定期限内发出复工指示，导致承包人无法复工的；

（6）发包人明确表示或者以其行为表明不履行合同主要义务的；

（7）发包人未能按照合同约定履行其他义务的。

15.1.2　通知改正

发包人发生除第 15.1.1 项第（6）目以外的违约情况时，承包人可向发包人发出通知，要求发包人采取有效措施纠正违约行为。发包人收到承包人通知后 28 天内仍不纠正违约行为的，承包人有权暂停相应部位工程实施，并通知工程师。

15.1.3　发包人违约的责任

发包人应承担因其违约给承包人增加的费用和（或）延误的工期，并支付承包人合理的利润。此外，合同当事人可在专用合同条件中另行约定发包人违约责任的承担方式和计算方法。

15.2　承包人违约

15.2.1　承包人违约的情形

除专用合同条件另有约定外，在履行合同过程中发生的下列情况之一的，属于承包人违约：

（1）承包人的原因导致的承包人文件、实施和竣工的工程不符合法律法规、工

程质量验收标准以及合同约定;

(2)承包人违反合同约定进行转包或违法分包的;

(3)承包人违反约定采购和使用不合格材料或工程设备;

(4)因承包人原因导致工程质量不符合合同要求的;

(5)承包人未经工程师批准,擅自将已按合同约定进入施工现场的施工设备、临时设施或材料撤离施工现场;

(6)承包人未能按项目进度计划及时完成合同约定的工作,造成工期延误;

(7)由于承包人原因未能通过竣工试验或竣工后试验的;

(8)承包人在缺陷责任期及保修期内,未能在合理期限对工程缺陷进行修复,或拒绝按发包人指示进行修复的;

(9)承包人明确表示或者以其行为表明不履行合同主要义务的;

(10)承包人未能按照合同约定履行其他义务的。

15.2.2　通知改正

承包人发生除第15.2.1项第(7)目、第(9)目约定以外的其他违约情况时,工程师可在专用合同条件约定的合理期限内向承包人发出整改通知,要求其在指定的期限内改正。

15.2.3　承包人违约的责任

承包人应承担因其违约行为而增加的费用和(或)延误的工期。此外,合同当事人可在专用合同条件中另行约定承包人违约责任的承担方式和计算方法。

15.3　第三人造成的违约

在履行合同过程中,一方当事人因第三人的原因造成违约的,应当向对方当事人承担违约责任。一方当事人和第三人之间的纠纷,依照法律规定或者按照约定解决。

第16条　合同解除

16.1　由发包人解除合同

16.1.1　因承包人违约解除合同

除专用合同条件另有约定外,发包人有权基于下列原因,以书面形式通知承包人解除合同,解除通知中应注明是根据第16.1.1项发出的,发包人应在发出正式解除合同通知14天前告知承包人其解除合同意向,除非承包人在收到该解除合同意向通知后 14 天内采取了补救措施,否则发包人可向承包人发出正式解除合同通知立即解除合同。解除日期应为承包人收到正式解除合同通知的日期,但在第(5)目的情况下,发包人无须提前告知承包人其解除合同意向,可直接发出正式解除合同通知立即解除合同:

(1)承包人未能遵守第 4.2 款[履约担保]的约定;

(2)承包人未能遵守第 4.5 款[分包]有关分包和转包的约定;

(3)承包人实际进度明显落后于进度计划,并且未按发包人的指令采取措施并修正进度计划;

(4)工程质量有严重缺陷,承包人无正当理由使修复开始日期拖延达 28 天以上;

(5)承包人破产、停业清理或进入清算程序,或情况表明承包人将进入破产和(或)清算程序,已有对其财产的接管令或管理令,与债权人达成和解,或为其债权人的利益在财产接管人、受托人或管理人的监督下营业,或采取了任何行动或发生任何事件(根据有关适用法律)具有与前述行动或事件相似的效果;

(6)承包人明确表示或以自己的行为表明不履行合同、或经发包人以书面形式通知其履约后仍未能依约履行合同、或以不适当的方式履行合同;

(7)未能通过的竣工试验、未能通过的竣工后试验,使工程的任何部分和(或)整个工程丧失了主要使用功能、生产功能;

(8)因承包人的原因暂停工作超过 56 天且暂停影响到整个工程,或因承包人的原因暂停工作超过 182 天;

(9)承包人未能遵守第 8.2 款[竣工日期]规定,延误超过 182 天;

(10)工程师根据第 15.2.2 项[通知改正]发出整改通知后,承包人在指定的合理期限内仍不纠正违约行为并致使合同目的不能实现的。

16.1.2　因承包人违约解除合同后承包人的义务

合同解除后,承包人应按以下约定执行:

(1)除了为保护生命、财产或工程安全、清理和必须执行的工作外,停止执行所有被通知解除的工作,并将相关人员撤离现场;

(2)经发包人批准,承包人应将与被解除合同相关的和正在执行的分包合同及相关的责任和义务转让至发包人和(或)发包人指定方的名下,包括永久性工程

及工程物资,以及相关工作;

(3)移交已完成的永久性工程及负责已运抵现场的工程物资。在移交前,妥善做好已完工程和已运抵现场的工程物资的保管、维护和保养;

(4)将发包人提供的所有信息及承包人为本工程编制的设计文件、技术资料及其他文件移交给发包人。在承包人留有的资料文件中,销毁与发包人提供的所有信息相关的数据及资料的备份;

(5)移交相应实施阶段已经付款的并已完成的和尚待完成的设计文件、图纸、资料、操作维修手册、施工组织设计、质检资料、竣工资料等。

16.1.3 因承包人违约解除合同后的估价、付款和结算

因承包人原因导致合同解除的,则合同当事人应在合同解除后 28 天内完成估价、付款和清算,并按以下约定执行:

(1)合同解除后,按第3.6款[商定或确定]商定或确定承包人实际完成工作对应的合同价款,以及承包人已提供的材料、工程设备、施工设备和临时工程等的价值;

(2)合同解除后,承包人应支付的违约金;

(3)合同解除后,因解除合同给发包人造成的损失;

(4)合同解除后,承包人应按照发包人的指示完成现场的清理和撤离;

(5)发包人和承包人应在合同解除后进行清算,出具最终结清付款证书,结清全部款项。

因承包人违约解除合同的,发包人有权暂停对承包人的付款,查清各项付款和已扣款项,发包人和承包人未能就合同解除后的清算和款项支付达成一致的,按照第20条[争议解决]的约定处理。

16.1.4 因承包人违约解除合同的合同权益转让

合同解除后,发包人可以继续完成工程,和(或)安排第三人完成。发包人有权要求承包人将其为实施合同而订立的材料和设备的订货合同或任何服务合同利益转让给发包人,并在承包人收到解除合同通知后的 14 天内,依法办理转让手续。发包人和(或)第三人有权使用承包人在施工现场的材料、设备、临时工程、承包人文件和由承包人或以其名义编制的其他文件。

16.2 由承包人解除合同

16.2.1 因发包人违约解除合同

除专用合同条件另有约定外,承包人有权基于下列原因,以书面形式通知发包人解除合同,解除通知中应注明是根据第16.2.1项发出的,承包人应在发出正式解除合同通知14天前告知发包人其解除合同意向,除非发包人在收到该解除合同意向通知后14天内采取了补救措施,否则承包人可向发包人发出正式解除合同通知立即解除合同。解除日期应为发包人收到正式解除合同通知的日期,但在第(5)目的情况下,承包人无须提前告知发包人其解除合同意向,可直接发出正式解除合同通知立即解除合同:

(1)承包人就发包人未能遵守第2.5.2项关于发包人的资金安排发出通知后42天内,仍未收到合理的证明;

(2)在第14条规定的付款时间到期后42天内,承包人仍未收到应付款项;

(3)发包人实质上未能根据合同约定履行其义务,构成根本性违约;

(4)发承包双方订立本合同协议书后的84天内,承包人未收到根据第8.1款[开始工作]的开始工作通知;

(5)发包人破产、停业清理或进入清算程序,或情况表明发包人将进入破产和(或)清算程序或发包人资信严重恶化,已有对其财产的接管令或管理令,与债权人达成和解,或为其债权人的利益在财产接管人、受托人或管理人的监督下营业,或采取了任何行动或发生任何事件(根据有关适用法律)具有与前述行动或事件相似的效果;

(6)发包人未能遵守第2.5.3项的约定提交支付担保;

(7)发包人未能执行第15.1.2项[通知改正]的约定,致使合同目的不能实现的;

(8)因发包人的原因暂停工作超过56天且暂停影响到整个工程,或因发包人的原因暂停工作超过182天的;

(9)因发包人原因造成开始工作日期迟于承包人收到中标通知书(或在无中标通知书的情况下,订立本合同之日)后第84天的。

发包人接到承包人解除合同意向通知后14天内,发包人随后给予了付款,或同意复工、或继续履行其义务、或提供了支付担保等,承包人应尽快安排并恢复正常工作;因此造成工期延误的,竣工日期顺延;承包人因此增加的费用,由发包人承担。

16.2.2　因发包人违约解除合同后承包人的义务

合同解除后,承包人应按以下约定执行:

(1)除为保护生命、财产、工程安全的工作外,停止所有进一步的工作;承包人因执行该保护工作而产生费用的,由发包人承担;

(2)向发包人移交承包人已获得支付的承包人文件、生产设备、材料和其他工作;

(3)从现场运走除为了安全需要以外的所有属于承包人的其他货物,并撤离现场。

16.2.3　因发包人违约解除合同后的付款

承包人按照本款约定解除合同的,发包人应在解除合同后 28 天内支付下列款项,并退还履约担保:

(1)合同解除前所完成工作的价款;

(2)承包人为工程施工订购并已付款的材料、工程设备和其他物品的价款;发包人付款后,该材料、工程设备和其他物品归发包人所有;

(3)承包人为完成工程所发生的,而发包人未支付的金额;

(4)承包人撤离施工现场以及遣散承包人人员的款项;

(5)按照合同约定在合同解除前应支付的违约金;

(6)按照合同约定应当支付给承包人的其他款项;

(7)按照合同约定应返还的质量保证金;

(8)因解除合同给承包人造成的损失。

承包人应妥善做好已完工程和与工程有关的已购材料、工程设备的保护和移交工作,并将施工设备和人员撤出施工现场,发包人应为承包人撤出提供必要条件。

16.3　合同解除后的事项

16.3.1　结算约定依然有效

合同解除后,由发包人或由承包人解除合同的结算及结算后的付款约定仍然有效,直至解除合同的结算工作结清。

16.3.2 解除合同的争议

双方对解除合同或解除合同后的结算有争议的,按照第 20 条[争议解决]的约定处理。

第 17 条 不可抗力

17.1 不可抗力的定义

不可抗力是指合同当事人在订立合同时不可预见,在合同履行过程中不可避免、不能克服且不能提前防备的自然灾害和社会性突发事件,如地震、海啸、瘟疫、骚乱、戒严、暴动、战争和专用合同条件中约定的其他情形。

17.2 不可抗力的通知

合同一方当事人觉察或发现不可抗力事件发生,使其履行合同义务受到阻碍时,有义务立即通知合同另一方当事人和工程师,书面说明不可抗力和受阻碍的详细情况,并提供必要的证明。

不可抗力持续发生的,合同一方当事人应每隔 28 天向合同另一方当事人和工程师提交中间报告,说明不可抗力和履行合同受阻的情况,并于不可抗力事件结束后 28 天内提交最终报告及有关资料。

17.3 将损失减至最小的义务

不可抗力发生后,合同当事人均应采取措施尽量避免和减少损失的扩大,使不可抗力对履行合同造成的损失减至最小。另一方全力协助并采取措施,需暂停实施的工作,立即停止。任何一方当事人没有采取有效措施导致损失扩大的,应对扩大的损失承担责任。

17.4 不可抗力后果的承担

不可抗力导致的人员伤亡、财产损失、费用增加和(或)工期延误等后果,由合同当事人按以下原则承担:

(1)永久工程,包括已运至施工现场的材料和工程设备的损害,以及因工程损害造成的第三人人员伤亡和财产损失由发包人承担;

(2)承包人提供的施工设备的损坏由承包人承担;

(3)发包人和承包人各自承担其人员伤亡及其他财产损失;

(4)因不可抗力影响承包人履行合同约定的义务,已经引起或将引起工期延误的,应当顺延工期,由此导致承包人停工的费用损失由发包人和承包人合理分

担,停工期间必须支付的现场必要的工人工资由发包人承担;

(5)因不可抗力引起或将引起工期延误,发包人指示赶工的,由此增加的赶工费用由发包人承担;

(6)承包人在停工期间按照工程师或发包人要求照管、清理和修复工程的费用由发包人承担。

不可抗力引起的后果及造成的损失由合同当事人按照法律规定及合同约定各自承担。不可抗力发生前已完成的工程应当按照合同约定进行支付。

17.5 不可抗力影响分包人

分包人根据分包合同的约定,有权获得更多或者更广的不可抗力而免除某些义务时,承包人不得以分包合同中不可抗力约定向发包人抗辩免除其义务。

17.6 因不可抗力解除合同

因单次不可抗力导致合同无法履行连续超过84天或累计超过140天的,发包人和承包人均有权解除合同。合同解除后,承包人应按照第10.5款[竣工退场]的规定进行。由双方当事人按照第3.6款[商定或确定]商定或确定发包人应支付的款项,该款项包括:

(1)合同解除前承包人已完成工作的价款;

(2)承包人为工程订购的并已交付给承包人,或承包人有责任接受交付的材料、工程设备和其他物品的价款;当发包人支付上述费用后,此项材料、工程设备与其他物品应成为发包人的财产,承包人应将其交由发包人处理;

(3)发包人指示承包人退货或解除订货合同而产生的费用,或因不能退货或解除合同而产生的损失;

(4)承包人撤离施工现场以及遣散承包人人员的费用;

(5)按照合同约定在合同解除前应支付给承包人的其他款项;

(6)扣减承包人按照合同约定应向发包人支付的款项;

(7)双方商定或确定的其他款项。

除专用合同条件另有约定外,合同解除后,发包人应当在商定或确定上述款项后28天内完成上述款项的支付。

第18条　保险

18.1　设计和工程保险

18.1.1　双方应按照专用合同条件的约定向双方同意的保险人投保建设工程设计责任险、建筑安装工程一切险等保险。具体的投保险种、保险范围、保险金额、保险费率、保险期限等有关内容应当在专用合同条件中明确约定。

18.1.2　双方应按照专用合同条件的约定投保第三者责任险,并在缺陷责任期终止证书颁发前维持其持续有效。第三者责任险最低投保额应在专用合同条件内约定。

18.2　工伤和意外伤害保险

18.2.1　发包人应依照法律规定为其在施工现场的雇用人员办理工伤保险,缴纳工伤保险费;并要求工程师及由发包人为履行合同聘请的第三方在施工现场的雇用人员依法办理工伤保险。

18.2.2　承包人应依照法律规定为其履行合同雇用的全部人员办理工伤保险,缴纳工伤保险费,并要求分包人及由承包人为履行合同聘请的第三方雇用的全部人员依法办理工伤保险。

18.2.3　发包人和承包人可以为其施工现场的全部人员办理意外伤害保险并支付保险费,包括其员工及为履行合同聘请的第三方的人员,具体事项由合同当事人在专用合同条件约定。

18.3　货物保险

承包人应按照专用合同条件的约定为运抵现场的施工设备、材料、工程设备和临时工程等办理财产保险,保险期限自上述货物运抵现场至其不再为工程所需要为止。

18.4　其他保险

发包人应按照工程总承包模式所适用的法律法规和专用合同条件约定,投保其他保险并保持保险有效,其投保费用发包人自行承担。承包人应按照工程总承包模式所适用法律法规和专用合同条件约定投保相应保险并保持保险有效,其投保费用包含在合同价格中,但在合同执行过程中,新颁布适用的法律法规规定由承包人投保的强制保险,应根据本合同第13条[变更与调整]的约定增加合同价款。

18.5　对各项保险的一般要求

18.5.1　持续保险

合同当事人应与保险人保持联系,使保险人能够随时了解工程实施中的变动,并确保按保险合同条款要求持续保险。

18.5.2　保险凭证

合同当事人应及时向另一方当事人提交其已投保的各项保险的凭证和保险单复印件,保险单必须与专用合同条件约定的条件保持一致。

18.5.3　未按约定投保的补救

负有投保义务的一方当事人未按合同约定办理保险,或未能使保险持续有效的,则另一方当事人可代为办理,所需费用由负有投保义务的一方当事人承担。

负有投保义务的一方当事人未按合同约定办理某项保险,导致受益人未能得到足额赔偿的,由负有投保义务的一方当事人负责按照原应从该项保险得到的保险金数额进行补足。

18.5.4　通知义务

除专用合同条件另有约定外,任何一方当事人变更除工伤保险之外的保险合同时,应事先征得另一方当事人同意,并通知工程师。

保险事故发生时,投保人应按照保险合同规定的条件和期限及时向保险人报告。发包人和承包人应当在知道保险事故发生后及时通知对方。

双方按本条规定投保不减少双方在合同下的其他义务。

第19条　索赔

19.1　索赔的提出

根据合同约定,任意一方认为有权得到追加/减少付款、延长缺陷责任期和(或)延长工期的,应按以下程序向对方提出索赔:

(1)索赔方应在知道或应当知道索赔事件发生后28天内,向对方递交索赔意向通知书,并说明发生索赔事件的事由;索赔方未在前述28天内发出索赔意向通知书的,丧失要求追加/减少付款、延长缺陷责任期和(或)延长工期的权利。

(2)索赔方应在发出索赔意向通知书后28天内,向对方正式递交索赔报告;索赔报告应详细说明索赔理由以及要求追加的付款金额、延长缺陷责任期和(或)延长的工期,并附必要的记录和证明材料。

（3）索赔事件具有持续影响的，索赔方应每月递交延续索赔通知，说明持续影响的实际情况和记录，列出累计的追加付款金额、延长缺陷责任期和（或）工期延长天数。

（4）在索赔事件影响结束后 28 天内，索赔方应向对方递交最终索赔报告，说明最终要求索赔的追加付款金额、延长缺陷责任期和（或）延长的工期，并附必要的记录和证明材料。

（5）承包人作为索赔方时，其索赔意向通知书、索赔报告及相关索赔文件应向工程师提出；发包人作为索赔方时，其索赔意向通知书、索赔报告及相关索赔文件可自行向承包人提出或由工程师向承包人提出。

19.2　承包人索赔的处理程序

（1）工程师收到承包人提交的索赔报告后，应及时审查索赔报告的内容、查验承包人的记录和证明材料，必要时工程师可要求承包人提交全部原始记录副本。

（2）工程师应按第 3.6 款［商定或确定］商定或确定追加的付款和（或）延长的工期，并在收到上述索赔报告或有关索赔的进一步证明材料后及时书面告知发包人，并在 42 天内，将发包人书面认可的索赔处理结果答复承包人。工程师在收到索赔报告或有关索赔的进一步证明材料后的 42 天内不予答复的，视为认可索赔。

（3）承包人接受索赔处理结果的，发包人应在作出索赔处理结果答复后 28 天内完成支付。承包人不接受索赔处理结果的，按照第 20 条［争议解决］约定处理。

19.3　发包人索赔的处理程序

（1）承包人收到发包人提交的索赔报告后，应及时审查索赔报告的内容、查验发包人证明材料。

（2）承包人应在收到上述索赔报告或有关索赔的进一步证明材料后 42 天内，将索赔处理结果答复发包人。承包人在收到索赔通知书或有关索赔的进一步证明材料后的 42 天内不予答复的，视为认可索赔。

（3）发包人接受索赔处理结果的，发包人可从应支付给承包人的合同价款中扣除赔付的金额或延长缺陷责任期；发包人不接受索赔处理结果的，按第 20 条［争议解决］约定处理。

19.4 提出索赔的期限

(1)承包人按第14.5款[竣工结算]约定接收竣工付款证书后,应被认为已无权再提出在合同工程接收证书颁发前所发生的任何索赔。

(2)承包人按第14.7款[最终结清]提交的最终结清申请单中,只限于提出工程接收证书颁发后发生的索赔。提出索赔的期限均自接受最终结清证书时终止。

第20条 争议解决

20.1 和解

合同当事人可以就争议自行和解,自行和解达成协议的经双方签字并盖章后作为合同补充文件,双方均应遵照执行。

20.2 调解

合同当事人可以就争议请求建设行政主管部门、行业协会或其他第三方进行调解,调解达成协议的,经双方签字盖章后作为合同补充文件,双方均应遵照执行。

20.3 争议评审

合同当事人在专用合同条件中约定采取争议评审方式及评审规则解决争议的,按下列约定执行:

20.3.1 争议评审小组的确定

合同当事人可以共同选择一名或三名争议评审员,组成争议评审小组。如专用合同条件未对成员人数进行约定,则应由三名成员组成。除专用合同条件另有约定外,合同当事人应当自合同订立后28天内,或者争议发生后14天内,选定争议评审员。

选择一名争议评审员的,由合同当事人共同确定;选择三名争议评审员的,各自选定一名,第二名成员由合同当事人共同确定或由合同当事人委托已选定的争议评审员共同确定,为首席争议评审员。争议评审员为一人且合同当事人未能达成一致的,或争议评审员为三人且合同当事人就首席争议评审员未能达成一致的,由专用合同条件约定的评审机构指定。

除专用合同条件另有约定外,争议评审员报酬由发包人和承包人各承担一半。

20.3.2　争议的避免

合同当事人协商一致,可以共同书面请求争议评审小组,就合同履行过程中可能出现争议的情况提供协助或进行非正式讨论,争议评审小组应给出公正的意见或建议。

此类协助或非正式讨论可在任何会议、施工现场视察或其他场合进行,并且除专用合同条件另有约定外,发包人和承包人均应出席。

争议评审小组在此类非正式讨论上给出的任何意见或建议,无论是口头还是书面的,对发包人和承包人不具有约束力,争议评审小组在之后的争议评审程序或决定中也不受此类意见或建议的约束。

20.3.3　争议评审小组的决定

合同当事人可在任何时间将与合同有关的任何争议共同提请争议评审小组进行评审。争议评审小组应秉持客观、公正原则,充分听取合同当事人的意见,依据相关法律、规范、标准、案例经验及商业惯例等,自收到争议评审申请报告后14天或争议评审小组建议并经双方同意的其他期限内作出书面决定,并说明理由。合同当事人可以在专用合同条件中对本项事项另行约定。

20.3.4　争议评审小组决定的效力

争议评审小组作出的书面决定经合同当事人签字确认后,对双方具有约束力,双方应遵照执行。

任何一方当事人不接受争议评审小组决定或不履行争议评审小组决定的,双方可选择采用其他争议解决方式。

任何一方当事人不接受争议评审小组的决定,并不影响暂时执行争议评审小组的决定,直到在后续的采用其他争议解决方式中对争议评审小组的决定进行了改变。

20.4　仲裁或诉讼

因合同及合同有关事项产生的争议,合同当事人可以在专用合同条件中约定以下一种方式解决争议:

(1)向约定的仲裁委员会申请仲裁;

(2)向有管辖权的人民法院起诉。

20.5　争议解决条款效力

合同有关争议解决的条款独立存在,合同的不生效、无效、被撤销或者终止的,不影响合同中有关争议解决条款的效力。

第三部分　专用合同条件

第1条　一般约定

1.1　词语定义和解释

1.1.1　合同

1.1.1.10　其他合同文件：＿＿＿＿＿＿＿＿＿＿＿＿＿＿＿。

1.1.3　工程和设备

1.1.3.5　单位/区段工程的范围：＿＿＿＿＿＿＿＿＿＿＿。

1.1.3.9　作为施工场所组成部分的其他场所包括：＿＿＿＿＿。

1.1.3.10　永久占地包括：＿＿＿＿＿＿＿＿＿＿＿＿＿＿。

1.1.3.11　临时占地包括：＿＿＿＿＿＿＿＿＿＿＿＿＿＿。

1.2　语言文字

本合同除使用汉语外,还使用＿＿＿＿＿＿＿＿＿＿语言。

1.3　法律

适用于合同的其他规范性文件：＿＿＿＿＿＿＿＿＿＿＿。

1.4　标准和规范

1.4.1　适用于本合同的标准、规范(名称)包括：＿＿＿＿＿。

1.4.2　发包人提供的国外标准、规范的名称：＿＿＿＿＿；发包人提供的国外标准、规范的份数：＿＿＿＿＿；发包人提供的国外标准、规范的时间：＿＿＿＿＿＿＿＿＿。

1.4.3　没有成文规范、标准规定的约定：＿＿＿＿＿＿＿。

1.4.4　发包人对于工程的技术标准、功能要求：＿＿＿＿。

1.5　合同文件的优先顺序

合同文件组成及优先顺序为：＿＿＿＿＿＿＿＿＿＿＿。

1.6   文件的提供和照管

1.6.1   发包人文件的提供

发包人文件的提供期限、名称、数量和形式:_____。

1.6.2   承包人文件的提供

承包人文件的内容、提供期限、名称、数量和形式:_____

_____。

1.6.4   文件的照管

关于现场文件准备的约定:_____。

1.7   联络

1.7.2   发包人指定的送达方式(包括电子传输方式):_____

_____。

发包人的送达地址:_____。

承包人指定的送达方式(包括电子传输方式):_____

_____。

承包人的送达地址:_____。

1.10   知识产权

1.10.1   由发包人(或以发包人名义)编制的《发包人要求》和其他文件的著作权归属:_____。

1.10.2   由承包人(或以承包人名义)为实施工程所编制的文件、承包人完成的设计工作成果和建造完成的建筑物的知识产权归属:_____

_____。

1.10.4   承包人在投标文件中采用的专利、专有技术、技术秘密的使用费的承担方式_____。

1.11   保密

双方订立的商业保密协议(名称):_____,作为本合同附件。

双方订立的技术保密协议(名称):_____,作为本合同附件。

1.13   责任限制

承包人对发包人赔偿责任的最高限额为_____。

1.14　建筑信息模型技术的应用

关于建筑信息模型技术的开发、使用、存储、传输、交付及费用约定如下：＿＿＿

＿＿＿＿＿＿＿＿＿＿＿＿＿＿＿＿＿＿。

第 2 条　发包人

2.2　提供施工现场和工作条件

2.2.1　提供施工现场

关于发包人提供施工现场的范围和期限：＿＿＿＿＿＿＿＿。

2.2.2　提供工作条件

关于发包人应负责提供的工作条件包括：＿＿＿＿＿＿＿。

2.3　提供基础资料

关于发包人应提供的基础资料的范围和期限：＿＿＿＿＿＿。

2.5　支付合同价款

2.5.2　发包人提供资金来源证明及资金安排的期限要求：＿＿＿

＿＿＿＿＿＿＿＿＿＿＿＿＿＿＿＿＿＿。

2.5.3　发包人提供支付担保的形式、期限、金额（或比例）：＿＿＿

＿＿＿＿＿＿＿＿＿＿＿＿＿＿＿＿＿＿。

2.7　其他义务

发包人应履行的其他义务：＿＿＿＿＿＿＿＿＿＿＿＿＿＿＿＿。

第 3 条　发包人的管理

3.1　发包人代表

发包人代表的姓名：＿＿＿＿＿＿＿＿＿＿＿＿＿＿＿＿＿＿＿＿；

发包人代表的身份证号：＿＿＿＿＿＿＿＿＿＿＿＿＿＿＿＿＿＿；

发包人代表的职务：＿＿＿＿＿＿＿＿＿＿＿＿＿＿＿＿＿＿＿＿；

发包人代表的联系电话：＿＿＿＿＿＿＿＿＿＿＿＿＿＿＿＿＿＿；

发包人代表的电子邮箱：＿＿＿＿＿＿＿＿＿＿＿＿＿＿＿＿＿＿；

发包人代表的通信地址：＿＿＿＿＿＿＿＿＿＿＿＿＿＿＿＿＿＿；

发包人对发包人代表的授权范围如下：＿＿＿＿＿＿＿＿＿＿＿＿；

发包人代表的职责：＿＿＿＿＿＿＿＿＿＿＿＿＿＿＿＿＿＿＿＿。

3.2　发包人人员

发包人人员姓名：_____；

发包人人员职务：_____；

发包人人员职责：_____。

3.3　工程师

3.3.1　工程师名称：_____；工程师监督管理范围、内容：_____；工程师权限：_____

_____。

3.6　商定或确定

3.6.2　关于商定时间限制的具体约定：_____。

3.6.3　关于商定或确定效力的具体约定：_____；关于对工程师的确定提出异议的具体约定：_____。

3.7　会议

3.7.1　关于召开会议的具体约定：_____。

3.7.2　关于保存和提供会议纪要的具体约定：_____。

第4条　承包人

4.1　承包人的一般义务

承包人应履行的其他义务：_____。

4.2　履约担保

承包人是否提供履约担保：_____。

履约担保的方式、金额及期限：_____。

4.3　工程总承包项目经理

4.3.1　工程总承包项目经理姓名：_____；

执业资格或职称类型：_____；

执业资格证或职称证号码：_____；

联系电话：_____；

电子邮箱：_____；

通信地址：_____。

承包人未提交劳动合同,以及没有为工程总承包项目经理缴纳社会保险证明的违约责任：_____。

    4.3.2   工程总承包项目经理每月在现场的时间要求：_____

_____。

    工程总承包项目经理未经批准擅自离开施工现场的违约责任：_____

_____。

    4.3.3   承包人对工程总承包项目经理的授权范围：_____

_____。

    4.3.4   承包人擅自更换工程总承包项目经理的违约责任：_____

_____。

    4.3.5   承包人无正当理由拒绝更换工程总承包项目经理的违约责任：____

_____。

4.4   承包人人员

4.4.1   人员安排

承包人提交项目管理机构及施工现场人员安排的报告的期限：_____

_____。

承包人提交关键人员信息及注册执业资格等证明其具备担任关键人员能力的相关文件的期限：_____。

4.4.2   关键人员更换

承包人擅自更换关键人员的违约责任：_____。

承包人无正当理由拒绝撤换关键人员的违约责任：_____

_____。

4.4.3   现场管理关键人员在岗要求

承包人现场管理关键人员离开施工现场的批准要求：_____

_____。

承包人现场管理关键人员擅自离开施工现场的违约责任：_____

_____。

4.5   分包

4.5.1   一般约定

禁止分包的工程包括：_____。

4.5.2　分包的确定

允许分包的工程包括:＿＿＿＿＿＿＿＿＿＿＿＿＿＿＿。

其他关于分包的约定:＿＿＿＿＿＿＿＿＿＿＿＿＿＿＿。

4.5.5　分包合同价款支付

关于分包合同价款支付的约定:＿＿＿＿＿＿＿＿＿＿＿。

4.6　联合体

4.6.2　联合体各成员的分工、费用收取、发票开具等事项:＿＿＿＿＿＿＿

＿＿＿＿＿＿＿＿＿＿＿＿＿＿＿＿＿＿。

4.7　承包人现场查勘

4.7.1　双方当事人对现场查勘的责任承担的约定:＿＿＿＿＿＿＿＿

＿＿＿＿＿＿＿＿＿＿＿＿＿＿＿。

4.8　不可预见的困难

不可预见的困难包括:＿＿＿＿＿＿＿＿＿＿＿＿＿＿＿。

第5条　设计

5.2　承包人文件审查

5.2.1　承包人文件审查的期限:＿＿＿＿＿＿＿＿＿＿＿＿＿。

5.2.2　审查会议的审查形式和时间安排为:＿＿＿＿＿＿＿,审查会议的相关
费用由＿＿＿＿＿＿＿＿＿承担。

5.2.3　关于第三方审查单位的约定:＿＿＿＿＿＿＿＿＿＿＿。

5.3　培训

培训的时长为＿＿＿＿＿＿＿＿＿,承包人应为培训提供的人员、设施和其他必
要条件为＿＿＿＿＿＿＿＿＿＿＿＿＿＿＿。

5.4　竣工文件

5.4.1　竣工文件的形式、提供的份数、技术标准以及其他相关要求:＿＿＿＿

＿＿＿＿＿＿＿＿＿＿＿＿＿＿＿＿＿＿。

5.4.3　关于竣工文件的其他约定:＿＿＿＿＿＿＿＿＿＿＿＿＿。

5.5　操作和维修手册

5.5.3　对最终操作和维修手册的约定:＿＿＿＿＿＿＿＿＿＿＿。

第6条 材料、工程设备

6.1 实施方法

双方当事人约定的实施方法、设备、设施和材料：＿＿＿＿＿＿＿＿＿＿＿＿

＿＿＿＿＿＿＿＿＿＿＿＿＿＿＿＿。

6.2 材料和工程设备

6.2.1 发包人提供的材料和工程设备

发包人提供的材料和工程设备验收后,由＿＿＿＿＿＿＿负责接收、运输和保管。

6.2.2 承包人提供的材料和工程设备

材料和工程设备的类别、估算数量：＿＿＿＿＿＿＿＿＿＿。

竣工后试验的生产性材料的类别或(和)清单：＿＿＿＿＿＿＿＿＿＿＿＿

＿＿＿＿＿＿＿＿＿＿＿。

6.2.3 材料和工程设备的保管

发包人供应的材料和工程设备的保管费用由＿＿＿＿＿承担。

承包人提交保管、维护方案的时间：＿＿＿＿＿＿＿＿＿＿。

发包人提供的库房、堆场、设施和设备：＿＿＿＿＿＿＿＿。

6.3 样品

6.3.1 样品的报送与封存

需要承包人报送样品的材料或工程设备,样品种类、名称、规格、数量：＿＿＿＿＿

＿＿＿＿＿＿＿＿＿＿＿＿＿＿＿＿＿。

6.4 质量检查

6.4.1 工程质量要求

工程质量的特殊标准或要求：＿＿＿＿＿＿＿＿＿＿＿＿＿。

6.4.2 质量检查

除通用合同条件已列明的质量检查的地点外,发包人有权进行质量检查的其他地点：＿＿＿＿＿＿＿＿＿＿＿＿＿＿＿＿＿＿。

6.4.3 隐蔽工程检查

关于隐蔽工程和中间验收的特别约定：＿＿＿＿＿＿＿＿。

6.5　由承包人试验和检验

6.5.1　试验设备与试验人员

试验的内容、时间和地点:_____。

试验所需要的试验设备、取样装置、试验场所和试验条件:_____

_____。

试验和检验费用的计价原则:_____。

第7条　施工

7.1　交通运输

7.1.1　出入现场的权利

关于出入现场的权利的约定:_____。

7.1.2　场外交通

关于场外交通的特别约定:_____。

7.1.3　场内交通

关于场内交通的特别约定:_____。

关于场内交通与场外交通边界的约定:_____。

7.1.4　超大件和超重件的运输

运输超大件或超重件所需的道路和桥梁临时加固改造费用和其他有关费用由_____承担。

7.2　施工设备和临时设施

7.2.1　承包人提供的施工设备和临时设施

临时设施的费用和临时占地手续和费用承担的特别约定:_____

_____。

7.2.2　发包人提供的施工设备和临时设施

发包人提供的施工设备或临时设施范围:_____。

7.3　现场合作

关于现场合作费用的特别约定:_____。

7.4　测量放线

7.4.1　关于测量放线的特别约定的技术规范:_____

_____。施工控制网资料的告知期限:_____。

7.5　现场劳动用工

7.5.2　合同当事人对建筑工人工资清偿事宜和违约责任的约定：＿＿＿＿＿＿＿

＿＿＿＿＿＿＿＿＿＿＿＿＿＿＿＿＿＿＿＿＿＿＿＿。

7.6　安全文明施工

7.6.1　安全生产要求

合同当事人对安全施工的要求：＿＿＿＿＿＿＿＿＿＿＿＿＿＿＿＿。

7.6.3　文明施工

合同当事人对文明施工的要求：＿＿＿＿＿＿＿＿＿＿＿＿＿＿＿＿。

7.9　临时性公用设施

关于临时性公用设施的特别约定：＿＿＿＿＿＿＿＿＿＿＿＿＿＿＿。

7.10　现场安保

承包人现场安保义务的特别约定：＿＿＿＿＿＿＿＿＿＿＿＿＿＿＿。

第8条　工期和进度

8.1　开始工作

8.1.1　开始准备工作：＿＿＿＿＿＿＿＿＿＿＿＿＿＿＿＿＿＿＿＿。

8.1.2　发包人可在计划开始工作之日起84日后发出开始工作通知的特殊情形：＿＿＿＿＿＿＿＿＿＿＿＿＿＿＿＿＿＿＿＿＿。

8.2　竣工日期

竣工日期的约定：＿＿＿＿＿＿＿＿＿＿＿＿＿＿＿＿＿＿＿＿＿。

8.3　项目实施计划

8.3.1　项目实施计划的内容

项目实施计划的内容：＿＿＿＿＿＿＿＿＿＿＿＿＿＿＿＿＿＿。

8.3.2　项目实施计划的提交和修改

项目实施计划的提交及修改期限：＿＿＿＿＿＿＿＿＿＿＿＿＿＿。

8.4　项目进度计划

8.4.1　工程师在收到进度计划后确认或提出修改意见的期限：＿＿＿＿＿

＿＿＿＿＿＿＿＿＿＿＿＿＿＿＿＿＿＿＿＿＿。

8.4.2　进度计划的具体要求：＿＿＿＿＿＿＿＿＿＿＿＿＿＿＿。

关键路径及关键路径变化的确定原则：＿＿＿＿＿＿＿＿＿＿＿＿＿。

承包人提交项目进度计划的份数和时间:＿＿＿＿＿＿＿＿。

8.4.3 进度计划的修订

承包人提交修订项目进度计划申请报告的期限:＿＿＿＿＿＿。

发包人批复修订项目进度计划申请报告的期限:＿＿＿＿＿＿。

承包人答复发包人提出修订合同计划的期限:＿＿＿＿＿＿。

8.5 进度报告

进度报告的具体要求:＿＿＿＿＿＿＿＿＿＿。

8.7 工期延误

8.7.2 因承包人原因导致工期延误

因承包人原因使竣工日期延误,每延误1日的误期赔偿金额为合同协议书的合同价格的＿＿％或人民币金额为:＿＿＿＿＿、累计最高赔偿金额为合同协议书的合同价格的:＿＿％或人民币金额为:＿＿＿＿＿＿。

8.7.3 行政审批迟延

行政审批报送的职责分工:＿＿＿＿＿＿＿＿＿。

8.7.4 异常恶劣的气候条件

双方约定视为异常恶劣的气候条件的情形:＿＿＿＿＿＿＿。

8.8 工期提前

8.8.2 承包人提前竣工的奖励:＿＿＿＿＿＿＿＿。

第9条 竣工试验

9.1 竣工试验的义务

9.1.3 竣工试验的阶段、内容和顺序:＿＿＿＿＿＿＿。

竣工试验的操作要求:＿＿＿＿＿＿＿＿＿。

第10条 验收和工程接收

10.1 竣工验收

10.1.2 关于竣工验收程序的约定:＿＿＿＿＿＿＿。

发包人不按照合同约定组织竣工验收、颁发工程接受证书的违约金的计算方式:＿＿＿＿＿＿＿＿＿＿。

10.3 工程的接收

10.3.1 工程接收的先后顺序、时间安排和其他要求:＿＿＿＿＿

_____。

10.3.2 接受工程时承包人需提交竣工验收资料的类别、内容、份数和提交时间:_____。

10.3.3 发包人逾期接收工程的违约责任:_____

_____。

10.3.4 承包人无正当理由不移交工程的违约责任:_____

_____。

10.4 接收证书

10.4.1 工程接收证书颁发时间:_____。

10.5 竣工退场

10.5.1 竣工退场的相关约定:_____。

10.5.3 人员撤离

工程师同意需在缺陷责任期内继续工作和使用的人员、施工设备和临时工程的内容:_____。

第11条 缺陷责任与保修

11.2 缺陷责任期

缺陷责任期的期限:_____。

11.3 缺陷调查

11.3.4 修复通知

承包人收到保修通知并到达工程现场的合理时间:_____。

11.6 缺陷责任期终止证书

承包人应于缺陷责任期届满后____天内向发包人发出缺陷责任期届满通知,发包人应在收到缺陷责任期满通知后____天内核实承包人是否履行缺陷修复义务,承包人未能履行缺陷修复义务的,发包人有权扣除相应金额的维修费用。发包人应在收到缺陷责任期届满通知后____天内,向承包人颁发缺陷责任期终止证书。

11.7 保修责任

工程质量保修范围、期限和责任为:_____。

第12条　竣工后试验

本合同工程是否包含竣工后试验:_____。

12.1　竣工后试验的程序

12.1.2　竣工后试验全部电力、水、污水处理、燃料、消耗品和材料,以及全部其他仪器、协助、文件或其他信息、设备、工具、劳力,启动工程设备,并组织安排有适当资质、经验和能力的工作人员等必要条件的提供方:_____
_____。

第13条　变更与调整

13.2　承包人的合理化建议

13.2.2　工程师应在收到承包人提交的合理化建议后____日内审查完毕并报送发包人,发现其中存在技术上的缺陷,应通知承包人修改。发包人应在收到工程师报送的合理化建议后____日内审批完毕。合理化建议经发包人批准的,工程师应及时发出变更指示,由此引起的合同价格调整按照_____执行。发包人不同意变更的,工程师应书面通知承包人。

13.2.3　承包人提出的合理化变更建议的利益分享约定:_____
_____。

13.3　变更程序

13.3.3　变更估价

13.3.3.1　变更估价原则

关于变更估价原则的约定:_____。

13.4　暂估价

13.4.1　依法必须招标的暂估价项目

承包人可以参与投标的暂估价项目范围:_____。

承包人不得参与投标的暂估价项目范围:_____。

招投标程序及其他约定:_____。

13.4.2　不属于依法必须招标的暂估价项目

不属于依法必须招标的暂估价项目的协商及估价的约定:_____
_____。

13.5 暂列金额

其他关于暂列金额使用的约定：＿＿＿＿＿＿＿＿＿＿＿＿。

13.8 市场价格波动引起的调整

13.8.2 关于是否采用《价格指数权重表》的约定：＿＿＿＿＿＿＿＿

＿＿＿＿＿＿＿＿＿＿。

13.8.3 关于采用其他方式调整合同价款的约定：＿＿＿＿＿＿＿＿

＿＿＿＿＿＿＿＿＿。

第14条 合同价格与支付

14.1 合同价格形式

14.1.1 关于合同价格形式的约定：＿＿＿＿＿＿＿＿＿＿。

14.1.2 关于合同价格调整的约定：＿＿＿＿＿＿＿＿＿＿。

14.1.3 按实际完成的工程量支付工程价款的计量方法、估价方法：＿＿＿＿

＿＿＿＿＿＿＿＿＿＿＿＿＿。

14.2 预付款

14.2.1 预付款支付

预付款的金额或比例为：＿＿＿＿＿＿＿＿＿＿＿＿＿。

预付款支付期限：＿＿＿＿＿＿＿＿＿＿＿＿＿＿。

预付款扣回的方式：＿＿＿＿＿＿＿＿＿＿＿＿。

14.2.2 预付款担保

提供预付款担保期限：＿＿＿＿＿＿＿＿＿＿＿＿＿。

预付款担保形式：＿＿＿＿＿＿＿＿＿＿＿＿。

14.3 工程进度款

14.3.1 工程进度付款申请

工程进度付款申请方式：＿＿＿＿＿＿＿＿＿＿＿＿。

承包人提交进度付款申请单的格式、内容、份数和时间：＿＿＿＿＿＿＿

＿＿＿＿＿＿＿＿＿＿＿＿。

进度付款申请单应包括的内容：＿＿＿＿＿＿＿＿＿＿。

14.3.2 进度付款审核和支付

进度付款的审核方式和支付的约定：＿＿＿＿＿＿＿＿＿。

发包人应在进度款支付证书或临时进度款支付证书签发后的＿＿天内完成支付,发包人逾期支付进度款的,应按照＿＿＿＿＿支付违约金。

14.4 付款计划表

14.4.1 付款计划表的编制要求:＿＿＿＿＿＿＿＿＿＿＿＿＿＿＿。

14.4.2 付款计划表的编制与审批

付款计划表的编制:＿＿＿＿＿＿＿＿＿＿＿＿＿＿＿＿＿。

14.5 竣工结算

14.5.1 竣工结算申请

承包人提交竣工结算申请的时间:＿＿＿＿＿＿＿＿＿＿＿。

竣工结算申请的资料清单和份数:＿＿＿＿＿＿＿＿＿＿＿。

竣工结算申请单的内容应包括:＿＿＿＿＿＿＿＿＿＿＿。

14.5.2 竣工结算审核

发包人审批竣工付款申请单的期限:＿＿＿＿＿＿＿＿＿＿。

发包人完成竣工付款的期限:＿＿＿＿＿＿＿＿＿＿＿＿。

关于竣工付款证书异议部分复核的方式和程序:＿＿＿＿＿＿＿＿＿＿＿＿＿＿＿＿＿＿＿＿＿＿＿＿。

14.6 质量保证金

14.6.1 承包人提供质量保证金的方式

质量保证金采用以下第＿＿种方式:

(1)工程质量保证担保,保证金额为:＿＿＿＿＿＿＿＿＿;

(2)＿＿％的工程款;

(3)其他方式:＿＿＿＿＿＿＿＿＿＿＿＿＿＿＿。

14.6.2 质量保证金的预留

质量保证金的预留采取以下第＿＿种方式:

(1)在支付工程进度款时逐次预留的质量保证金的比例:＿＿＿＿＿＿＿＿,在此情形下,质量保证金的计算基数不包括预付款的支付、扣回以及价格调整的金额;

(2)工程竣工结算时一次性预留专用合同条件第14.6.1项第(2)目约定的工程款预留比例的质量保证金;

(3)其他预留方式:＿＿＿＿＿＿＿＿＿＿＿＿＿＿＿。

关于质量保证金的补充约定：_____。

14.7 最终结清

14.7.1 最终结清申请单

当事人双方关于最终结清申请的其他约定：_____。

14.7.2 最终结清证书和支付

当事人双方关于最终结清支付的其他约定：_____。

第15条 违约

15.1 发包人违约

15.1.1 发包人违约的情形

发包人违约的其他情形_____。

15.1.3 发包人违约的责任

发包人违约责任的承担方式和计算方法：_____。

15.2 承包人违约

15.2.1 承包人违约的情形

承包人违约的其他情形：_____。

15.2.2 通知改正

工程师通知承包人改正的合理期限是：_____。

15.2.3 承包人违约的责任

承包人违约责任的承担方式和计算方法：_____。

第16条 合同解除

16.1 由发包人解除合同

16.1.1 因承包人违约解除合同

双方约定可由发包人解除合同的其他事由：_____。

16.2 由承包人解除合同

16.2.1 因发包人违约解除合同

双方约定可由承包人解除合同的其他事由：_____。

第17条 不可抗力

17.1 不可抗力的定义

除通用合同条件约定的不可抗力事件之外，视为不可抗力的其他情形：____

_____。

17.6　因不可抗力解除合同

合同解除后,发包人应当在商定或确定发包人应支付款项后的____天内完成款项的支付。

第18条　保险

18.1　设计和工程保险

18.1.1　双方当事人关于设计和工程保险的特别约定:_____

_____。

18.1.2　双方当事人关于第三方责任险的特别约定:_____

_____。

18.2　工伤和意外伤害保险

18.2.3　关于工伤保险和意外伤害保险的特别约定:_____

_____。

18.3　货物保险

关于承包人应为其施工设备、材料、工程设备和临时工程等办理财产保险的特别约定:_____。

18.4　其他保险

关于其他保险的约定:_____。

18.5　对各项保险的一般要求

18.5.2　保险凭证

保险单的条件:_____。

18.5.4　通知义务

关于变更保险合同时的通知义务的约定:_____。

第20条　争议解决

20.3　争议评审

合同当事人是否同意将工程争议提交争议评审小组决定:_____

_____。

20.3.1　争议评审小组的确定

争议评审小组成员的人数:_____。

争议评审小组成员的确定：_____。

选定争议避免/评审组的期限：_____。

评审机构：_____。

其他事项的约定：_____。

争议评审员报酬的承担人：_____。

20.3.2　争议的避免

发包人和承包人是否均出席争议避免的非正式讨论：_____

_____。

20.3.3　争议评审小组的决定

关于争议评审小组的决定的特别约定：_____。

20.4　仲裁或诉讼

因合同及合同有关事项发生的争议,按下列第____种方式解决:

(1)向_____仲裁委员会申请仲裁;

(2)向_____人民法院起诉。

专用合同条件附件

附件1:《发包人要求》

附件2:发包人供应材料设备一览表

附件3:工程质量保修书

附件4:主要建设工程文件目录

附件5:承包人主要管理人员表

附件6:价格指数权重表

附件1 《发包人要求》

《发包人要求》应尽可能清晰准确,对于可以进行定量评估的工作,《发包人要求》不仅应明确规定其产能、功能、用途、质量、环境、安全,并且要规定偏离的范围和计算方法,以及检验、试验、试运行的具体要求。对于承包人负责提供的有关设备和服务,对发包人人员进行培训和提供一些消耗品等,在《发包人要求》中应一并明确规定。

《发包人要求》通常包括但不限于以下内容:

一、功能要求

(一)工程目的。

(二)工程规模。

(三)性能保证指标(性能保证表)。

(四)产能保证指标。

二、工程范围

(一)概述

(二)包括的工作

1.永久工程的设计、采购、施工范围。

2.临时工程的设计与施工范围。

3.竣工验收工作范围。

4.技术服务工作范围。

5.培训工作范围。

6.保修工作范围。

(三)工作界区

(四)发包人提供的现场条件

1.施工用电。

2. 施工用水。

3. 施工排水。

4. 施工道路。

(五)发包人提供的技术文件

除另有批准外,承包人的工作需要遵照发包人的下列技术文件:

1. 发包人需求任务书。

2. 发包人已完成的设计文件。

三、工艺安排或要求(如有)

四、时间要求

(一)开始工作时间。

(二)设计完成时间。

(三)进度计划。

(四)竣工时间。

(五)缺陷责任期。

(六)其他时间要求。

五、技术要求

(一)设计阶段和设计任务。

(二)设计标准和规范。

(三)技术标准和要求。

(四)质量标准。

(五)设计、施工和设备监造、试验(如有)。

(六)样品。

(七)发包人提供的其他条件,如发包人或其委托的第三人提供的设计、工艺包、用于试验检验的工器具等,以及据此对承包人提出的予以配套的要求。

六、竣工试验

(一)第一阶段,如对单车试验等的要求,包括试验前准备。

(二)第二阶段,如对联动试车、投料试车等的要求,包括人员、设备、材料、燃料、电力、消耗品、工具等必要条件。

(三)第三阶段,如对性能测试及其他竣工试验的要求,包括产能指标、产品质量标准、运营指标、环保指标等。

七、竣工验收

八、竣工后试验(如有)

九、文件要求

(一)设计文件,及其相关审批、核准、备案要求。

(二)沟通计划。

(三)风险管理计划。

(四)竣工文件和工程的其他记录。

(五)操作和维修手册。

(六)其他承包人文件。

十、工程项目管理规定

(一)质量。

(二)进度,包括里程碑进度计划(如果有)。

(三)支付。

(四)HSE(健康、安全与环境管理体系)。

(五)沟通。

(六)变更。

十一、其他要求

(一)对承包人的主要人员资格要求。

(二)相关审批、核准和备案手续的办理。

(三)对项目业主人员的操作培训。

(四)分包。

(五)设备供应商。

(六)缺陷责任期的服务要求。

附件2 发包人供应材料设备一览表

序号	材料、设备品种	规格型号	单位	数量	单价(元)	质量等级	供应时间	送达地点	备注

附件3 工程质量保修书

发包人(全称):_____

承包人(全称):_____

发包人和承包人根据《中华人民共和国建筑法》和《建设工程质量管理条例》,经协商一致就_____(工程全称)订立工程质量保修书。

一、工程质量保修范围和内容

承包人在质量保修期内,按照有关法律规定和合同约定,承担工程质量保修责任。

质量保修范围包括地基基础工程、主体结构工程,屋面防水工程、有防水要求的卫生间、房间和外墙面的防渗漏,供热与供冷系统,电气管线、给排水管道、设备安装和装修工程,以及双方约定的其他项目。具体保修的内容,双方约定如下:___

_____。

二、质量保修期

根据《建设工程质量管理条例》及有关规定,工程的质量保修期如下:

1. 地基基础工程和主体结构工程为设计文件规定的工程合理使用年限;

2. 屋面防水工程、有防水要求的卫生间、房间和外墙面的防渗为___年;

3. 装修工程为___年;

4. 电气管线、给排水管道、设备安装工程为___年;

5. 供热与供冷系统为___个采暖期、供冷期;

6. 住宅小区内的给排水设施、道路等配套工程为___年;

7. 其他项目保修期限约定如下:_____。

质量保修期自工程竣工验收合格之日起计算。

三、缺陷责任期

工程缺陷责任期为___个月,缺陷责任期自工程通过竣工验收之日起计算。

单位/区段工程先于全部工程进行验收,单位/区段工程缺陷责任期自单位/区段工程验收合格之日起算。

缺陷责任期终止后,发包人应返还剩余的质量保证金。

四、质量保修责任

1. 属于保修范围、内容的项目,承包人应当在接到保修通知之日起7天内派人保修。承包人不在约定期限内派人保修的,发包人可以委托他人修理。

2. 发生紧急事故需抢修的,承包人在接到事故通知后,应当立即到达事故现场抢修。

3. 对于涉及结构安全的质量问题,应当按照《建设工程质量管理条例》的规定,立即向当地建设行政主管部门和有关部门报告,采取安全防范措施,并由承包人提出保修方案,承包人将设计业务分包的,应由原设计分包人或具有相应资质等级的设计人提出保修方案,承包人实施保修。

4. 质量保修完成后,由发包人组织验收。

五、保修费用

保修费用由造成质量缺陷的责任方承担。

六、双方约定的其他工程质量保修事项:＿＿＿＿＿＿＿＿＿。

工程质量保修书由发包人、承包人在工程竣工验收前共同签署,作为工程总承包合同附件,其有效期限至保修期满。

发包人(公章):　　　　　　　　承包人(公章):

地　　址:　　　　　　　　　　　地　　址:

法定代表人(签字):　　　　　　法定代表人(签字):

委托代理人(签字):　　　　　　委托代理人(签字):

电　　话:　　　　　　　　　　　电　　话:

传　　真:　　　　　　　　　　　传　　真:

开户银行:　　　　　　　　　　　开户银行:

账　　号:　　　　　　　　　　　账　　号:

邮政编码:　　　　　　　　　　　邮政编码:

附件4 主要建设工程文件目录

文件名称	套数	费用(元)	质量	移交时间	责任人

附件 5　承包人主要管理人员表

名称	姓名	职务	职称	主要资历、经验及承担过的项目
一、总部人员				
项目主管				
其他人员				
二、现场人员				
工程总承包项目经理				
项目副经理				
设计负责人				
采购负责人				
施工负责人				
技术负责人				
造价管理				
质量管理				
计划管理				
安全管理				
环境管理				
其他人员				

附件6 价格指数权重表

序号	名称		变更权重 B		基本价格指数 F0		备注
			代号	权重	代号	指数	
	变值部分		B1		F01		
			B2		F02		
			B3		F03		
			B4		F04		
定值部分权重 A							
合计							

后　记

　　结合建筑市场对工程总承包模式下《发包人要求》如何编写的迫切需求，建纬研究中心在主管部门的关心和社会各界专家指导下，于 2021 年 1 月 22 日成立了课题组并启动了《工程总承包项目〈发包人要求〉编写指南》一书的编写工作。由建纬研究中心主任、住建部市场司法律顾问朱树英律师担任组长，并由住建部科学技术委员会建筑产业转型升级专业委员会（以下简称转升委）委员、山东建筑大学工程管理研究所所长徐友全教授，中咨工程管理咨询有限公司党委书记、董事长鲁静，转升委委员、上海同济工程咨询有限公司总经理杨卫东教授，广东省工程造价协会会长钟泉，上海市建纬律师事务所副主任韩如波、宋仲春担任课题组副组长，以及具有行业中级及以上技术职称的专业律师和行业各领域专家共 68 人组成课题组。并由上海市建纬律师事务所主任邵万权牵头进行课题的立项调研。

　　在前述课题组组建的基础上，由建纬律师事务所律师组成具体编写小组，在 2021 年 2 月 4 日至 28 日利用春节休假期间完成了初稿编写，随后向课题组专家及其他成员征求意见，进一步完善后形成《工程总承包项目〈发包人要求〉编写指南（论证稿）》，并进入专家论证阶段。

　　2021 年 3 月 13 日，第一次专家论证会在山东济南营特国际工程咨询集团召开，威海建设集团等单位专家参会进行论证。2021 年 3 月 31 日，第二次专家论证会在北京中国咨询集团召开，中咨工程管理咨询有限公司等单位专家参会进行论证。2021 年 4 月 14 日，第三次专家论证会由中国土木工程学会建筑市场与招标投标研究分会组织召开，中国土木工程学会建筑市场与招标投标研究分会理事长安连发和部分理事单位专家参会进行论证。2021 年 4 月 23 日，第四次专家论证会在中亿丰建设集团股份有限公司召开，中亿丰建设集团董事长宫长义等专家参会，以中亿丰承建的"未来建筑研发中心"EPC 项目为载体进行《工程总承包项目

〈发包人要求〉编写指南(论证稿)》的论证。

　　建纬律师事务所《发包人要求》编写指南课题组(包括立项调研组)主要人员:朱树英、邵万权、韩如波、宋仲春、史鹏舟、徐寅哲、王浩、丁雅洁、屠宇辰、吴迪、张晗、陈耐、郑冠红、胡丹、哈晓玲、石鹏、黄克海、侯伟华、王卫华、戴勇坚、吴海坤、吴扬、杨济州、叶向平、邓南平、王树友、郭仁治、左军、张洪羽、刘彦林、唐通、李建科、张立群、赵焕增、张晓玲、黄玉光、郭冰、张斌、孙妍玲、杨红波、左六海、蔚崇泰、俞斌、童灵运、车丽、王燕、韩金朝、陈宁宁、章德奎、徐海亮、刘慧玲、张晓宇、王志伟、汪丽清、赵玉虎、宋阳、华心萌、阎军、曹满堂、曾庆瑶等。

　　具体参与本书编写的建纬律师主要有:朱树英、韩如波、石鹏、车丽、宋仲春、史鹏舟、徐寅哲、郑冠红、胡丹、哈晓玲、魏来、韩金朝、童灵运、陈宁宁、卢安龙、黄克海、侯伟华、吴扬、邓南平、赵焕增、章德奎。

　　特别感谢中亿丰建设集团董事长宫长义、法务部总经理王永维等领导,组织有关专家以中亿丰承建的"未来建筑研发中心"EPC项目为基础,编写了《发包人要求》示例和争议评审管理办法。

　　同时,向参与本书论证及在本书编写过程中给予指导和关心的各界领导和专家表示诚挚谢意!对本书汇总、校对、编排工作的律师石鹏、车丽、陈宁宁、德慧,律师助理项赛花和秘书陈双双一并表示感谢!

建纬研究中心

《发包人要求》编写指南课题组

2021 年 10 月 8 日

第一次专家论证会名单

姓名	工作单位	职务
李明金	华夏文旅集团	副总经理/总法律顾问
王传波	威海建设集团	董事长
郭清云	威海建设集团	副总经理
王永华	威海建设集团	法务部部长
闫 民	山东省公共资源交易协会	副秘书长
段辉文	济南城市建设集团	副总经理
赵铁灵	济南城市投资集团	副总经理
纪 森	济南市建设监理有限公司	总工程师
袁凤亮	山东建招建设咨询有限公司	总工程师
史拥军	济南四建集团	副总经理
王安凤	金正建设咨询集团	副总经理
韩学庆	同圆设计集团	副总裁
尚振伟	同圆设计集团	工程总承包 事业部经理
刘宏伟	山东省建筑设计研究院有限公司	工程咨询 中心主任
徐友全	山东建筑大学工程管理研究所	所长
于振平	山东省工程建设标准造价协会	秘书长
巩曰路	山东省工程建设标准造价协会调解	中心主任
赵菁如	营特国际工程咨询集团	经理助理
任志旭	青岛市工程建设标准造价协会	秘书长

第二次专家论证会名单

姓名	工作单位	职务
鲁　静	中咨工程管理咨询有限公司	党委书记、董事长
崔伟华	中咨工程管理咨询有限公司	总工程师
李仁坤	中咨工程有限公司	总经理助理
蒋夏涛	北京市建筑设计研究院有限公司	工程咨询院书记
孙丽芬	北京华银科技集团有限公司	董事长
刘　磐	联合建管(北京)国际工程科技有限责任公司	副总经理
隋小东	北京方达工程管理有限公司	总经理
皮德江	北京国金管理咨询有限公司	副总裁
吴丽萍	北京国金管理咨询有限公司	总法律顾问
任　兵	北京中设泛华工程咨询有限公司	副总经理
李　强	国信招标集团股份有限公司	副总工程师
张善国	北京帕克国际工程咨询股份有限公司	技术负责人
王延龙	北京华厦工程项目管理有限公司	副总经理

第三次专家论证会名单

姓名	工作单位	职务
张　明	安徽欣安工程建设项目管理有限公司	法定代表人
刘先杰	安徽公共资源交易集团	党委书记、董事长
冯　渐	安徽公共资源交易集团	工程部副部长
方　刚	安徽公共资源交易集团	业务协调部、副部长
吴明启	国信招标集团股份有限公司	副总工程师
欧阳飞舟	贵州省建设工程招标投标协会	常务副会长
王怀军	河南省建设工程招标投标协会	主任
朱亚博	河南省建设工程招标投标协会	秘书长
熊慧敏	湖南省招标有限责任公司	副总经理
刘艳莉	吉林省建设工程招投标管理处	副处长
康　明	吉林省建设工程招投标协会	副秘书长
姜凤霞	长春建业集团股份有限公司	董事长
于　宁	吉林智晟项目管理有限公司	总经理
郭　巍	吉林省建苑设计集团有限公司	副总经理
云　虓	吉林建工集团有限公司	副总经理
周培康	上海东方投资监理有限公司	总经理
陈继文	海逸恒安项目管理有限公司	副总经理
杨宏民	龙达恒信工程咨询有限公司	董事长、总经理
朱加阁	龙达恒信工程咨询有限公司	总工办主任
王　莉	华春建设工程项目管理有限责任公司	董事长
高秀华	天津市长华工程咨询有限公司	董事长

姓名	工作单位	职务
李宪奇	天津津建工程造价咨询有限公司	董事长
周　燕	新疆维吾尔自治区建设工程招标投标协会	秘书长
王冰寒	新疆拓源工程管理咨询有限公司	总经理
安连发	中国土木工程学会建筑市场与招标投标研究分会	理事长
赵桂君	中国土木工程学会建筑市场与招标投标研究分会	副理事长
张思业	中国土木工程学会建筑市场与招标投标研究分会	秘书长
张　岚	中国土木工程学会建筑市场与招标投标研究分会	办公室主任、副秘书长
迟玉星	建筑云在线	负责人
秦羿伟	中亿丰建设集团股份有限公司	法务经理
谭　顿	天津市森宇建筑技术法律咨询集团	副总经理

第四次专家论证会名单

姓名	工作单位	职务
宫长义	中亿丰建设集团	董事长
刘 剑	中亿丰建设集团	总经理
黄 勇	中亿丰建设集团	副总裁、EPC 板块负责人
汤家志	中亿丰建设集团	EPC 板块书记
王永维	中亿丰建设集团	法务风控团队负责人
李海春	中亿丰建设集团	商务中心团队负责人
金双善	中青建安建设集团有限公司	商务部部长
贾 杨	中青建安建设集团有限公司	副总工程师
杨文杰	中青建安建设集团有限公司	法务部部长